# 动物疫病防控政策技术
## 辅导读物

贵州省畜禽遗传资源管理站 ◇ 编著

贵州大学出版社
Guizhou University Press

图书在版编目（CIP）数据

动物疫病防控政策技术辅导读物 / 贵州省畜禽遗传
资源管理站编著． -- 贵阳：贵州大学出版社，2022.12
　　ISBN 978-7-5691-0700-5

　　Ⅰ．①动… Ⅱ．①贵… Ⅲ．①兽疫－防疫－政策－中
国 Ⅳ．① S851.3

中国版本图书馆 CIP 数据核字 (2022) 第 256131 号

DONGWU YIBING FANGKONG ZHENGCE JISHU FUDAO DUWU

# 动物疫病防控政策技术辅导读物

编　　著：贵州省畜禽遗传资源管理站

出 版 人：闵　军
责任编辑：高佩佩
装帧设计：陈　艺　方国进

出版发行：贵州大学出版社有限责任公司
　　　　　地址：贵阳市花溪区贵州大学北校区出版大楼
　　　　　邮编：550025　电话：0851-88291180
印　　刷：贵州思捷华彩印刷有限公司
开　　本：787 毫米 ×1092 毫米　1/16
印　　张：19.25
字　　数：377 千字
版　　次：2022 年 12 月第 1 版
印　　次：2022 年 12 月第 1 次印刷

书　　号：ISBN 978-7-5691-0700-5
定　　价：68.00 元

# 本书编委会

主　　　任：张元鑫

常务副主任：隆　华　唐隆强

副　主　任：唐　宇　冉隆仲　龚　俞

主　　　编：杨齐心　冉隆仲

副　主　编：龚　俞　杨红文

编 写 人 员：李照伟　吴玙彤　高潇祎　何润霞

　　　　　　王涵钰　李　晨　杨晶晶

# 前　言

　　动物疫病防控是一项政府关注、群众关心的基础性工作，对政策把握和专业积累的要求较高。为提高相关政策和专业知识的聚合度，服务基层干部群众，根据贵州省农业农村厅安排，我们组织编写了这本《动物疫病防控政策技术辅导读物》。

　　本书的编写始终坚持实用第一原则，尽力整合了动物疫病防控工作所需熟悉掌握的常用术语、常规政策、常见技术。本书由杨齐心、冉隆仲主编，共分八章。前言、第二章、第八章由杨齐心编写，第一章由杨晶晶编写，第三章由吴玙彤编写，第四章由王涵钰编写，第五章由李照伟编写，第六章由李晨编写，第七章由何润霞、高潇祎、杨晶晶共同编写。

　　由于编写时间仓促，错误、疏漏之处在所难免，敬请读者指正。

2022 年 9 月

# 目 录

# 第一章　动物疫病防控基本术语

## 第一节　基础性术语

◆ **动物**　家畜、家禽和人工饲养、捕获的其他动物。

◆ **家畜**　依据畜牧法纳入国家畜禽遗传资源目录的动物，包括猪、牛、羊、马、驴、兔等。

◆ **家禽**　依据畜牧法纳入国家畜禽遗传资源目录的动物，包括鸡、鸭、鹅、鸽等。

◆ **畜群**　家畜群体，一般是同一饲养场或同一放牧地，或同一运输工具中的同种动物群体；或者虽不在同一个场饲养，但可以在不采取卫生措施的条件下相互流动的动物群体。

◆ **禽群**　家禽群体，是饲养在同一建筑物或由固体隔物分隔并具有单独通风系统的一组禽类。自由放养的禽类，则指共同出入一个或多个禽舍的一个群体，即同一建筑物中所有的禽只。

◆ **种禽**　供繁殖用的成年公、母畜。

◆ **初孵雏**　孵出后不超过 72 小时的幼雏。

◆ **产蛋禽**　生产食用蛋的禽。

◆ **实验动物**　用于科学实验的、经人工培育、其携带微生物状况受到控制、遗传背景明确、来源清楚、符合科学实验、药品及生物制品的鉴定及其他科学研究的要求的动物。

◆ **野生动物**　生存在天然自由状态下，或虽来源于天然自由状态，并已经过人工饲养但尚未发生进化变异、仍保存其固有习性和生产能力的各种动物。

◆ **存养动物**　不准备马上屠宰的动物（如拟作种用或继续饲养的动物）。

◆ **养殖业**　饲养、繁殖、培育动物而获得动物性产品的产业，如畜牧业、养蜂业、养蚕业、渔业等，其基本特点是通过动物自身的生产再生产实现经济上的生产再生产。

◆ **动物产品**　供食用、饲料用、药用、农用或工业用的动物源性产品，包括动物的肉、生皮、原毛、绒、脏器、脂、血液、精液、卵、胚胎、骨、蹄、头、角、筋以及可能传播动物疫病的奶、蛋等。

◆ **人食用动物源性产品** 供人食用的肉类和肉制品、蛋类和蛋制品、奶和奶制品、水生动物产品、蜂蜜以及一切以动物性原料制作的可供人食用的产品。

◆ **胴体** 动物屠宰后，去除头、尾、四肢、内脏的肉体（一般包括肾脏和板油）。

◆ **鲜肉** 没有经过可改变感官性状和理化特性处理的肉品。按照世界动物卫生组织（WOAH）规定还包括冷冻肉和冷藏肉。

◆ **肉制品** 经过蒸、煮、干燥、腌制或熏制等程序加工而成的肉类制品。

◆ **工业用动物源性产品** 原料来源于动物、经加工后供工业上利用的产品，包括工业用原皮、毛皮、毛发、鬃、毛、蹄、角、骨、骨粉、血、肠衣、脂、动物源性肥料、鸟粪以及工业用的乳制品。

◆ **动物饲料用动物源性产品** 作饲料用的肉粉、骨粉、血粉、鱼粉、奶及奶制品等来源于动物的制品。

◆ **药用动物源性产品** 用以制备药品的器官、腺体、动物组织和体液。

◆ **肉骨粉** 将废弃或作为下脚料的动物组织经无害化处理制取的含蛋白制品，包括蛋白质性中间制品。

◆ **生物制品** 特指以生物学方法和生物材料制备的，用于诊断、预防、治疗、保健和相关实验的产品。

◆ **血浆** 血液去除有形成分后的体液部分。

◆ **血清** 血浆去除纤维蛋白后的（胶体性）液体。

◆ **疫苗** 指由病原微生物或其组分、代谢产物经过特殊处理所制成的、用于人工主动免疫的生物制品。

◆ **动物卫生** 防治动物疾病、保障动物健康，保持动物环境卫生以及保证动物及其产品对人体健康无害的一切措施。

◆ **动物防疫** 动物疫病的预防、控制、诊疗、净化、消灭和动物、动物产品的检疫，以及病死动物、病害动物产品的无害化处理。

◆ **兽医食品卫生** 为确保人或动物消费的动物产品安全和卫生，在生产、加工、贮存、运输和销售动物产品时必要的条件和措施。

◆ **动物防疫监督** 对各项有关动物防疫的法律、法规、标准、措施执行情况进行检查，并依据检查情况按规定进行监督、批评以至处罚。

◆ **官方兽医**　指具备国务院农业农村主管部门规定的条件，经省、自治区、直辖市人民政府农业农村主管部门按照规定程序确认，由所在地县级以上人民政府农业农村主管部门任命的人员。

◆ **执业兽医**　指具备兽医相关技能，依照国家相关规定取得执业兽医资格，从事动物诊疗和动物保健等经营活动的兽医技术人员。

◆ **疫情风险评估**　指人们在进行动物及动物产品生产和其他相关经营活动过程中，对动物或动物产品感染致病微生物及其扩散增加的可能性进行分析、估计和界定的行为。

◆ **兽医生物安全**　指采取必要的措施切断病原体的传入途径，最大限度地减少各种物理性、化学性和生物性致病因子对动物群体造成危害的一种生物生产体系。

◆ **普通动物**　不携带所规定的人兽共患病和动物烈性传染病病原及体外寄生虫的实验动物，是微生物和寄生虫控制要求最低的实验动物。

◆ **清洁动物**　微生物及寄生虫控制等级比普通动物要求高，要求动物不带有一些传染病的病原微生物，及常见的体内寄生虫。

◆ **无特定病原动物（SPF）**　指在清洁级动物的基础上，根据实验需要，要求不存在某些特定的具有病原性或潜在病原性微生物和寄生虫的动物。

◆ **无菌动物**　不携带任何以现有手段可检出的微生物和寄生虫的实验动物。

◆ **生物危害**　广义上指有害或有潜在危害的生物因子，对人、环境、生态和社会造成危害或潜在危害。狭义上指在微生物和生物医学实验室研究过程中对工作人员造成的危害和对环境造成的污染。

# 第二节　流行病学术语

◆ **动物疫病**　主要是指生物性病原引起的动物群发性疾病，包括动物传染病、寄生虫病。

◆ **动物传染病**　由致病微生物引起的具有传播性的动物疾病。

◆ **寄生虫病**　由动物性寄生物（统称寄生虫）引起的疾病。

◆ **人兽共患病**　在脊椎动物和人之间自然传播和相互感染的疾病。

◆ **传染源**　体内有病原体寄存、生长、繁殖，并能将其排出体外的动物（包括昆虫）或人，以及一切可能被病原体污染使之传播的物体。

◆ **动物病因**　引起动物发生疾病的内外因素。

◆ **病原体**　能引起疾病的生物体，包括寄生虫和致病性微生物。

◆ **致病性微生物**　能引起疾病的微生物，包括细菌、真菌、放线菌、螺旋体、支原体、衣原体、立克次体、病毒、类病毒等。

◆ **患病动物**　表现出某疾病临床症状的动物。

◆ **被感染动物**　被病原体侵害并发生可见或隐性反应的动物。

◆ **疑似感染动物**　与疫病患病动物处于同一传染环境中有感染该疫病可能的易感动物，如与患病动物同舍饲养、同车运输或位于患病动物临近下风的易感动物。

◆ **假定健康动物**　发病动物的大群体中除患病或可疑感染动物以外的动物，对这些动物要采取隔离、紧急预防、观察和诊断等措施，直至确定为健康动物并经必要安全处理后，方能与健康动物混群。

◆ **显性感染**　动物或人被某种病原体感染并表现出相应的特有症状。

◆ **隐性感染**　不呈明显症状的感染，也称亚临床感染。

◆ **持续性感染**　病原体长期存留在生物体内的一种感染。

◆ **慢性感染**　病程缓慢的一种感染。

◆ **潜伏感染**　是持续性感染的一种形式，一般无明显症状，甚至有时检测不到病原体，但在某种条件下可被激发发病而表现症状。

◆ **染疫**　病原体感染动物或污染了动物产品或其他物品，使它们带有这些病原体。

◆ **疑似染疫**　有染疫危险的动物或其他物品。

◆ **（染疫动物的）同群动物**　与染疫动物生活在同一感染环境条件的群体中的动物。

◆ **感染期**　被感染动物作为传染源的最长期限。

◆ **潜伏期**　从病原体侵入机体开始至最早症状出现为止的期间。

◆ **疫源地**　有传染源存在或被传染源排出的病原体污染的地区。

◆ **自然疫源性疾病**　病原体能在天然条件下野生动物体内繁殖，在它们中间传播，并在一定条件下可传染给人或家畜、家禽的疫病。

◆ **自然疫源地**　存在自然疫源性疾病的地区。

◆ **病原携带者**　体内有病原体寄居、生长和繁殖并有可能排出体外而无症状的动物或人。

◆ **流行过程**　病原体由传染源排出，通过各种传播途径，侵入另一易感动物体内，形成新的传染，并继续传播形成群体感染发病的过程。

◆ **传染**　又称感染，病原体侵入机体并在机体内繁殖，一般会使机体发生一定反应。

◆ **传染过程**　又称感染过程。病原体侵入易感动物体内，并引起不同程度的病理学反应的过程，即传染发生、发展、结束的过程。

◆ **（疫病）传播**　由传染源向外界或胎血循环散布病原体，通过各种途径再感染另外的动物或人。

◆ **传播途径**　病原体由传染源排出后，再侵入其他易感动物所经历的路途。

◆ **传播媒介**　将病原体传播给易感动物或人的中间载体。

◆ **传播方式**　疫病传播的方法与形式。

◆ **水平传播**　传染病在群体之间或个体之间横向传播。

◆ **纵向（垂直）传播**　母体所患的疫病或所带的病原体，经卵、胎盘传播给子代的传播方式。

◆ **机械传播**　病原体通过动物或物体直接或间接携带而使易感动物或人被感染的传播方式。

◆ **直接接触传播**　传染源与易感动物或人相触及而引起感染的传播方式。

◆ **间接接触传播**　易感动物或人接触传播媒介而发生感染的传播方式。

◆ **空气传播**　病原体通过污染的空气（气溶胶、飞沫、尘埃等）而使易感动物或人感染的一种传播方式。

◆ **饲料传播**　易感动物采食被病原体污染的饲料而被感染的传播方式。

◆ **经水传播**　病原体以水为媒介而感染易感动物或人的传播方式。

◆ **土壤传播**　病原体以土壤为媒介而感染易感动物或人的传播方式。

◆ **生物性传播**　病原体在节肢动物体内发育并感染动物或人的一种传播方式。

◆ **虫媒传播**　病原体以节肢动物为媒介而使动物或人受感染的一种传播方式，有的是机械性携带，有的是生物性传播。

◆ **排泄物**　动物体排出的废物，如粪、尿、呕吐物等，有时也包括排到体外的分泌物（如鼻涕等），是病原体污染环境的重要媒介。

◆ **易感动物**　对某种病原体或致病因子缺乏足够的抵抗力而易受其感染的动物。

◆ **哨兵动物**　为了查明某一特定环境中某传染因子的存在，有意识地在该环境中暴露的易感动物。

◆ **疫情**　动物疫病发生、发展及相关情况。

◆ **疫情报告**　按照政府规定，兽医和有关人员及时向上级领导机关所作的关于疫病发生、流行情况的报告。

◆ **流行病学调查**　对疫病或其他群发性疾病的发生、频率、分布、发展过程、原因及自然和社会条件等相关影响因素进行的系统调查，以查明疫病发展趋向和规律，评估防治效果。

◆ **（流行病学）监测**　对某种疫病的发生、流行、分布及相关因素进行系统的长时间的观察与检测，以把握该疫病的发生发展趋势。

◆ **流行性**　某病在一定时间内发病数量比较多，传播范围比较广，形成群体性发病或感染。

◆ **地方流行性**　某种疾病发病数量较大，但其传播范围限于一定地区。

◆ **暴发**　在一定地区或某一单位动物短时期内突然发生某种疫病很多病例。

◆ **大流行性**　某病在一定时间内迅速传播，发病数量很大，蔓延地区很广，甚至蔓延至全国及国外。

◆ **散发（性）**　病例以散在形式发生且各病例之间在时间和地点上无明显联系。

◆ **周期性**　某病规律性地间隔一定时间发生一次的流行性现象。

◆ **季节性**　某疫病在每年一定的季节内发病率明显升高的现象。

◆ **感染率**　特定时间内，某疫病感染动物的总数在被调查（检查）动物群样本中所占的比例。

$$（某疫病）感染率 = \frac{（调查当时）感染动物数}{被调（检）查动物总数} \times 100\%$$

◆ **发病率**　在一定时间内新发生的某种动物疫病病例数与同期该种动物总头数之比，常以百分率表示。

$$发病率 = \frac{新发病例数}{同期平均动物总头数} \times 100\%$$

◆ **病死率**　一定时间内某病病死的动物头数与同期确诊该病病例动物总数之比，常以百分率表示。

$$病死率 = \frac{某病病死动物头数}{同期确诊的该病例动物总数} \times 100\%$$

◆ **死亡率**　某动物群体在一定时间死亡总数与该群同期动物平均总数之比值，常以百分率表示。

$$死亡率 = \frac{（一定时间内）动物死亡总数}{该群体动物的平均总数} \times 100\%$$

◆ **患病率** 又称现患率。表示特定时间内，某地动物群体中存在某病新老病例的频率。

$$（某病）患病率 = \frac{（特定时间某病）（新老）患病例数}{（同期）暴露（受检）动物数} \times 100\%$$

◆ **流行率** 调查时，特定地区某病（新老）感染头数占调查头数的百分率。

$$流行率 = \frac{某病（新老）感染数}{被调查动物数} \times 100\%$$

# 第三节　疫病预防术语

◆ **预防** 采取措施防止疫病发生和流行。

◆ **免疫** 机体识别和排除抗原性异物，以维护自身的生理平衡和稳定的一种保护反应，主要通过体液免疫和细胞免疫两种机制实现。

◆ **抗原** 能刺激机体产生抗体和致敏淋巴细胞，并能与该相应抗体发生反应或与致敏淋巴细胞结合的物质。

◆ **免疫原** 刺激机体产生免疫应答的物质。

◆ **抗体** 机体在抗原刺激下所形成的一类能与抗原发生特异性结合的球蛋白，抗体主要存在体液中。

◆ **细胞免疫** 由免疫活性细胞介导的免疫应答反应。

◆ **体液免疫** 由体液（血浆、淋巴、组织液等）中所含的抗体介导的特异性免疫。

◆ **获得免疫** 在自然条件下机体经感染某病原体而获得的免疫。

◆ **自动免疫** 又称主动免疫，由机体本身接受抗原性刺激产生的特异性免疫应答而建立的免疫。

◆ **人工自动免疫** 人为地向机体输入免疫原而获得的免疫。

◆ **注射免疫** 将疫苗（菌苗）通过肌肉、皮下、皮内或静脉等途径注入机体，使之获得免疫力。

◆ **口服免疫** 将疫苗或拌入疫苗的饲料喂给动物使之获得免疫的方法。

◆ **饮水免疫**  将疫苗或稀释的疫苗，通过饮水输入动物体内使之获得免疫力的方法。

◆ **点眼免疫**  将疫苗或稀释的疫苗滴入动物结膜囊内，使动物获得免疫力的方法。

◆ **滴鼻免疫**  将疫苗或其稀释物滴入动物鼻腔，使动物获得免疫力的方法。

◆ **气雾免疫**  将稀释的疫苗或疫苗用气雾发生装置喷散成气溶胶或气雾，使动物吸入而获得免疫力的方法。

◆ **被动免疫**  机体接受另一免疫机体的抗体或致敏 T 淋巴细胞而获得的免疫力。

◆ **计划免疫**  依据国家或地方消灭、控制疫病的要求，有计划进行的免疫接种。

◆ **强制免疫**  以行政乃至法律手段执行的免疫接种。

◆ **紧急免疫接种**  为扑灭、控制某种疫病，在疫区或疫点对易感动物尽快进行的突击性免疫接种。

◆ **免疫监测**  普检或抽检动物群体的抗体水平，以监控群体的免疫状态，为实施计划免疫和增强免疫提供依据。

◆ **防治**  对疫病的预防、治疗和其他必要处理。

◆ **无菌**  特定物体的内部和表面无活微生物存在的状态。

◆ **防腐**  采用物理、化学措施抑制微生物生长繁殖以防止有机物腐败的方法。

◆ **驱虫**  应用药物驱除、杀灭宿主动物体内和外界相通脏器中的寄生虫。

◆ **化学（药物）预防**  通过使用药物，防止动物感染或发生某种疾病的措施。

◆ **（某病）无疫区**  国内明确界定的某（些）区域，在该区域内于规定的期限没发生规定的某疫病，并在该区内及其边界对动物及动物产品实施有效的官方兽医控制。

◆ **免疫程序**  指根据一定地区或养殖场内不同传染病的流行状况及疫苗特性，为特定动物群体制定的疫苗接种类型、次序、次数、途径及间隔时间。

◆ **半数致死量（$LD_{50}$）**  能使接种的实验动物在感染后一定时限内死亡一半所需的微生物量或毒素量。

◆ **半数感染量（$ID_{50}$）**  能使接种的实验动物在一定时限内感染一半所需的微生物量或毒素量。某些病原微生物只能感染实验动物、鸡胚或细胞，但不引起死亡，可用 $ID_{50}$ 来表示其毒力。

◆ **疫苗保护剂量值（$PD_{50}$）**  即用 1/50 的剂量免疫一次，即可使敏感动物在攻毒时获得 50% 的保护率。

◆ **免疫麻痹**  在一定限度内，抗体的产生随抗原用量的增加而增加，但抗原量过多，超过一定的限度，抗体的产生反而受到抑制。

◆ **免疫抑制**　由生物和理化因素损害免疫系统，从而引起机体免疫应答反应能力降低。

# 第四节　疫病的扑灭和控制术语

◆ **扑灭**　在一定区域内，采取紧急措施以迅速消灭某一疫病。

◆ **隔离**　将疫病感染动物、疑似感染动物和病原携带动物与健康动物在空间上间隔开，并采取必要措施切断传染途径，以杜绝疫病继续扩散。

◆ **封锁**　某一疫病暴发后，为切断传染途径，禁止人、动物、车辆或其他可能携带病原体动物在疫区与其周围区之间出入。

◆ **扑杀**　将被某疫病感染的动物（有时包括可疑感染动物）全部杀死并进行无害化处理，以彻底消灭传染源和切断传染途径。

◆ **扑杀政策**　某些国家对扑灭某种疫病所采取的严厉措施，即宰杀所有感染动物和同群的可疑感染动物，必要时宰杀直接接触或连同可能造成病原传播的间接接触动物，并采取隔离、消毒、无害化处理等扑灭疫病的相应措施。

◆ **无害化处理**　用物理、化学或生物学等方法处理带有或疑似带有病原体的动物尸体、动物产品或其他物品，以消灭传染源，切断传染途径，破坏毒素，保障人畜健康安全。

◆ **销毁**　将动物尸体及其产品或附属物进行焚烧、化制等无害化处理，以彻底消灭它们所携带的病原体。

◆ **消毒**　采用物理、化学或生物学措施杀灭病原微生物。

◆ **灭菌**　杀灭物体上所有病原性和非病原性微生物（包括细菌繁殖体和芽孢）的方法。

◆ **封存**　将染疫物或可疑染疫物放在指定地点并采取阻断性措施（如隔离、密封等）以杜绝病原体传播的一切可能，经有关当局同意后方可移动和解封。

◆ **杀虫**　采用物理、化学、生物学等方法消灭或减少疫病媒介昆虫或动物体外寄生虫。

◆ **灭鼠**　采取措施使鼠类数量减少以至消失，以防止其危害。

◆ **控制**　采取措施使疫病不再继续蔓延和发展。

◆ **净化**　对某病发病地区采取一系列措施，达到消灭和清除传染源的目标。

◆ **疫区**　疫病暴发或流行所波及的区域。

◆ **疫点**  发生疫病的自然单位（圈、舍、场、村），在一定时期内成为疫源地。

◆ **受威胁区**  与疫区相邻并存在该疫区疫病传入危险的地区。

◆ **疫病的消灭**  一定种类病原体的消灭。

# 第五节  检疫和诊断术语

◆ **动物检疫**  动物防疫监督机构的检疫人员按照国家标准、行业标准和有关规定对动物及动物产品进行的是否感染特定疫病或是否有传播这些疫病危险的检查以及检查定性后的处理。

◆ **口岸检疫**  在口岸对出入国境的动物、动物产品、可疑染疫的运输工具等进行的检疫和检疫处理。

◆ **进境检疫**  对从国外输入境内的动物、动物产品和可疑染疫的运输工具等进行的检疫和检疫后处理。

◆ **出境检疫**  对从我国口岸向国外输出的动物、动物产品及其他检疫物进行的检疫及检疫监督过程。

◆ **过境检疫**  对经过我国口岸运输的动物、动物产品及其他非本国物品进行的检疫。

◆ **产地检疫**  在动物及动物产品生产地区（例如县境内）进行的检疫。

◆ **检疫场所**  对动物实施检疫（特别是进出口检疫）的建筑物或专用场地。

◆ **诊断**  通过观察和检查对病例的病性和病情做出判断。

◆ **临床诊断**  通过现场观察和检查对病例的病性和病情做出判断。

◆ **症状**  动物体因发生疾病而表现出来的异常状态。

◆ **病理学诊断**  用病理学方法对疾病或病变做出诊断。

◆ **病理检查**  对动物（尸）体进行解剖检查和组织学检查，以发现其病理学变化，作为疾病诊断的依据之一。

◆ **流行病学诊断**  通过疫病的流行病学调查和流行病学分析，为疫病诊断提供依据。

◆ **实验室诊断**  通过物理、化学、生物学试验，对取自病例的样品进行检查，获取具有诊断价值的数据。

◆ **微生物学诊断**  用微生物学方法检查和鉴定病原体，对疾病做出诊断。

◆ **检查**  通过观察和试验，查明对象的有关情况。

◆ **检验**　对有关特性的测量、测试、观察或校准，并做出评价。

◆ **试验**　根据特定程序，测出对象有关特性的技术操作。

◆ **样品**　取自动物或环境、拟通过检验反映动物个体、群体或环境有关状况的材料或物品。

◆ **病料**　来自患病或可疑患病动物的被（待）检材料。

◆ **病原分离**　通过相应试验操作程序，从样品中取得致病性生物的纯培养物。

◆ **组织培养**　将组织或细胞用适宜的培养基进行体外培养。

◆ **细胞培养**　在体外进行人工活细胞培养的方法。

◆ **病原鉴定**　通过种种试验对病原分离物定性。

◆ **空斑**　细胞层中由于规律性病变死亡而形成的空白清亮区。对病毒来说，一个单独而完整的蚀斑一般是由一个活病毒颗粒增殖的结果。

◆ **血清学**　研究体液中的抗体与抗原在体外的各种免疫学反应的科学。

◆ **血清学试验**　借助抗体在体外（与抗原）的种种血清学反应进行的各种检查。

◆ **中和试验**　抗体与抗原结合后可使病原体失去感染性或使外毒素失去毒性，并表现为对细胞或动物的免疫保护作用。中和试验是利用这一反应来检测抗原或抗体的方法。

◆ **凝集试验**　飘粒性抗原（细菌、红细胞等）与对应抗体（或其他外源性凝集素）在电解质参与下，结成可见的凝块，以此进行血清学检测。

◆ **直接凝集试验**　颗粒性抗原与相应的完全抗体直接结合形成可见团块的试验。

◆ **平板凝集试验**　在玻板或玻片上进行的凝集试验。

◆ **试管凝集试验**　在试管中进行的凝集试验。

◆ **间接凝集试验**　将可溶性抗原（或抗体）先吸附于某种颗粒状载体上，再与相应的抗体（或抗原）结合，通过观察其凝集反应进行血清学检测。

◆ **（间接）胶乳凝集试验**　以胶乳微粒为载体吸附某种抗原或抗体，通过凝集反应试验，进行血清学检测。

◆ **协同凝集试验**　某些动物血清中免疫球蛋白 G（IgG）分子的报告 Fc 段可与金黄色葡萄球菌的 A 蛋白结合，而 IgG 的 Fab 段仍具有抗体活性，抗体以此机制结合于该种菌体后再与相应抗原反应时可形成肉眼可见的凝集块，以此进行免疫检测。

◆ **抗球蛋白凝集试验**　不完全抗体与抗原反应（不呈现可见反应），加入抗球蛋白（血清）抗体，能出现可见的凝集反应，以此进行免疫检测。

◆ **血凝试验（HA）**　某些抗原或特殊物质有凝集某些动物红细胞的特性，通过这种反应检测抗原的生物活性。

◆ **血凝抑制试验**（HI） 具有血凝活性的抗原与相应特异性抗体结合后，其血凝活性就被抑制，这一试验可用作血清学检测。

◆ **间接血凝试验**（IHA） 将抗原结合在特殊处理的红细胞上，可与相应特异性抗体反应而呈现凝集现象，利用这一反应进行血清学检测。

◆ **反向间接血凝试验** 将抗体结合在特殊处理的红细胞上，通过凝集试验检测相应抗原。

◆ **沉淀试验** 在有适当电解质存在的条件下，可溶性抗原与相应的抗体相结合，形成可见的沉淀物。

◆ **环状沉淀试验** 向小口径试管先加入含已知抗体的血清，再沿管壁加进待检抗原，使之形成分界清晰的两层，如两者具有对应的特异性，经一定时间反应后，在两液面交界处出现白色环状沉淀。

◆ **絮状沉淀试验** 将抗原与相应抗体在试管或凹玻上混合均匀，经一定时间出现絮状或颗粒状不溶性沉淀物。

◆ **琼脂凝胶免疫扩散**（AGID） 让可溶性抗原抗体在琼脂凝胶内扩散，如两者相对应且有足够含量，会在比例适当的位置发生反应而形成沉淀（线），应用中有"单向扩散""双向扩散"等形式。

◆ **对流免疫电泳** 以琼脂凝胶等作为支持物，将免疫血清和抗原分别置于正极侧与负极侧孔内，通电后分别向负极和正极泳动，在比例适宜位置形成抗原抗体复合物沉淀线，用以进行血清学检测。

◆ **补体结合试验**（CF） 应用抗原—抗体系统和溶血系统反应时均需补体参与的原理，以溶血系统作为指示剂，在补体限量条件下测定某种抗原或抗体。

◆ **标记抗体** 用物理、化学方法使抗体与某一显示系统的组分（酶、同位素、发光物质等）相结合形成复合物，在血清学试验中这种复合物与抗原反应后再通过相应的显示系统揭示其存在。

◆ **荧光抗体**（FA） 荧光素标记的抗体与抗原进行血清学反应（试验），以荧光的有无及强弱揭示其反应结果。

◆ **间接荧光抗体**（IFA） 在血清与特定抗原反应后，再用抗相应抗体的荧光标记抗体（"抗抗体"或"第二抗体"）处理，以荧光检测法间接测定相应抗体的存在。

◆ **免疫酶（检测）技术** 利用某些酶催化显色的作用揭示免疫学（血清学）反应结

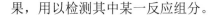

果，用以检测其中某一反应组分。

◆ **酶标记抗体** 某种酶分子与抗体分子共价结合并保持各自的生物特异活性，用于血清学检测。

◆ **免疫酶染色** 应用免疫酶技术检测固相化反应原（如病理切片、细胞单层、病料涂片等）。

◆ **酶联免疫吸附试验（ELISA）** 将某一反应组分包被（吸附）在固相（如微量板）上，进行血清学反应后，用结合物的酶系统进行检测。在实际应用中，有直接法、间接法、夹心法、竞争法、阻断法、抗原捕捉法等。

◆ **（血）红细胞吸附试验（HAD）** 被某些病毒感染的培养细胞能够吸附某种动物的红细胞，以此可指示某病毒是否已感染某些细胞并在其中增殖。

◆ **（血）红细胞吸附抑制试验** 红细胞吸附现象可被相应的特异性抗体所抑制，以此可揭示病毒或血清的特异性。

◆ **分子生物学检验技术** 以分子生物学方法进行检验的技术。

◆ **核酸探针** 一种具有特征性序列和信号性标记的 DNA 片段。应用时，根据核酸碱基配对原理，使之与待检的 DNA 或 RNA 链反应，检测其是否具有对应的互补序列而予以定性。

◆ **聚合酶链（式）反应（PCR）** （生物）体外扩增 DNA 的技术，基本过程是在耐热聚合酶的作用下，引物沿两条单链模板延伸，并在温度的规律性变换中再解链（变性）再延伸（扩增），直至达到检验要求的数量。

◆ **逆转录—聚合酶链反应（RT-PCR）** RT-PCR 是将 RNA 的反转录（RT）和 CDNA 的聚合酶链式扩增（PCR）相结合的技术。

◆ **荧光定量 PCR** 所谓的实时荧光定量 PCR 就是通过对 PCR 扩增反应中每一个循环产物荧光信号的实时检测，从而实现对起始模板定量及定性的分析。

◆ **诊断试剂盒** 为诊断某特定疾病而制造的一种便于现场操作的试剂、器材组合，一般为便携式包装。

# 第二章 动物疫病防控政策

## 第一节 强制免疫政策

### 一、免疫病种

目前，贵州省级层面确定的动物疫病强制免疫病种有 5 种，分别为高致病性禽流感、口蹄疫、小反刍兽疫、猪瘟和动物狂犬病。

### 二、免疫范围

#### （一）高致病性禽流感

对全省所有鸡、鸭、鹅、鹌鹑等人工饲养的禽类，进行 H5 亚型和 H7 亚型高致病性禽流感免疫。因供研究和疫苗生产用以及其他特殊原因不免疫的，有关养殖场逐级上报，经省级人民政府农业农村主管部门同意后，可不实施免疫。疫苗种类为重组禽流感病毒（H5+H7）三价灭活疫苗。

#### （二）口蹄疫

对全省所有猪进行 O 型口蹄疫免疫，对所有牛、羊、骆驼、鹿进行 O 型和 A 型口蹄疫免疫。各市（州）可根据评估结果确定是否对猪实施 A 型口蹄疫免疫。疫苗种类为猪口蹄疫 O 型灭活疫苗、猪口蹄疫 O 型合成肽疫苗、口蹄疫 O 型 -A 型二价灭活疫苗。

#### （三）小反刍兽疫

对全省所有羊进行小反刍兽疫免疫。开展非免疫无疫区建设的区域，报经省级人民政府农业农村主管部门同意后，可不实施免疫。疫苗种类为小反刍兽疫活疫苗。

#### （四）猪瘟

对全省所有猪进行猪瘟免疫。疫苗种类为猪瘟活疫苗。

**（五）动物狂犬病**

对全省城乡饲养的犬进行狂犬病免疫。疫苗种类为狂犬病活疫苗或狂犬病灭活疫苗。

## 三、免疫目标

高致病性禽流感、口蹄疫、小反刍兽疫、猪瘟等强制免疫动物疫病的群体免疫密度常年保持在 90% 以上，应免畜禽免疫密度达到 100%，免疫抗体合格率常年保持在 70% 以上。

## 四、实施方式

目前，贵州省实施动物疫病强制免疫的方式主要有四种：一是在县级人民政府农业农村主管部门指导下，各乡镇人民政府（街道办事处）组织村级动物防疫员对饲养畜禽实施免疫；二是在县级人民政府农业农村主管部门指导下，各乡镇人民政府（街道办事处）采取购买服务形式，组织动物防疫合作社、动物防疫公司等社会化服务组织对饲养畜禽实施免疫；三是在县级人民政府农业农村主管部门监督指导下，各乡镇人民政府（街道办事处）组织部分规模养殖场对饲养畜禽自行实施免疫；四是由动物诊疗机构组织实施免疫，主要针对动物狂犬病免疫。

## 五、疫苗供给

目前，贵州省内强制免疫疫苗的供给渠道主要有三种：一是省级人民政府农业农村主管部门根据各县（市、区）疫苗需求数量，组织统一招标采购后按需分发至各地使用，采购疫苗种类为重组禽流感病毒（H5+H7）三价灭活疫苗、猪口蹄疫 O 型灭活疫苗、猪口蹄疫 O 型合成肽疫苗、口蹄疫 O 型 -A 型二价灭活疫苗、小反刍兽疫活疫苗、猪瘟活疫苗；二是县级人民政府农业农村主管部门根据本辖区犬的饲养情况，组织采购狂犬病活疫苗或狂犬病灭活疫苗，并分发至指定的动物诊疗机构等场所使用；三是部分规模养殖企业根据免疫程序和饲养规模，自行组织采购疫苗。

# 第二节　检疫政策

## 一、检疫申报

### （一）申报主体

申报动物及动物产品检疫的主体为货主或承运人。

### （二）申报时限

①出售、运输动物和动物产品的，应当提前 3 天申报检疫。

②向无规定动物疫病区输入相关易感动物、易感动物产品的，货主除按规定向输出地动物卫生监督机构申报检疫外，还应当在起运 3 天前向输入地动物卫生监督机构申报检疫。

③屠宰动物的，应当提前 6 小时向所在地动物卫生监督机构申报检疫；急宰动物的，可随时申报。

### （三）申报检疫所需材料

申报检疫的，应当提交检疫申报单以及农业农村部规定的其他材料。

### （四）申报方式

申报检疫采取申报点填报、传真、电话、手机 App 等方式申报。采用电话申报的，需在现场补填检疫申报单。

## 二、检疫实施

### （一）实施主体

动物卫生监督机构指派的官方兽医负责按照《中华人民共和国动物防疫法》和《动物检疫管理办法》等的规定，对动物、动物产品实施检疫。

### （二）检疫程序

不同畜禽品种，其检疫程序稍有差异。在此，以生猪产地检疫为例。

1. 申报受理

动物卫生监督机构在接到检疫申报后，根据当地相关动物疫情情况，决定是否予以受理。受理的，应当及时派出官方兽医到现场或到指定地点实施检疫；不予受理的，应说明理由。

2. 查验资料及畜禽标识

①查验养殖场（养殖小区）《动物防疫条件合格证》和养殖档案，了解生产、免疫、监测、诊疗、消毒、无害化处理等情况，确认养殖场（养殖小区）6个月内未发生相关动物疫病，确认生猪已按国家规定进行强制免疫，并在有效保护期内。省内调运种猪的，还应查验《种畜禽生产经营许可证》。

②查验散养户防疫档案，确认生猪已按国家规定进行强制免疫，并在有效保护期内。

③查验生猪畜禽标识加施情况，确认其佩戴的畜禽标识与相关档案记录相符。

3. 临床检查

（1）检查方法

群体检查：从静态、动态和食态等方面进行检查，主要检查生猪群体精神状况、外貌、呼吸状态、运动状态、饮水饮食情况及排泄物状态等。个体检查：通过视诊、触诊和听诊等方法进行检查，主要检查生猪个体精神状况、体温、呼吸、皮肤、被毛、可视黏膜、胸廓、腹部及体表淋巴结、排泄动作及排泄物性状等。

（2）检查内容

出现发热、精神不振、食欲减退、流涎；蹄冠、蹄叉、蹄踵部出现水泡，水泡破裂后表面出血，形成暗红色烂斑，感染造成化脓、坏死、蹄壳脱落，卧地不起；鼻盘、口腔黏膜、舌、乳房出现水泡和糜烂等症状的，怀疑感染口蹄疫。出现高热、倦怠、食欲不振、精神委顿、弓腰、腿软、行动缓慢；间有呕吐，便秘腹泻交替；可视黏膜充血、出血或有不正常分泌物、发绀；鼻、唇、耳、下颌、四肢、腹下、外阴等多处皮肤点状出血，指压不褪色等症状的，怀疑感染猪瘟。出现高热，眼结膜炎、眼睑水肿，咳嗽、气喘、呼吸困难，耳朵、四肢末梢和腹部皮肤发绀，偶见后躯无力、不能站立或共济失调等症状的，怀疑感染猪繁殖与呼吸综合征。出现高热稽留；呕吐；结膜充血；粪便干硬呈粟状，附有黏液，下痢；皮肤有红斑、疹块，指压褪色等症状的，怀疑感染猪丹毒。出现高热；呼吸困难，继而哮喘，口鼻流出泡沫或清液；颈下咽喉部急性肿大、变红、高热、坚硬；腹侧、耳根、四肢内侧皮肤出现红斑，指压褪色等症状的，怀疑感染猪肺疫。咽喉、颈、肩胛、胸、腹、乳房及阴囊等局部皮肤出现红肿热痛，坚硬肿块，继而肿块变冷，无痛感，最后中央坏死形成溃疡；颈部、前胸出现急性红肿，呼吸困难、咽喉变窄，窒息死亡等症状的，怀疑感染炭疽。

4. 实验室检测

①对怀疑患有规定疫病及临床检查发现其他异常情况的，按相应疫病防治技术规范

进行实验室检测。

②实验室检测须由省级动物卫生监督机构指定的具有资质的实验室承担，并出具检测报告。

③省内调运的种猪可参照《跨省调运种用、乳用动物产地检疫规程》进行实验室检测，并提供相应检测报告。

5. 检疫结果处理

①经检疫合格的，出具《动物检疫合格证明》。

②经检疫不合格的，出具《检疫处理通知单》，并按照有关规定处理。

③临床检查发现患有规定动物疫病的，扩大抽检数量并进行实验室检测。

④发现患有规定检疫对象以外的动物疫病，影响动物健康的，按规定采取相应防疫措施。

⑤发现不明原因死亡或怀疑为重大动物疫情的，按照《中华人民共和国动物防疫法》《重大动物疫情应急条例》和《动物疫情报告管理办法》的有关规定处理。

⑥病死动物应在动物卫生监督机构监督下，由畜主按照《病害动物和病害动物产品生物安全处理规程》（GB16548-2006）进行处理。

⑦生猪启运前，动物卫生监督机构须监督畜主或承运人对运载工具进行有效消毒。

（三）检疫合格标准

1. 产地检疫

出售或者运输的动物，需符合以下条件：一是来自非封锁区或者未发生相关动物疫情的养殖场（户）；二是按照国家规定进行了强制免疫，并在有效保护期内；三是临床检查健康；四是农业农村部规定需要进行实验室疫病检测的，检测结果符合要求；五是畜禽标识等符合农业农村部规定；六是相关人员及车辆按规定进行了备案。乳用、种用动物，还应当符合农业农村部规定的健康标准。

出售、运输的种用动物精液、卵、胚胎、种蛋，需符合以下条件：一是来自非封锁区，或者未发生相关动物疫情的种用动物养殖场；二是供体动物按照国家规定进行了强制免疫，并在有效保护期内；三是供体动物符合动物健康标准；四是农业农村部规定需要进行实验室疫病检测的，检测结果符合要求；五是畜禽标识等符合农业农村部规定。

出售、运输的生皮、原毛、绒、血液、角等产品，需符合以下条件：一是来自非封锁区，或者未发生相关动物疫情的养殖场（户）；二是按有关规定消毒合格；三是农业农村部规定需要进行实验室疫病检测的，检测结果符合要求；四是供体动物按照国家规定进行了强制免疫，并在有效保护期内；五是供体动物符合动物健康标准；六是按规定消毒合格。

已经取得产地检疫证明的动物，从专门经营动物的集贸市场继续出售或者运输的，或者动物展示、演出、比赛后需要继续运输的，需符合以下条件：一是有原始动物检疫证明和完整的进出场记录；二是畜禽标识等符合农业农村部规定；三是临床检查健康；四是原始动物检疫证明超过调运有效期，按农业农村部规定需要进行实验室疫病检测的，检测结果合格。

2. 屠宰检疫

申请检疫的动物产品，需符合以下条件：一是无规定的传染病和寄生虫病；二是符合农业农村部规定的相关屠宰检疫规程要求；三是需要进行实验室疫病检测的，检测结果符合要求。骨、角、生皮、原毛、绒的检疫还应当来自非封锁区，或者未发生相关动物疫情的养殖场（户）；按有关规定消毒合格；农业农村部规定需要进行实验室疫病检测的，检测结果符合要求；供体动物按照国家规定进行了强制免疫，并在有效保护期内；供体动物符合动物健康标准。

（四）落地报告和隔离观察

跨省引进的乳用、种用动物到达输入地后，在所在地动物卫生监督机构的监督下，应在隔离场或养殖场（养殖小区）内的隔离舍进行隔离观察，隔离期一般为30天。经隔离观察合格的方可混群饲养；不合格的，按照有关规定进行处理。隔离观察合格后需继续在省内运输的，货主应当重新申报检疫。

输入到无规定动物疫病区的相关易感动物，应当在输入地省级动物卫生监督机构指定的隔离场所，按照农业农村部规定的无规定动物疫病区有关检疫要求隔离检疫，隔离期一般为30天。隔离检疫合格的，由当地动物卫生监督机构的官方兽医出具《动物检疫合格证明》；不合格的，按照有关规定处理。

三、检疫对象

检疫对象指动物疫病（传染病和寄生虫病）。检疫后，发现和处理带有疫病的动物、动物产品。法律、法规或农业农村主管部门将某些重要的动物疫病规定为必检对象。因检疫动物类别的不同，官方兽医实施检疫时的检疫对象各有不同。例如，对生猪实施产地检疫时，检疫对象为口蹄疫、猪瘟、非洲猪瘟、猪繁殖与呼吸综合征、炭疽、猪丹毒、猪肺疫；对牛实施产地检疫时，检疫对象为口蹄疫、布鲁氏菌病、牛结核病、炭疽、牛传染性胸膜肺炎；对羊实施产地检疫时，检疫对象为口蹄疫、布鲁氏菌病、绵羊痘和山羊痘、小反刍兽疫、炭疽。

## 四、检疫收费

2015 年以前，官方兽医在实施动物及动物产品检疫时，可收取产地检疫费和屠宰检疫费，收费标准由财政部和国家发展改革委统一规定后对外发布。2015 年 9 月 29 日，财政部、国家发展改革委联合印发《关于取消和暂停征收一批行政事业性收费有关问题的通知》（财税〔2015〕102 号），明确从 2015 年 11 月 1 日起，全国范围内暂停征收动物及动物产品检疫费。

## 五、检疫规程

《国家畜禽遗传资源目录》共列入 33 种畜禽，包括传统畜禽 17 种、特种畜禽 16 种。

### （一）产地检疫规程

生猪、家禽、反刍动物、马属动物产地检疫规程参见《农业部关于印发〈生猪产地检疫规程〉等 4 个规程的通知》（农医发〔2010〕20 号）。

猫、犬、兔产地检疫规程参见《农业部关于印发〈犬产地检疫规程〉等 3 个动物产地检疫规程的通知》（农医发〔2011〕24 号）。

蜜蜂产地检疫规程参见《农业部关于印发蜜蜂检疫规程的通知》（农医发〔2010〕41 号）。

水貂、银狐、北极狐、貉等非食用动物产地检疫参见《农业农村部关于进一步强化动物检疫工作的通知》（农牧发〔2020〕22 号）。

羊驼产地检疫，依照《反刍动物产地检疫规程》（农医发〔2010〕20 号）执行。

### （二）屠宰检疫规程

生猪、牛、羊、家禽屠宰检疫规程参见《农业部关于印发〈生猪屠宰检疫规程〉等 4 个动物检疫规程的通知》（农医发〔2010〕27 号）。

马、驴、骆驼、梅花鹿、马鹿、羊驼的屠宰检疫，依照《畜禽屠宰卫生检疫规范》（NY467-2001）执行。

# 第三节　监督执法政策

## 一、动物卫生监督管理主体和管理内容

### （一）动物卫生监督实施主体

《中华人民共和国动物防疫法》规定，开展动物卫生监督的主体为县级以上地方人民政府农业农村主管部门。

### （二）动物卫生监督管理内容

对动物饲养、屠宰、经营、隔离、运输以及动物产品生产、经营、加工、贮藏、运输等活动中的动物防疫实施监督管理。

## 二、动物卫生监督原则

### （一）依法实施原则

动物卫生监督只能对动物防疫工作进行依法监督。

### （二）公正原则

①与当事人有利害关系的工作人员应当回避；参与监督的人员，态度要公正。

②在监督过程中认真查证、核实、分析有关证据材料，以查明事实真相。

③认真听取当事人的陈述和辩解。

④行政决定一般由三人及以上的单数人员经合议做出，以充分体现公正性。

### （三）公开原则

①监督人员身份公开。

②监督内容公开。

③监督依据公开。

④行政措施决定公开。

### （四）程序原则

动物卫生监督要依照法定的程序进行，违反程序也是违法，违反程序的监督则是无效监督。

### （五）效率原则

动物卫生监督的性质决定了其必须遵循高效的原则，否则将会造成重大损失。比如

在监督过程中发现染疫动物时，应立即采取行政强制措施。

**（六）不得收费原则**

动物卫生监督检查不能违规收取费用。

### 三、动物卫生监督可采取的措施

①对动物、动物产品按照规定采样、留验、抽检。

②对染疫或者疑似染疫的动物、动物产品及相关物品进行隔离、查封、扣押和处理。

③对依法应当检疫而未经检疫的动物和动物产品，具备补检条件的实施补检，不具备补检条件的予以收缴销毁。

④查验检疫证明、检疫标志和畜禽标识。

⑤进入有关场所调查取证，查阅、复制与动物防疫有关的资料。

⑥根据动物疫病预防、控制需要，经所在地县级以上地方人民政府批准，可以在车站、港口、机场等相关场所派驻官方兽医或者工作人员。

### 四、动物卫生监督执法工作要求

①执法人员执行动物防疫监督检查任务时，应当出示行政执法证件，佩戴统一标志，表明身份。

②监督执法人员不得从事与动物防疫有关的经营性活动，进行监督检查不得收取任何费用，不得转让、伪造或者变造检疫证明、检疫标志或者畜禽标识。

③动物卫生监督应有具体的、特定的对象。

④被监督对象对监督执法行为有异议时，可以提起行政复议和行政诉讼。

## 第四节　疫情报告政策

### 一、报告主体

**（一）养殖经营者**

从事动物疫病监测、检测、检验检疫、研究、诊疗以及动物饲养、屠宰、经营、隔离、运输等活动的单位和个人，发现动物染疫或者疑似染疫的，应当立即向所在地人民政府农业农村主管部门或者动物疫病预防控制机构报告，并迅速采取隔离等控制措施，防止疫情扩散。其他单位和个人发现动物染疫或者疑似染疫的，也应当及时报告。

（二）政府部门

农业农村主管部门或者动物疫病预防控制机构接到动物疫情报告后，应当按程序及时向当地人民政府及上级主管部门报告。

## 二、报告时限

若发生特别重大、重大和可能演化为重大及以上级别的疫情，以及发生在敏感时间、敏感地区的突发动物疫情，市级人民政府农业农村主管部门应在 20 分钟内电话报告、40 分钟内书面报告本级人民政府及上级主管部门。省级人民政府农业农村主管部门接到报告后，应在 30 分钟内电话报告、60 分钟内书面报告省人民政府。若发生较大级别疫情，市级人民政府农业农村主管部门应在 2 小时内报告本级人民政府及上级主管部门。

## 三、报告内容

首次报告疫情情况，报告内容应尽量包括基础信息、疫情概况、疫点情况、疫区及受威胁区情况、流行病学信息、控制措施、诊断方法及结果、疫点位置及经纬度、疫情处置进展以及其他需要说明的信息等内容。对详细情况一时不清楚的，可先报告基本情况，再续报详细情况。首报和续报的具体内容可参考以下格式。

（行政机关名称）

关于×××突发动物疫情情况的报告（首报）

××呈〔　〕号

××××：

　　××年××月××日××时，××市（州）××县（市、区）××乡（镇）××村××场（户）发生畜禽异常死亡。到目前为止，该场（户）存栏畜禽（猪、牛、羊、家禽、其他）××头（只、羽）、发病××头（只、羽）、死亡××头（只、羽）。经××（机构）××月××日采样检测，结果为××（非洲猪瘟、高致病性禽流感等）。初步调查，疫点范围内共存栏易感动物××（易感动物名称）××头（只、羽），疫区范围内共存栏易感动物××（易感动物名称）××头（只、羽），受威胁区内共存栏易感动物××（易感动物名称）××头（只、羽），疫情发生原因为××（或正在调查）。

相关情况待续报。

（盖章）

年　月　日

（行政机关名称）

关于×××突发动物疫情情况的报告（续报）

××呈〔　〕号

××××：

××年××月××日发生在××市（州）××县（市、区）的××（非洲猪瘟、高致病性禽流感等）疫情目前已得到有效控制，相关应急处置工作全面结束（或正在进行），未发现新的病例。现就有关情况报告如下。

一、基本情况

（疫情发生时间、地点，检测确诊情况，疫点、疫区、受威胁区范围及畜禽饲养情况等）

二、采取措施

（疫情确诊后围绕应急处置启动应急响应、划定疫点疫区受威胁区、封锁疫区、扑杀无害化处理、清洗消毒、排查监测、疫源追溯等工作开展情况）

三、下步工作打算

（盖章）

年　月　日

# 第五节　疫情处置政策

## 一、先期处置

### （一）可疑和疑似疫情处置

对发生可疑或疑似动物疫情的场（户）实施隔离、监控，禁止易感畜禽及其产品、污染物品移动，并对其内外环境实施严格消毒。

### （二）确认疫情处置

突发动物疫情发生地的县级应急指挥机构办公室立即向本级应急指挥机构和人民政府报告疫情情况，并提出启动应急响应的建议；启动应急响应后，相关负责人及时赶赴现场，组织成立现场指挥部，迅速调集处置队伍，调配所需应急物资，根据应急预案开展应急处置工作。

### （三）毗邻区域发生疫情的处置

与突发动物疫情发生地毗邻县（市、区），有可能被发生地疫情波及时，当地县级应急指挥机构办公室应立即向本级应急指挥机构和人民政府报告，提出启动应急响应的建议，并根据应急预案开展相关应急处置工作。

## 二、应急处置

### （一）启动响应

突发动物疫情发生后，县级人民政府组织农业农村等部门根据疫情情况、应急处置能力以及预期影响后果，结合县级应急指挥机构办公室建议，综合研判发布启动响应的通告。应急响应由高到低分为Ⅰ级、Ⅱ级、Ⅲ级、Ⅳ级响应。应急响应启动后，可根据需要，提高或降低应急响应级别。

### （二）应急准备

启动应急响应后，当地应急指挥机构办公室通知指挥机构各成员单位和其他需要参与应急处置的相关单位，按照职责要求，迅速进入应急状态，做好各项应急准备工作。

### （三）现场处置

成立现场指挥部，指挥疫情应急处置工作，执行上级政府及相关部门对疫情处置的决策和指令；迅速了解和掌握疫情、先期处置措施等相关情况，研判疫情发展趋势，研究制定现场应急处置方案并组织实施；成立现场应急处置工作组，并明确各工作组职责任务。各工作组在现场指挥部统一领导指挥下，按照职责分工开展应急处置工作。现场指挥部工作组及职责任务简述如下所示。

1. 综合协调组

疫情发生地县级人民政府牵头，由农业农村、民政、财政、公安、交通运输、卫生健康、市场监管等部门人员组成。负责情况沟通，相关数据资料的收集、准备和报送等工作；负责协调相关工作组开展工作，并为开展处置工作提供相应保障。

2. 现场处置组

疫情发生地县级人民政府牵头，由农业农村、公安、生态环境、交通运输、卫生健康等部门人员组成。负责划定疫点、疫区、受威胁区，发布疫区封锁令，组织对疫点、疫区内应扑杀畜禽进行强制扑杀，对死亡畜禽及相关物品进行无害化处理，对疫点和疫区内被污染的用具、圈舍、道路等进行消毒，对受威胁区内易感畜禽开展疫情排查。

3. 医疗救护组

疫情发生地县级人民政府牵头，由卫生健康、农业农村等部门人员组成。负责疫情处置过程中突发疾病、意外受伤等疫情处置人员的救治工作；负责对各封锁消毒点及疫区内的人员、车辆消毒提供技术指导；发生人兽共患病时，负责对疫区内密切接触发病、病死畜禽的人员以及参与疫情处置的人员开展相关疫病排查；负责现场其他医疗保障工作。

4. 社会维稳组

疫情发生地县级人民政府牵头，由公安、农业农村、交通运输、武警等部门人员组成。负责设立临时检查站，禁止疫区易感畜禽出入，对出入疫区的人员、车辆进行登记消毒；负责强制扑杀等政策解释，维护疫情处置工作秩序。

5. 后勤保障组

疫情发生地县级人民政府牵头，由农业农村、发展改革、财政、交通运输、商务等部门人员组成。负责落实现场应急物资、交通运输、供电、供水等方面的保障需求，确保应急处置工作顺利开展。

6. 疫情调查组

疫情发生地县级人民政府牵头，由农业农村、公安、交通运输、卫生健康、市场监管、林业、邮政管理等部门人员组成。负责疫源调查和染疫畜禽及其产品的追踪溯源等工作。

7. 善后处置组

疫情发生地县级人民政府牵头，由农业农村、公安、民政等部门人员组成。负责开展排查监测以及对受威胁区相关畜禽进行紧急免疫；做好现场处置结束至解除封锁前疫区的监控、消毒，做好疫情损失评估、保险理赔、社会救助等工作。

8.宣传报道组

疫情发生地县级人民政府牵头，由农业农村、卫生健康等部门人员组成。负责疫情处置相关信息发布、宣传报道及舆情引导工作，负责及时回应社会关切。

**（四）终止程序**

动物疫情应急处置工作完成后，现场指挥部向应急指挥机构报告相关情况，并提出结束应急处置工作的建议，经批准后，由现场指挥部宣布结束现场应急处置工作，并由原发布通告启动应急响应的机构发布终止应急响应通告。

**（五）解除封锁**

疫点和疫区内应扑杀畜禽处理完毕后，经过一个潜伏期以上的监测，未出现新的病例，完成相关场所和物品的终末消毒，受威胁区按规定完成紧急免疫和监测，经市级人民政府农业农村主管部门组织专家审验合格，即可解除封锁。解除封锁令由原发布封锁令的人民政府发布。

（行政机关名称）

关于启动 ×××突发动物疫情应急响应的通告

××年第　号

××年××月××日××时，我省××市（州）××县（市、区）××乡（镇）××村发生××（非洲猪瘟、高致病性禽流感等）疫情。到目前为止，已造成××（畜禽发病及死亡情况）。疫情发生的原因是××（或正在调查）。

鉴于××（事件的严重、紧急程度等），根据《中华人民共和国动物防疫法》《重大动物疫情应急条例》等有关规定，经研究，决定启动××应急预案，进入××级应急状态。（对各地各有关部门提具体要求）。

特此通告。

（盖章）

年　月　日

# 疫区封锁令

## ××县（市、区）人民政府

### 关于封锁×××疫区的命令

××县（市、区）人民政府令〔 〕第 号

　　××年××月××日经××（机构）确诊，我县（市、区）××乡（镇）××村××场（户）发生××（非洲猪瘟、高致病性禽流感等）疫情。为迅速扑灭疫情，防止扩散蔓延，依据《中华人民共和国动物防疫法》《重大动物疫情应急条例》等规定，发布本封锁令。

　　一、立即启动《××应急预案》××级响应，××乡（镇）人民政府，农业农村局等相关部门要在重大动物疫情应急指挥部统一领导下按预案要求认真开展疫情处置工作。

　　二、即日起对疫区进行封锁，封锁范围为：以××为疫点，由疫点边缘向外延伸3公里的区域，东至××，西至××，南至××，北至××。

　　三、疫区封锁期间，在疫区周边设置临时检查消毒站，对出入人员、车辆及有关物品实施强制检查消毒；禁止所有易感动物出入封锁区，禁止相关产品流出封锁区，违者按有关规定处罚。

　　四、对所有病死畜禽、被扑杀的畜禽及其产品进行无害化处理。对排泄物、餐厨垃圾，被污染或可能被污染的饲料、污水等进行无害化处理。对被污染或可能被污染的物品、交通工具、用具、圈舍、场地进行彻底消毒。

　　五、依法做好疫点、疫区现场隔离、封锁、控制安全保卫和社会管理工作。依法做好交通疏通，严厉查处利用疫情造谣惑众，扰乱社会和市场秩序的违法犯罪行为。

　　六、做好群众思想工作，加强科普宣传，消除群众恐惧心理，维护社会和谐稳定。

　　七、对疫区外的易感动物加强检疫和疫情监测，发现疫情及时上报。

　　八、××乡（镇）人民政府接到命令后迅速组织人员落实封锁措施。相关部门要各司其职，按"早、快、严、小"的原则，加强协调配合，迅速扑灭疫情。

　　本命令自发布之日起执行。封锁令的解除，由××县（市、区）人民政府另行下达。

××县（市、区）人民政府

年 月 日

（行政机关名称）

关于结束×××突发动物疫情应急响应的通告

××年第　号

××年××月××日××时，我省××市（州）××县（市、区）××乡（镇）××村发生××（非洲猪瘟、高致病性禽流感等）疫情。到目前为止，发病畜禽××头（只、羽），死亡畜禽××头（只、羽），扑杀畜禽××头（只、羽）。疫情发生的原因是××（或正在调查）。

疫情发生后，××省/市/县按规定启动了应急响应，采取了××（采取的应急措施及效果概述）。

鉴于疫情已得到有效控制，根据《中华人民共和国动物防疫法》《重大动物疫情应急条例》等有关规定，经研究，决定结束应急状态。请各地各有关部门按要求做好善后工作。

特此通告。

（盖章）

年　月　日

## 疫区解除封锁令

××县（市、区）人民政府

关于解除×××疫区封锁的命令

××县（市、区）人民政府令〔　〕第　号

××年××月××日，我县（市、区）发布封锁令，将××划定为疫点，将东至××、西至××、南至××、北至××的×个村划定为疫区，对疫区实施封锁。

封锁期间，在全县（市、区）广大人民群众的大力支持下，各乡（镇）人民政府、各相关部门密切配合、协同作战，持续开展封锁、消毒、排查、监测等防控工作。自××年××月××日完成疫区最后一头（只、羽）××（易感动物）扑杀和无害化处理工作至今，经过连续监测，未发现新的病例和监测阳性。经市（州）农业农村局组织专家评估验收，验收结果符合《重大动物疫情应急条例》等关于解除疫区封锁的规定，同意我县（市、区）解除疫区封锁。

县（市、区）人民政府决定，自××年××月××日零时起，解除对疫区的封锁，撤销周围设置的警示标志和在出入疫区的交通路口设置的临时检查消毒站。

封锁解除后，各乡（镇）人民政府、各相关部门要继续落实防控责任到人、措施到村到场到户的防控要求，切实加强疫情监测排查、消毒、宣传培训等综合防控措施，防止疫情再次发生。

××县（市、区）人民政府

年　月　日

# 第六节　无害化处理政策

## 一、病死畜禽和病害畜禽产品无害化处理范围

①染疫或者疑似染疫死亡、因病死亡或者死因不明的。

②经检疫、检验可能危害人体或者动物健康的。

③因自然灾害、应激反应、物理挤压等因素死亡的。

④屠宰过程中经肉品品质检验确认为不可食用的。

⑤死胎、木乃伊胎等。

⑥因动物疫病防控需要被扑杀或销毁的。

⑦其他应当进行无害化处理的。

## 二、病死畜禽和病害畜禽产品收集处理要求

### （一）收集处理责任

①从事动物饲养、屠宰、经营、隔离以及动物产品生产、经营、加工、贮藏等活动的单位和个人，按照国家有关规定收集病死动物、病害动物产品，自行实施无害化处理或者委托具备资质的第三方处理。

②从事动物、动物产品运输的单位和个人，应当配合做好病死动物和病害动物产品的无害化处理。

③在江河、湖泊、水库等水域发现的死亡畜禽，由所在地县级人民政府组织收集、

处理并溯源。

④在城市公共场所和乡村发现的死亡畜禽，由所在地街道办事处（乡镇人民政府）组织收集、处理并溯源。

⑤在野外环境发现的死亡野生动物，由所在地野生动物保护主管部门收集、处理。

⑥任何单位和个人不得买卖、加工、随意弃置病死动物和病害动物产品。

⑦任何单位和个人不得藏匿、转移、盗掘已被依法隔离、封存、处理的动物和动物产品。

（二）收集包装要求

①包装材料应符合密闭、防水、防渗、防破损、耐腐蚀等要求。

②包装材料的容积、尺寸和数量应与需处理病死及病害动物和相关动物产品的体积、数量相匹配。

③包装后应进行密封。

④若转运途中发生渗漏，应重新包装、消毒后运输。

⑤使用后，一次性包装材料应作销毁处理，可循环使用的包装材料应进行清洗消毒。

## 三、无害化处理方式

目前病死畜禽和病害畜禽产品无害化处理，采取集中处理为主，自行处理为辅的无害化处理方式进行。按照《病死及病害动物无害化处理技术规范》要求，应用较多、较成熟的技术主要有深埋法、焚烧法、化制法、高温法，其中集中处理采取化制法，自行处理应用较多为深埋法、焚烧法。

（一）深埋法

1. 概念

深埋法是指按照相关规定，将病死及病害动物和相关动物产品投入深埋坑中并覆盖、消毒处理的方法。操作过程主要包括装运、掩埋点的选址、坑体、挖掘、掩埋。

2. 适用对象

发生动物疫情或自然灾害等突发事件时病死及病害动物的应急处理，以及边远和交通不便地区零星病死动物的处理。不得用于患有炭疽等芽孢杆菌类疫病，以及牛海绵状脑病、痒病的染疫动物及产品、组织的处理。

3. 特点

深埋法比较简单，费用低，且不易产生气味，但因其无害化过程缓慢，某些病原微生物能长期生存，如果防渗工作不到位，有可能污染土壤或地下水。在发生疫情时，为迅速控制与扑灭疫情，防止疫情传播扩散，或一次性处理病死动物数量较大，最好采用深埋的方法。

4. 选址要求

①选择地势高燥，处于下风向的地点。

②远离学校、公共场所、居民住宅区、村庄、动物饲养和屠宰场所、饮用水源地、河流等地区。

5. 技术工艺

①深埋坑体容积以实际处理动物尸体及相关动物产品数量确定。

②深埋坑底应高出地下水位 1.5 米以上，要防渗、防漏。

③坑底洒一层厚度为 2～5 厘米的生石灰或漂白粉等消毒药。

④将动物尸体及相关动物产品投入坑内，最上层距离地表 1.5 米以上。

⑤用生石灰或漂白粉等消毒药消毒。

⑥覆盖距地表 20～30 厘米，厚度不少于 1～1.2 米的覆土。

6. 操作注意事项

①深埋覆土不要太实，以免腐败产气造成气泡冒出和液体渗漏。

②深埋后，在深埋处设置警示标识。

③深埋后，第一周内应每日巡查 1 次，第二周起应每周巡查 1 次，连续巡查 3 个月，深埋坑塌陷处应及时加盖覆土。

④深埋后，立即用氯制剂、漂白粉或生石灰等消毒药对深埋场所进行 1 次彻底消毒。第一周内应每日消毒 1 次，第二周起应每周消毒 1 次，连续消毒 3 周以上。

（二）焚烧法

1. 概念

焚烧法是指在焚烧容器内，使病死及病害动物和相关动物产品在富氧或无氧条件下进行氧化反应或热解反应的方法。工艺流程主要包括焚烧、排放物（烟气、粉尘）、污水等处理。

2. 适用对象

国家规定的染疫动物及其产品、病死或者死因不明的动物尸体，屠宰前确认的病害动物、屠宰过程中经检疫或肉品品质检验确认为不可食用的动物产品，以及其他应当进行无害化处理的动物及动物产品。由于焚烧方式不同，效果、特点有所不同，应根据养殖规模、病死畜禽数量选用不同焚烧处理方法。集中焚烧是目前最先进的处理方法之一，通常一个养殖业集中的地区可联合兴建病死畜禽焚化处理厂，同时在不同的服务区域内设置若干冷库，集中存放病死畜禽，然后统一由密闭的运输车辆负责运送到处理厂，集中处理。

3. 特点

焚烧法处理病死畜禽完全彻底，病原被彻底消灭，仅存留少量灰烬，减量化效果明显。

4. 直接焚烧法

（1）技术工艺

①可视情况对病死及病害动物和相关动物产品进行破碎等预处理。

②将病死及病害动物和相关动物产品或破碎产物，投至焚烧炉本体燃烧室，经充分氧化、热解，产生的高温烟气进入二次燃烧室继续燃烧，产生的炉渣经出渣机排出。

③燃烧室温度应≥850℃。燃烧所产生的烟气从最后的助燃空气喷射口或燃烧器出口到换热面或烟道冷风引射口之间的停留时间应≥2秒。焚烧炉出口烟气中氧含量应为6%～10%（干气）。

④二次燃烧室出口烟气经余热利用系统、烟气净化系统处理，达到GB16297要求后排放。

⑤焚烧炉渣与除尘设备收集的焚烧飞灰应分别收集、贮存和运输。焚烧炉渣按一般固体废物处理或作资源化利用；焚烧飞灰和其他尾气净化装置收集的固体废物需按GB5085.3-2007要求作危险废物鉴定，如属于危险废物，则按GB18484-2020和GB18597-2001要求处理。

（2）操作注意事项

①严格控制焚烧进料频率和重量，使病死及病害动物和相关动物产品能够充分与空气接触，保证完全燃烧。

②燃烧室内应保持负压状态，避免焚烧过程中发生烟气泄露。

③二次燃烧室顶部设紧急排放烟囱，应急时开启。

④烟气净化系统，包括急冷塔、引风机等设施。

5. 炭化焚烧法

（1）技术工艺

①病死及病害动物和相关动物产品投至热解炭化室，在无氧情况下经充分热解，产生的热解烟气进入二次燃烧室继续燃烧，产生的固体炭化物残渣经热解炭化室排出。

②热解温度应≥600℃，二次燃烧室温度≥850℃，焚烧后烟气在850℃以上停留时间≥2秒。

③烟气经过热解炭化室热能回收后，降至600℃左右，经烟气净化系统处理，达到GB16297-1996要求后排放。

（2）操作注意事项

①应检查热解炭化系统的炉门密封性，以保证热解炭化室的隔氧状态。

②应定期检查和清理热解气输出管道，以免发生阻塞。

③热解炭化室顶部需设置与大气相连的防爆口，热解炭化室内压力过大时可自动开启泄压。

④应根据处理物种类、体积等严格控制热解的温度、升温速度及物料在热解炭化室里的停留时间。

### （三）化制法

1. 概念

化制法是指在密闭的高压容器内，通过向容器夹层或容器内通入高温饱和蒸汽，在干热、压力或蒸汽、压力的作用下，处理病死及病害动物和相关动物产品的方法。

2. 适用对象

化制法主要适用于国家规定的染疫动物及其产品、病死或者死因不明的动物尸体，屠宰前确认的病害动物、屠宰过程中经检疫或肉品品质检验确认为不可食用的动物产品，以及其他应当进行无害化处理的动物及动物产品。不得用于患有炭疽等芽孢杆菌类疫病，以及牛海绵状脑病、痒病的染疫动物及产品、组织的处理。化制法对容器的要求很高，适用于国家或地区及中心。日常也可对病害动物及动物制品进行无害化处理，如用于养殖场、屠宰场、实验室、无害化处理场等。

3. 原理

（1）干化原理

将动物尸体或废弃物放入化制机内受干热与压力的作用而达到化制目的（热蒸汽不直接接触肉尸）。

（2）湿化原理

利用高压、蒸汽（直接与动物尸体组织接触），当蒸汽遇到肉尸而凝结为水时，可使油脂溶化和蛋白质凝固。目前主要采用湿化法，得到油脂与固体物料（肉骨粉），油脂可作为生物柴油的原料，固体物料可制作有机肥，从而达到资源再利用，实现循环经济目的。

4. 特点

化制是一种较好的处理病死畜禽的方法，是实现病死畜禽无害化处理、资源化利用的重要途径，具有操作较简单、投资较小、处理成本较低、灭菌效果好、处理能力强、处理周期短、单位时间内处理最快、不产生烟气、安全性高等优点。但处理过程中，易产生恶臭气体（异味明显）和废水，还存在着设备质量参差不齐、品质不稳定、工艺不统一、生产环境差等问题。

5. 干化法

（1）技术工艺

①可视情况对病死及病害动物和相关动物产品进行破碎等预处理。

②病死及病害动物和相关动物产品或破碎产物输送入高温高压灭菌容器。

③处理物中心温度≥140℃，压力≥0.5MPa（绝对压力），时间≥4小时（具体处理时间随处理物种类和体积大小而设定）。

④加热烘干产生的热蒸汽经废气处理系统后排出。

⑤加热烘干产生的动物尸体残渣传输至压榨系统处理。

（2）操作注意事项

①搅拌系统的工作时间应以烘干剩余物基本不含水分为宜，根据处理物量的多少，适当延长或缩短搅拌时间。

②应使用合理的污水处理系统，有效去除有机物、氨氮，达到GB8978-1996要求。

③应使用合理的废气处理系统，有效吸收处理过程中动物尸体腐败产生的恶臭气体，达到GB16297-1996要求后排放。

④高温高压灭菌容器操作人员应符合相关专业要求，持证上岗。

⑤处理结束后，需对墙面、地面及相关工具进行彻底的清洗消毒。

6. 湿化法

（1）技术工艺

①可视情况对病死及病害动物和相关动物产品进行破碎预处理。

②将病死及病害动物和相关动物产品或破碎产物送入高温高压容器，总质量不得超过容器总承受力的五分之四。

③处理物中心温度≥135℃，压力≥0.3MPa（绝对压力），处理时间≥30分钟（具体处理时间随处理物种类和体积大小而设定）。

④高温高压结束后，对处理产物进行初次固液分离。

⑤固体物经破碎处理后，送入烘干系统；液体部分送入油水分离系统处理。

（2）操作注意事项

①高温高压容器操作人员应符合相关专业要求，持证上岗。

②处理结束后，需对墙面、地面及其相关工具进行彻底清洗消毒。

③冷凝排放水应冷却后排放，产生的废水应经污水处理系统处理，达到GB8978要求。

④处理车间废气应通过安装自动喷淋消毒系统、排风系统和高效微粒空气过滤器（HEPA过滤器）等进行处理，达到GB16297-1996要求后排放。

### （四）高温法

**1. 概念**

高温法是指常压状态下，在封闭系统内利用高温处理病死及病害动物和相关动物产品的方法。

**2. 适用对象**

高温法主要适用于国家规定的染疫动物及其产品、病死或者死因不明的动物尸体，屠宰前确认的病害动物、屠宰过程中经检疫或肉品品质检验确认为不可食用的动物产品，以及其他应当进行无害化处理的动物及动物产品。不得用于患有炭疽等芽孢杆菌类疫病，以及牛海绵状脑病、痒病的染疫动物及产品、组织的处理。化制法对容器的要求很高，适用于国家或地区及中心。日常也可对病害动物及动物制品进行无害化处理，如用于养殖场、屠宰场、实验室、无害化处理场等。

**3. 技术工艺**

①可视情况对病死及病害动物和相关动物产品进行破碎等预处理。处理物或破碎产物体积（长 × 宽 × 高）≤ 125cm$^3$（5cm×5cm×5cm）。

②向容器内输入油脂，容器夹层经导热油或其他介质加热。

③将病死及病害动物和相关动物产品或破碎产物输送入容器内，与油脂混合。常压状态下，维持容器内部温度≥180℃，持续时间≥2.5小时（具体处理时间随处理物种类和体积大小而设定）。

④加热产生的热蒸汽经废气处理系统处理后排出。

⑤加热产生的动物尸体残渣传输至压榨系统处理。

**4. 操作注意事项**

①搅拌系统的工作时间应以烘干剩余物基本不含水分为宜，根据处理物量的多少，

适当延长或缩短搅拌时间。

②应使用合理的污水处理系统，有效去除有机物、氨氮，达到 GB8978-1996 要求。

③应使用合理的废气处理系统，有效吸收处理过程中动物尸体腐败产生的恶臭气体，达到 GB16297-1996 要求后排放。

④高温高压灭菌容器操作人员应符合相关专业要求，持证上岗。

⑤处理结束后，需对墙面、地面及其相关工具进行彻底清洗消毒。

## 四、无害化处理体系建设

### （一）无害化处理场

1. 建设要求

①病死畜禽无害化处理场选址，应符合《中华人民共和国动物防疫法》《动物防疫条件审查办法》等有关规定，根据地质地貌特点，远离水源、村庄及学校、医院等公共场所，既不影响群众生活，又有稳定的水、电供应，而且给排水方便，便于病死畜禽运输、处置，避免二次污染。具体选址可由市级人民政府农业农村主管部门开展风险评估后确定，也可由省级人民政府农业农村主管部门依市级申请开展风险评估后确定。

②处理工艺技术应符合《病死及病害动物无害化处理技术规范》（农医发〔2017〕25号）要求。废水、废气收集处理应符合环保要求。

③办公生活区、缓冲区及生产区布局合理，污道、净道相互分离并防止交叉污染，并设置相应的车辆、人员消毒通道。

④生产区应区分污区（病死动物暂存库、上料间等）、净区（无害化处理产品库等），并进行物理隔离，加施分区标识。无害化处理场所应根据自身处理工艺特点，将处理车间划入污区或净区。生产区地面、墙面、顶棚应防水、防渗、耐冲洗、耐腐蚀。污区和净区必须封闭隔离，并分别配备紫外线灯、臭氧发生器、消毒喷雾机、高压清洗机等相应的清洗消毒设备。净区还应设有人员进出消毒通道。污区和净区应设立防鼠、防蝇设施。

⑤应设置车辆清洗消毒通道，并单独设置车辆清洗消毒和烘干车间。收运车辆清洗消毒通道应具备自动感应、温控、全方位清洗等功能。

⑥应设置符合相关要求的专门的消毒药品仓库和器械仓库。

⑦应配备视频监控设备，并保存相关影像视频资料。条件允许的情况下，应接入当地人民政府农业农村主管部门的监控系统。

2. 环保及安全要求

（1）碱水解工艺要求

①废气的排放要符合《大气污染物综合排放标准》（GB16297-1996）和《恶臭污染物排放标准》（GB14554-1993）的要求。

②噪声要符合《工业企业厂界环境噪声排放标准》（GB12348-2008）的要求。

③处理产物的废液排放要符合《污水综合排放标准》（GB8978-1996）的排放要求。

④处理产物的骨渣应经过有效漂洗，采取有效措施进行处理和利用。

⑤固酸和固碱的使用要符合《危险化学品安全管理条例》的相关规定。

（2）焚烧工艺要求

①二噁英、烟尘、酸性气体以及重金属的排放应符合《危险废物焚烧污染控制标准》（GB18484-2020）中相关的排放标准。

②恶臭排放浓度要符合《恶臭污染物排放标准》（GB14554-1993）的相关要求。

③污水的排放要符合《污水综合排放标准》（GB8978-1996）的排放要求。

④噪声要符合《工业企业厂界环境噪声排放标准》（GB12348-2008）的要求。

⑤焚烧残渣要遵守《中华人民共和国固体废物污染环境防治法》的规定，采取有效措施进行处理。

（3）其他工艺要求

高温高压、高温生物降解、全自动电脑生物酶降解、高温高压临界水处理、高温高压灭菌脱水等处理工艺必须达到以下要求。

①废气的排放要符合《大气污染物综合排放标准》（GB16297-1996）和《恶臭污染物排放标准》（GB14554-1993）的要求。

②污水的排放要符合《污水综合排放标准》（GB8978-1996）的排放要求。

③噪声要符合《工业企业厂界环境噪声排放标准》（GB12348-2008）的要求。

④处理后产物（骨渣和油脂）应采取有效措施进行处理或利用。

⑤在高温高压环境下，按照标准程序进行操作，杜绝事故的发生。

3. 管理要求

①无害化处理场所应建立病死动物入场登记、处理，收运车辆管理、设施设备运行管理、人员管理、无害化处理产物生产销售登记等制度。

②污区和净区物品严格分开，不得混用。未经清洗消毒的物品和器具，不得离开污区。

③无害化处理期间，工作人员一般不得在污区和净区跨区作业，离开污区时，须淋

浴并更换洁净衣物，或在消毒间更换衣物，并对工作服进行消毒处理。

④无害化处理产物须存放在专门场地或库房，严禁接触可能污染的原料、器具和人员，严防机械性交叉污染。

⑤无害化处理场所应采取灭鼠、灭蝇等媒介生物控制措施。

4. 消毒要求

①每次无害化处理结束后，应对污区（不含冷库）地面、墙面及相关工具、设施设备及循环使用的防护用品进行全面清洗消毒，对一次性防护用品统一回收后作无害化处理，并擦拭电源开关、门把手等易污染部位。必要时，还应对空气循环设施设备进行消毒处理。工作人员淋浴并更换洁净衣物后方可离开。

②每次无害化处理结束后，应对净区进行清洁和清洗消毒。

③对于暂存病死动物的冷库，每批病死动物清空后，须进行全面清洗消毒。每月必须清空并清洗消毒一次。

④无害化处理场区道路和车间外环境，每工作日须清理消毒一次。

⑤车辆清洗消毒车间须保持清洁，清理后的污物须及时进行无害化处理，污水须进行消毒处理。

5. 监测评估

无害化处理场所应定期开展污染风险监测，在不同生产环节采集样品，送当地动物疫病预防控制机构或有资质的实验室检测，并根据检测结果，及时开展生物安全风险评估，优化内部管理质量体系，完善风险防控措施。

（二）收集暂存点

1. 布局和设施要求

①应根据地质地貌特点，远离水源、村庄及学校、医院等公共场所，既不影响群众生活，又有稳定的水、电供应，便于病死畜禽运输，避免二次污染。

②配备高压冲洗机、喷雾消毒机等消毒设备，以及消毒池或消毒垫等设施。有条件的，应在出入口设置人员及车辆消毒通道。

③配备与暂存规模相适应的冷库及相关冷藏冷冻设施设备。冷库房屋应防水、防渗、防鼠、防盗，地面、墙壁应光滑，便于清洗和消毒。

④场区应设置实体围墙，防止野猪、流浪犬猫等动物进入；场内须硬化，便于消毒。

⑤养殖场设立的暂存点，病死猪的出口应与入口分离，并直接通往场区外。

2. 管理要求

①暂存点应配备专人管理。

②暂存设施应设置明显的警示标识。

③暂存点应建立病死动物受理登记、转运、清洗消毒、人员防护管理等制度。

④暂存点不得饲养犬、猫等动物，并采取灭鼠、灭蝇等媒介生物控制措施。

⑤应配备视频监控设备，并保存相关影像视频资料。

⑥养殖场设立的暂存点应禁止外部收运车辆进入生猪饲养区内，宜在病死猪暂存点出口处装载。

⑦到过暂存点的人员，21 天内不得进入生猪饲养区和饲料生产销售区。内部人员确需返回生猪饲养区的，需要淋浴并更换衣物。

3. 消毒要求

①暂存点在运行期间，一般每日应对外环境进行 1 次全面消毒。

②暂存点的冷藏设施设备应定期进行彻底消毒。

③收运车辆到达和离开暂存点时，均应做好轮胎和车辆外表面的清洗消毒工作。

（三）转运车辆

①选择符合《医疗废物转运车技术要求》（GB19217-2003）条件的车辆或专用封闭厢式运载车辆，且需经县级人民政府农业农村主管部门备案。

②车辆具有自动装卸功能，车厢内表面应光滑，使用防水、耐腐蚀材料，底部设有良好气密性的排水孔和渗水引流收集装置。

③随车配备冲洗、消毒设施设备、消毒剂及人员卫生防护用品等。

④收运车辆箱体应加施明显标识，加装并使用车载定位、视频监控系统。

⑤跨县（区）转运的车辆应具有冷藏运输功能。

⑥收运车辆应专车专用，不得用于病死畜禽收运以外的用途。

⑦收运车辆应按指定线路实行专线运行，不得进入生猪养殖场（户）的饲养区域，尽量避免进入人口密集区、生猪养殖密集区。车辆运输途中，非必要不得开厢。

⑧车载定位视频监控系统应完整记录每次转运时间和路径。

⑨卸载后，应对转运车辆及相关工具等进行彻底清洗消毒。

（四）人员管理

①从事病死动物收集、暂存、转运和无害化处理操作的工作人员应持健康证明上岗，经过专门培训，掌握相应的动物防疫和生物安全防护知识。

②无害化处理从业人员应定期进行体检。

③工作人员上岗前，必须在专用更衣室更换消毒后的防护服等防护用品，经人员消毒通道消毒后方可进入工作区域。

④工作人员在操作过程中应穿戴防护服、口罩、胶靴、手套等防护用具。

⑤工作完毕后，工作人员应通过人员消毒通道消毒后方可离开。脱下的防护服等防护用品放入指定专用箱进行消毒，一次性防护用品应进行回收销毁处理。

⑥工作人员作业后 21 天内无特殊情况不得进入养殖场（户）的饲养区域。

⑦来访人员可参照上述要求进行管理。

## （五）记录和档案管理

①无害化处理场所应建立健全病死动物及相关产品收集、转运、暂存、处理等各环节记录档案，建立全流程工作记录台账，各环节做好详细记录，落实交接登记，规范运行管理。及时整理保存收集、转运、暂存、处理等环节单据凭证、现场照片或视频记录，并至少保存两年。

②无害化处理场所应建立无害化处理产物的储存和销售台账，并至少保存两年。

③无害化处理场所应建立完善的收集、运输、处理等环节的消毒台账，认真记录消毒内容、消毒时间、消毒时长、消毒剂名称、消毒浓度、消毒人员等内容。

附文

### 病死畜禽无害化处理告知书（样式）

××养殖场（户）：

病死动物及病害动物产品携带病原体，如未经无害化处理或任意处置，不仅会严重污染环境，还可能传播重大动物疫病，危害养殖业生产安全，甚至引发严重的公共卫生事件。法律规定从事畜禽养殖的单位和个人是病死动物及病害动物产品无害化处理的第一责任人。为加强养殖环节病死畜禽的无害化处理工作，防止动物疫病传播，保障公共卫生安全，依据《中华人民共和国动物防疫法》等法律法规的规定，现将有关事宜告知如下。

一、法律法规明确规定染疫动物或者染疫动物产品，病死或者死因不明的动物尸体，应当按照国家规定进行无害化处理，不得随意处理，不得随意丢弃；法律法规明令禁止屠宰、生产、经营、加工、贮藏病死或者死因不明，染疫或者疑似染疫，检疫不合格等的动物及动物产品。

二、养殖场（户）发现病死或者死因不明、染疫或者疑似染疫，检疫不合格等畜禽时，要按规定向当地人民政府农业农村主管部门或者动物疫病预防控制机构报告，并落实"五不一处理"要求：即不宰杀、不销售、不食用、不转运、不丢弃，就地采取深埋、焚烧等无害化处理措施。

三、养殖场（户）不按规定处理病死或死因不明、染疫、检疫不合格等畜禽的，或者出售、屠宰、加工病死或死因不明、染疫或者疑似染疫，检疫不合格等畜禽的，将按《中华人民共和国动物防疫法》等法律法规规定依法查处；涉嫌犯罪的，依法移送司法机关追究刑事责任。农业农村主管部门将对有销售病死畜禽和违法犯罪记录的养殖场（户）纳入"黑名单"监管，取消其享受畜牧业扶持政策资格。

四、养殖场（户）应当按照《中华人民共和国动物防疫法》等法律法规和农业农村主管部门的规定依法落实畜禽免疫、消毒、隔离等综合防控措施，完善病死畜禽无害化处理设施和制度，切实做好动物疫病的预防控制工作，提高健康养殖水平，降低畜禽死亡率。


举报电话：

养殖场（户）签收人：

签收日期：　　年　月　日


附表一

### 病死畜禽集中收集统计表（样式）

填报单位：　　　　　　　　　　　　　　　　　　　　　　　　　　　　年　　月

| 收集时间 | 病死畜禽种类 | 收集数量（头/只/羽） | 已建收集点名称 | 养殖场（户）名称 | 所在行政村 | 备注 |
|---|---|---|---|---|---|---|
| | | | | | | |
| | | | | | | |
| | | | | | | |
| | | | | | | |
| | | | | | | |
| 合计 | | | | | | |
| | | | | | | |

注：1. 病死畜禽不是来源于已建收集点的，填写到养殖场（户）栏。

　　2. 合计是指按病死畜禽种类分类合计。

附表二

### 病死畜禽收集登记凭证（样式）

| |
|---|
| 收集区域： |
| 养殖场（户）名称： |
| 病死家畜种类：　　　　；数量：　　头、只 |
| 病死家禽种类：　　　　；数量：　　羽 |
| 养殖场（户）负责人签名： |
| 收集点经手人签名： |
| |
| |
| 乡镇（街道）集中收集点（盖章） |
| |
| 收集日期：　年　月　日 |

附表三

### 养殖场病死畜禽日登记表（样式）

养殖场（养殖小区）名称：　　　　　　　　　　　　　　　负责人（签名）：

| 日期 | 畜禽品种 | 数量（头/只/羽） | 耳标信息 | 病死原因 | 处理方式 | 场方兽医签名 | 饲养员签名 |
|---|---|---|---|---|---|---|---|
| | | | | | | | |
| | | | | | | | |
| | | | | | | | |
| | | | | | | | |
| | | | | | | | |

附表四

### 养殖环节病死畜禽集中无害化处理情况登记单（样式）

（　年　月）　　　　　　　　　　　　　　　　　　　　　　　　　　No.00001

| 收集时间 | 病死畜禽种类 | 收集数量（头/只/羽） | 收集地点 | 养殖场（收集点）负责人签名 | 收运负责人签名 | 乡镇监管人员签名 |
|---|---|---|---|---|---|---|
| | | | | | | |
| | | | | | | |
| | | | | | | |
| | | | | | | |

| 处理时间 | 处理方式 | 处理数量（头/只/羽） | 运营单位负责人签名 | 县级监管人员签名 | 备注 |
|---|---|---|---|---|---|
|  |  |  |  |  |  |
|  |  |  |  |  |  |
|  |  |  |  |  |  |
|  |  |  |  |  |  |

注：无害化处理设施营运单位：　　　　　　　　　地址：

动物卫生监督机构（签章）

# 第七节　分区防控政策

## 一、政策由来

分区防控是防控动物疫病的国际经验和通行做法，是防止疫情跨区域传播的有效手段，是做好动物疫病防控的根本举措。为优化调整非洲猪瘟防控措施，2019年1月16日，国务院副总理胡春华在广州主持召开南方六省（区）防控工作座谈会，提出并要求广东、福建、江西、湖南、广西和海南六省（区）作为中南区，率先在全国开展非洲猪瘟等重大动物疫病区域化防控试点工作。2021年4月，农业农村部印发《非洲猪瘟等重大动物疫病分区防控工作方案（试行）》，决定自2021年5月1日起在全国范围开展非洲猪瘟等重大动物疫病分区防控工作，将全国划分为北部、西北、东部、中南和西南5个大区，其中北部区包括北京、天津、河北、山西、内蒙古、辽宁、吉林、黑龙江等8省（区、市）；东部区包括上海、江苏、浙江、安徽、山东、河南等6省（市）；中南区包括福建、江西、湖南、广东、广西、海南等6省（区）；西南区包括湖北、重庆、四川、贵州、云南、西藏等6省（区、市）；西北区包括陕西、甘肃、青海、宁夏、新疆等5省（区）和新疆生产建设兵团。

## 二、国家政策

农业农村部印发的《非洲猪瘟等重大动物疫病分区防控工作方案（试行）》提出了

三大任务。一是统一推进动物疫病防控。建立大区定期会商制度，实行动物疫病检测信息及时通报和产地联合溯源追查制度，建立非洲猪瘟等重大动物疫情应急处置协调机制，推动大区内各省严格落实非洲猪瘟等重大动物疫病防控措施。二是统一协调生猪及其产品调运监管。统筹指定通道和公路卫生监督检查站点设置，规范生猪调运，除种猪、仔猪以及非洲猪瘟等重大动物疫病无疫区、无疫小区的生猪外，原则上其他生猪不向大区外调运。必要时，可允许检疫合格的生猪在大区间"点对点"调运。三是统一规划相关产业布局。制定大区内生猪产销发展规划，科学规划生猪养殖布局，督促资源约束较为突出地区恢复一定生猪产能，鼓励和支持有条件的生猪养殖企业布局全产业链，加强生猪生产监测预警和信息服务，加大屠宰产能布局调整，实现生猪主产区原则上就近屠宰，推进"调猪"变为"运肉"。

### 三、西南区政策

2021 年 5 月，西南区涉及省份（湖北省、重庆市、四川省、贵州省、云南省、西藏自治区）非洲猪瘟等重大动物疫病防控指挥部联合印发《西南区非洲猪瘟等重大动物疫病区域化防控方案（试行）》，提出按照就近调运、严防疫病跨区域传播、保障区域内产销平衡的总原则，通过政策引导和市场调节相结合的方式，推进屠宰用生猪及种猪、仔猪"点对点"调运，推动实现区域内由"调猪"转为"运肉"的目标。具体分两步走。

第一步：2021 年完成。一是经农业农村部同意，西南区统一行动，2021 年 5 月 1 日起，原则上禁止非西南区的屠宰用生猪调入西南区，共同强化与其他大区相邻的防堵工作，禁止屠宰场接收非西南区的屠宰用生猪，对违规进入持有动物检疫合格证明的予以劝退，不听劝退的按相关规定处理，对无动物检疫合格证明的依照《中华人民共和国动物防疫法》从重处罚。二是规范西南区内生猪及生猪产品调运。西南区六省（区、市）的屠宰用生猪仍可在大区内跨省流通，2021 年 5 月 1 日起，大区内各省一致实施生猪及生猪产品运输指定通道制度，原则上大区内生猪及其产品一律实施"点对点"调运，即屠宰用生猪由养殖场直接调运至屠宰场，种猪、仔猪由养殖场调运至养殖场。

第二步：2022 年完成。一是经农业农村部同意，2022 年 1 月 1 日起西南区内各省（区、市）之间原则上禁止生猪（种猪、仔猪除外）跨省调运，西南区内各省（区、市）之间强化运输防堵，禁止省外的生猪进入本省，禁止屠宰场接收外省调入的生猪，对违规进入持有动物检疫合格证明的生猪予以劝退，不听劝退的按相关规定处理，对无动物检疫合格证明的依照《中华人民共和国动物防疫法》从重处罚。二是规范西南区内生猪调运管理。持续推动西南区内屠宰用生猪及种猪、仔猪"点对点"调运,全面实施西南区内屠宰用生猪及产品跨省调运经指定通道运输。同时,《西南区非洲猪瘟等重大动物疫病区域化防控方案(试行)》还明确,限制屠宰用生猪调运后,非洲猪瘟等重大动物疫病无疫区、无疫小区、净化示范场的屠宰用生猪,以及因东西部协作需要等必要情况,检疫合格的屠宰用生猪在完善相关手续后仍可实行"点对点"调运。

# 第八节 防疫补助政策

## 一、强制免疫补助

依据国家现行政策规定,目前贵州省级根据各地强制免疫疫苗需求数量,集中采购高致病性禽流感、口蹄疫、小反刍兽疫、猪瘟疫苗。采购经费由中央和地方财政共同承担。其中,高致病性禽流感、口蹄疫、小反刍兽疫疫苗采购经费,中央财政承担80%,剩余20%由省、市、县三级财政按照4:3:3的比例分担;猪瘟疫苗采购经费由省、市、县三级财政按照4:3:3的比例分担。动物狂犬病疫苗采购由县级负责,所需经费由县级财政统筹解决。对实施强制免疫"先打后补"的养殖场(户),省、市、县三级根据养殖场(户)疫苗用量,按照一定标准对养殖场(户)采购疫苗进行补助。

## 二、强制扑杀补助

依据国家现行政策规定,贵州在预防、控制和扑灭动物疫病过程中,对被强制扑杀动物的所有者给予补偿。结合疫病流行情况,目前纳入强制扑杀补助范围的疫病种类包括口蹄疫、高致病性禽流感、H7N9流感、小反刍兽疫、布病、结核病、包虫病、马鼻疽和马传贫。

### (一)补助畜禽种类

①口蹄疫:猪、牛、羊等。

②高致病性禽流感、H7N9流感:鸡、鸭、鹅、鸽子、鹌鹑等家禽。

③小反刍兽疫:羊。

④布病、结核病:牛、羊。

⑤马鼻疽、马传贫：马。

（二）补助标准

国家强制扑杀补助标准为禽 15 元 / 羽、猪 800 元 / 头（其中因非洲猪瘟疫情被扑杀的每头补助 1200 元）、奶牛 6000 元 / 头、肉牛 3000 元 / 头、羊 500 元 / 只、马 12000 元 / 匹，其他畜禽补助测算标准参照执行。各地可根据畜禽大小、品种等因素细化补助测算标准。

（三）经费来源

贵州属西部省份，强制扑杀财政补助经费，中央财政承担 80%，地方财政承担 20%。出现以下情况，饲养畜禽被强制扑杀的，不得领取补助：一是调出或调入畜禽不按规定主动报检的；二是谎报、瞒报、迟报疫情等不按规定报告疫情的；三是故意出售、转移以及采用其他方式私自处理发病畜禽的；四是不配合落实防疫、检疫、隔离、扑杀等防控措施的；五是法律法规和政策文件规定的其他情形。

### 三、养殖环节病死猪无害化处理补助

（一）补助对象

养殖环节病死猪进行了无害化处理的生猪规模养殖场（户）。无害化处理的猪指病死猪，不包括强制扑杀的猪。

（二）补助标准

规模养殖场（养殖小区）病死猪无害化处理费用按国家标准每头给予一定补助，补助经费由中央和地方财政共同承担。

# 第三章 动物疫病免疫技术

## 第一节 疫苗

### 一、疫苗分类

由细菌、病毒、立克次氏体、螺旋体、支原体、寄生虫等完整微生物制成的疫苗，称为常规疫苗。常规疫苗按其病原微生物性质分为活疫苗、灭活疫苗、类毒素。利用分子生物学、生物工程学、免疫化学等技术研制的疫苗，称为新型疫苗，主要有亚单位疫苗和生物技术疫苗。

#### （一）常规疫苗

1. 灭活疫苗（又称死疫苗）

灭活疫苗包括细菌灭活疫苗和病毒灭活疫苗，是采用甲醛等化学的方法将病原体灭活后，加入油佐剂、蜂胶佐剂、铝胶佐剂等制备而成。

2. 活疫苗（弱毒疫苗或减毒疫苗）

活疫苗是指通过人工诱变获得的弱毒株、筛选的天然弱毒株或失去毒力但仍能保持抗原性的无毒株所制成的疫苗。寄生虫疫苗是指用连续选育或其他方法将寄生虫致弱成弱毒虫株，可分为同源和异源两种。

同源疫苗，指用同种病原体的弱毒株或无毒变异株制成的疫苗，如新城疫Ⅰ系和LaSota系毒株等。

异源疫苗，指含交叉保护性抗原的非同种微生物制成的疫苗，是利用有共同保护性抗原的另一种病毒制成的疫苗，如马立克氏病疫苗等。

3. 类毒素类

类毒素类指由某些细菌产生的外毒素经适当浓度甲醛脱毒后仍保留其免疫原性而制成的生物制品。类毒素接种后诱导机体产生抗毒素，如破伤风类毒素等。

### （二）新型疫苗

1. 亚单位疫苗

亚单位疫苗指用理化方法提取病原微生物中的某一种或几种具有免疫原性的成分所制成的疫苗。如巴氏杆菌的荚膜抗原苗和大肠杆菌的菌毛疫苗等。

特点：亚单位疫苗除去了病原体中与激发保护性免疫无关成分，又没有病原微生物的遗传物质，副作用小，安全性高，但生产工艺复杂，生产成本高。

2. 生物技术疫苗

（1）基因工程亚单位疫苗

基因工程亚单位疫苗指将病原微生物中编码保护性抗原的基因，通过基因工程技术导入细菌、酵母或哺乳动物细胞中，使该抗原高效表达后制成的疫苗。

特点：免疫原性弱，往往达不到常规免疫水平，但生产工艺复杂。

（2）基因工程活载体疫苗

基因工程活载体疫苗是指将病原微生物的保护性抗原基因插入到病毒疫苗株等活载体的基因组成细菌的质粒中，利用这种能够表达抗原但不影响载体抗原性和复制能力的重组病毒或质粒制成的疫苗。如鸡传染性喉气管炎鸡痘二联基因工程活载体疫苗，禽流感重组鸡痘病毒载体活疫苗。

特点：活载体疫苗容量大，可以进入多个外源基因，应用剂量小而安全，同时能激发体液免疫和细胞免疫，生产和使用方便，成本低。

（3）基因缺失疫苗

基因缺失疫苗是指通过基因工程技术在 DNA 或 RNA 水平上除去病原体毒力相关的基因，但仍然能保持复制能力及免疫原性的毒株制成的疫苗。如猪伪狂犬病病毒 TK/gG 双基因缺失活疫苗、猪伪狂犬病病毒 gG 基因缺失灭活疫苗。

特点：毒株稳定，不易返祖，故免疫原性好，安全性高。

（4）合成肽疫苗

合成肽疫苗指根据病原微生物中保护性抗原的氨基酸序列，人工合成免疫性多肽并连接到载体蛋白后制成的疫苗。如猪口蹄疫 O 型合成肽疫苗。

特点：性质稳定，无病原性，能够激发动物免疫保护性反应。但是，免疫原性差，合成成本昂贵。

（5）核酸疫苗

核酸疫苗是指用编码病原体有效抗原的基因与细胞质粒构建的重组体。

（6）单价疫苗

单价疫苗利用同一种微生物（毒）株或一种微生物种的单一血清型菌（毒）株的增殖培养物所制备的疫苗成为单价疫苗。单价苗对相应的单一血清型微生物所致的疾病有良好的免疫保护效能。

（7）多价疫苗

多价疫苗指同一种微生物中若干血清型菌（毒）株的增殖培养物制备的疫苗。多价疫苗能使免疫动物获得完全的保护。

（8）多联苗

多联苗指利用不同微生物增殖培养物，根据病性特点，按免疫学原理和方法组配而成的疫苗。动物接种后，能产生相对应疾病的免疫保护，可以达到一针防多病的目的。

## 二、疫苗的贮藏

根据不同疫苗品种的储藏要求，疫苗生产企业、疫苗批发企业、动物疫病预防控制机构设置相应的贮藏设备，如冷库、冰箱、冰柜或保温箱等。疫苗生产、经营企业在销售疫苗时，应提供疫苗运输的设备、时间、温度记录等资料。动物疫病预防控制机构在供应或分发疫苗时，应提供疫苗运输的设备、时间、温度记录等资料。

1.贮藏设备

①动物疫病预防控制机构、疫苗生产企业、疫苗批发企业应具备符合疫苗储存、运输温度要求的设施设备。

a.专门用于疫苗储存的冷库，其容积应与生产、经营、使用规模相适应。

b.冷库应配有自动监测、调控、显示、记录温度状况以及报警的设备，备用发电机组或安装双路电路，备用制冷机组。

c.用于疫苗运输的冷藏车或配有冷藏设备的车辆。

d.冷藏车应能自动调控、显示和记录温度状况。

②接种单位、规模饲养场应配备冷藏冷冻设施设备储存疫苗，使用过程应通过配备冰排的冷藏箱（包）进行运输或暂时储存。

2.贮藏条件

（1）贮藏温度

动物疫病预防控制机构、接种单位、疫苗生产企业、疫苗批发企业应采用自动温度记录仪对普通冷库、低温冷库进行温度记录。应采用温度计对冰箱（包括普通冰箱、冰衬冰箱、低温冰箱）进行温度监测。温度计应分别放置在普通冰箱冷藏室及冷冻室的中间位置，冰衬冰箱的底部及接近顶盖处，低温冰箱的中间位置。每天上午和下午各进行一次温度记录。冷藏设施设备温度超出疫苗储存要求时，应采取相应措施并记录。

①冻干活疫苗。分 –15℃和 2 ～ 8℃保存两种，前者加普通保护剂，后者加有耐热保护剂。如有耐热保护剂的疫苗在 2 ～ 8℃环境下，有效期可达 2 年，是冻干活疫苗的发展方向。如果超越此限度，温度越高影响越大。如鸡新城疫Ⅰ系弱毒冻干苗在 –15℃以下保存，有效期为 2 年；在 0 ～ 4℃保存，有效期为 8 个月；在 10 ～ 15℃保存，有效期为 3 个月；在 20 ～ 30℃保存，有效期为 10 天。生物制品保存期间，切忌温度忽高忽低。

②灭活疫苗。灭活疫苗分油佐剂、蜂胶佐剂、铝胶佐剂和水剂苗。一般在 2 ～ 8℃贮藏，严防冻结，否则会出现破乳现象（蜂胶佐剂苗既可 2 ～ 8℃保存也可 –10℃保存）。

③结合型疫苗。如马立克氏病血清Ⅰ型和Ⅱ型疫苗必须在液氮中（–196℃）贮藏。

（2）光照

避光，防止受潮。光线照射，尤其阳光的直射，均影响生物制品的质量，所有生物制品都应严防日光暴晒，贮藏于冷暗干燥处。潮湿环境，易长霉菌，可能污染生物制品，并容易使瓶签字迹模糊和脱落等。因此，应把生物制品存放于有严密保护及除湿装备的地方。

（3）分类存放

按疫苗的品种和批号分类码放，并加上明显标志。

（4）建立疫苗管理台账

收货时应核实疫苗运输的设备、时间、温度记录等资料，并对疫苗品种、剂型、批准文号、数量、规格、批号、有效期、供货单位、生产厂商等内容进行验收，做好记录。符合要求的疫苗，方可接受。疫苗的接货、验收、在库检查等记录应保存至超过疫苗有效期 2 年备查。

（5）包装完整

在储存过程中，应保证疫苗的内、外包装完整无损，以防被病原微生物污染及无法辨别其名称、有效期等。

（6）及时清理超过有效期的疫苗

疫苗超过有效期后，应暂停使用，并及时、规范处置。

### 三、疫苗的运输

#### （一）妥善包装

运输疫苗时要妥善包装，防止运输过程中发生损坏。

#### （二）严格执行疫苗运输温度

①冻干活疫苗应冷藏运输，如果量小，可将疫苗装入保温瓶或保温箱内，再放入适量冰块进行包装运输；如果量大，应用冷藏运输车运输。

②灭活疫苗宜在 2 ~ 8℃的温度下运输。如果量小，夏季运输必须使用保温瓶，放入冰块，避免阳光照射，冬季运输应用保温防冻设备，避免冻结；如果量大，应用冷藏运输车运输。

③细胞结合型疫苗，如鸡马立克氏病血清 I、II 型疫苗必须用液氮罐冷冻运输。运输过程中要随时检查液氮，尽快运达目的地。

#### （三）疫苗运输的注意事项

1.运输需专人负责

疫苗生产、经营企业应指定专人负责疫苗的发货、装箱、运输工作。运输前应检查冷藏运输设备的启动和运行状态，达到规定要求后方可运输。

2.应严格按照疫苗贮藏温度要求进行运输

疫苗长途运输过程中，应全程确保疫苗运输温度条件，并通过温度记录仪等设备全程记录运输温度变化备查；疫苗短途运输，应选择最快的运输方式缩短运输时间，避免日光暴晒，并做好冷藏防护。运输过程中，应采用防震减压措施，防止疫苗包装破损。

### 四、疫苗接种

#### （一）疫苗免疫接种的基本原则

疫苗接种是预防控制传染病一个非常重要的手段，如何使用疫苗，使疫苗在疫病控制中发挥真正的有效作用，是疫苗使用的关键。

1.选择正确的疫苗

疫苗的质量好坏，类型是否合适，对动物疫病免疫效果至关重要。在进行疫苗选择时，应注意以下几个方面。

（1）所用的疫苗应该与所要预防的疾病类型相一致

一般来讲，一种疫苗只能防控一种疾病，同一种疾病，其血清型不同，疫苗的保护效果也会相差很大，有的甚至根本就没有保护作用。因此，首先一定要确定疾病的种类及相应的血清型，应该根据疾病流行的特点，包括疾病种类，流行强度及免疫动物的品种、年龄，不同传染病的周期性、季节性，结合本饲养场畜禽的具体情况，选择与之对应的疫苗才会起到应有的免疫效果。

（2）要选择安全和免疫效果好的疫苗

在选择活疫苗时，要选择毒力温和但又要具有良好免疫原性的疫苗，这样的疫苗产生的免疫反应轻，同时又能保证疫苗良好的免疫效果。另外，在选择灭活疫苗时，除了要重点关注免疫效果的问题，同时也要注意疫苗的安全性问题，虽然灭活疫苗制苗的细菌、病毒株由于灭活了而没有感染性，但由于佐剂或疫苗本身含有毒素的原因，注射疫苗时同样会引起不同程度的不良反应。如果疫苗本身的免疫原性差、毒性强，在给动物免疫接种时就会给动物造成不必要的副反应，以致引起免疫失败。

2. 具有专业素质的疫苗接种人员

参与实施疫苗接种的人员，必须具有相关的兽医知识和疫苗接种的知识。熟悉疫苗的性质、注意事项、正确保存和使用方法，掌握正确消毒接种注射器和动物注射部位，处理疫苗接种后引起的不良反应。养殖场人员自行接种时，必须在兽医的指导下进行。

3. 严格掌握免疫程序

制定科学、合理的免疫程序，并严格按免疫程序接种，才能更好地发挥疫苗的免疫作用，有效地控制传染病的流行，减少不良反应的发生。特别在接种容易受到母源抗体干扰的疫苗时，要在明确母源抗体滴度高低状况的情况下，制定免疫接种方案，尽量避开母源抗体对疫苗的干扰作用。

要按照已经制定的免疫程序，对接种剂量、次数和间隔等不能随意改变，否则会影响疫苗接种效果。此外，要按照传染病流行季节和接种疫苗后抗体维持时间的长短，确定疫苗的接种时机。如新城疫弱毒活疫苗对蛋鸡和种鸡，必须进行3次以上免疫接种才能达到应有的免疫效果；猪瘟活疫苗等疫苗，一般在断奶前后进行首免，30～40天后二免才能有效预防控制猪瘟。

4. 正确掌握疫苗接种禁忌期

长途运输、怀孕期间、产蛋期接种疫苗要谨慎，以免引起严重的副反应。已经潜伏感染某些疾病，特别是一些烈性传染病的动物，在接种疫苗时应特别慎重，以免因注射针头导致疾病传播，或由于应激反应导致疾病的暴发。

5. 保证冷链要求

冷链式运输生物制品是保证疫苗质量必不可少的条件。疫苗从工厂生产出来到实际使用，均应置于相应的疫苗冷藏、冷冻系统中保存，以维持疫苗的生物学活性。特别是对活疫苗更应如此。

疫苗是由蛋白质或脂类、多糖组成，进行免疫接种时，其中的免疫活性物质起到抗原的作用。它们多不稳定，受光和热作用可使蛋白质变性，或使多糖抗原降解，以免不但失去应有的免疫原性，甚至会形成有害物质而发生不良反应。一般温度越高，活性抗原就越容易破坏。大部分的抗原需要在一定温度中保存。一般为 –15℃以下或 2 ~ 8℃。

6. 认真检查使用疫苗

接种前应严格检查将要使用的疫苗，凡过期、物理性状发生变化、变色、收缩、无真空、破乳、有异物、污染的疫苗，一律不能使用。疫苗要避免阳光直接照射，使用前方可从冷藏容器中取出。已开启的活疫苗必须在 1 小时内用完。用不完的应立即废弃。开瓶过久，不但影响疫苗效果，而且还会因疫苗没有防腐剂，极易引起细菌污染。故疫苗稀释后，应尽快使用完毕。

**（二）免疫接种程序的制定**

1. 制定免疫程序的科学依据

免疫程序的制定应考虑到流行病学因素、免疫学因素和具体实施等条件。

（1）流行病学因素

不同地区应根据传染病流行病学的特点，包括传染病流行强度、不同年龄的发病率、周期性和季节性，结合本地区具体情况制定适合本地区的免疫程序。

（2）免疫学因素

应考虑机体免疫反应性，不同年龄对不同抗原的免疫应答，各种疫苗产生最好免疫应答的接种次数和合理的间隔时间，疫苗的免疫原性、免疫持续时间，各种疫苗同时接种机体的反应性和免疫应答。同时还要考虑机体的免疫应答能力，决定于机体免疫系统的发育完善程度，以及母源抗体的消失时间等。

（3）具体实施条件

疫苗免疫程序应随着疾病谱的变化，流行规律的变化和新疫苗的问世以及使用而不断优化。

2. 免疫接种程序的内容

免疫程序的内容包括免疫初始年龄、疫苗必须接种的次数、每两次接种之间的恰当的间隔时间和是否需要加强免疫，以及几种疫苗联合免疫等情况。

不同疫苗对动物的首次免疫时间是有差异的，这些跟疾病流行特点有关。有的疫苗必须在动物早期免疫，如马立克氏病活疫苗，通常是在 18 日龄鸡胚免疫或 1 日龄免疫，这主要是为了避免小鸡早期感染马立克病病毒而导致免疫失败。零时免疫不吃初乳的仔猪对猪瘟来说也是非常重要的，同样是避免猪瘟野毒在疫苗接种前感染导致免疫失败。有些疫苗由于毒力偏强，必须推迟接种时间，如鸡传染性喉气管炎疫苗。日龄太小的动物由于免疫功能还没有完全成熟，对灭活疫苗接种产生的免疫反应并不好，特别是鸡，往往需要把时间推迟一些。

免疫接种次数的多少跟疫苗的免疫效力有密切的关系。就活疫苗来说，免疫力弱、免疫持续期短的疫苗，免疫接种次数相对就多一些，而免疫力好、免疫持续期长的疫苗，免疫接种次数应相对少一些。一般情况下，用于早期免疫使用的活疫苗（除马立克氏病活疫苗外），由于毒力低，免疫效力弱一些，一般需要免疫接种两次以上。而对灭活疫苗来说，由于免疫期短，通常需要接种两次以上。免疫接种次数多少与动物饲养时间长短也有一定的关系，如肉鸡，通常同种疫苗只接种一次，而对于种鸡和大动物来说，通常需要接种两次以上。除动物和疫苗的原因外，母源抗体高低也是影响疫苗接种次数多少的原因之一。如新城疫、猪瘟活疫苗，首次免疫由于母源抗体的干扰，免疫效果会受到明显的影响，必须进行两次以上的免疫接种。

同种疫苗两次免疫接种相隔的时间长短也是有差异的。考虑到疫苗相互之间的干扰作用和疫苗本身接种时间不一样，一些活疫苗不宜同时接种，如鸡毒支原体 F-36 株活疫苗不宜与新城疫中等毒力疫苗同时使用。一些副反应较重的疫苗不应同时一起使用，以免造成更大的危害。

### （三）疫苗引起的副反应

动物在免疫接种后通常出现一些副反应，与疫苗有关的副反应主要有以下几种：活疫苗中有外源病原污染，活疫苗毒力偏强，灭活疫苗灭活不彻底，大动物对灭活疫苗的矿物油佐剂过度敏感，疫苗中含有细胞碎片、血清或内毒素等成分，多种疫苗同时接种，患免疫抑制疾病的畜禽接种疫苗，处于潜伏感染或发病的动物接种疫苗，疫苗导致的细胞因子过度释放，动物对疫苗抗原或成分过敏和接种剂量过大或接种部位不合适，炎热和气候寒冷的天气，饲养密度过大，饲养管理方式落后等。

### （四）疫苗免疫失败

引起疫苗免疫失败的潜在原因主要有：疫苗抗原含量不足或免疫效力太差，疫苗的抗原血清型与野毒不一致，疫苗中有其他病原混合感染，多种疫苗同时免疫时出现相互干扰，动物患有免疫抑制或免疫耐受疫病，感染的病原毒力太强或剂量过大，病原持续性感染的动物，动物已感染免疫抑制性疫病的病原，母源抗体的干扰，免疫程序不合理，免疫后产生免疫力的时间不足和免疫接种方法或接种部位不对等。

## 五、小结

动物机体免疫系统对异源病原微生物或蛋白的刺激而产生的轻度局部和全身反应对疫苗产生免疫保护力是有利的。偶尔出现的疫苗严重副反应通常是使用不当或在疫苗生产检验过程中把关不严造成的，也有保存不当导致疫苗失效引起的。而更多的是使用者不按标签说明书的要求，特别是接种了不健康的畜禽造成的。饲养人员的饲养知识和疾病防控知识是非常重要的一个内容，养殖人员和防疫人员一定要熟知疫苗接种时间和接种方法，减少应激因素，加强环境消毒和控制，提高畜禽机体对疾病的抵抗能力。

## 第二节 畜禽参考免疫程序

### 一、禽参考免疫程序

#### （一）鸡免疫程序

1. 父母代肉用种鸡免疫程序（表3-1）

表 3-1

| 日龄 | 疫苗种类 | 免疫方法 | 备注 |
|---|---|---|---|
| 1 | 鸡马立克氏病细胞结合活毒疫苗（液氮苗） | 颈背部下 1/3 皮下注射。 | 选用 814 株、CVI988/Rispens 株、HVT+CV1988/Rispens 株。 |
| | 鸡传染性支气管炎活疫苗 | 点眼、滴鼻。 | 选用 H120、H94、W93 株。 |
| 3 | 鸡球虫活疫苗 | 滴口、饮水或拌料。 | |
| 7 | 鸡病毒性关节炎疫苗 | 颈背部下 1/3 皮下注射。 | 选用 S1133 株。 |
| | 鸡新城疫低毒力活疫苗 | 滴鼻、点眼、喷雾。 | 选用 ZM10 株、HB1 株、LaSota 株、Clone30 株、V4 株、N79 株。 |
| | 鸡新城疫、传染性支气管炎、禽流感（H9 亚型）三联灭活疫苗 | 皮下注射。 | 选用 LaSota 株 +M41 株 +H9 亚型，HL 株 或 LaSota 株 +M41 株 +H9 亚型，HN106 株。 |
| 14 | 禽流感（H5）亚型灭活疫苗 | 皮下注射。 | 选用适合本场的毒株。 |
| | 鸡传染性法氏囊病中等毒力活疫苗 | 滴口、饮水。 | 选用 B87 株、BJ836 株、K 株、MB 株。 |
| 21 | 鸡新城疫、传染性支气管炎二联活疫苗 | 点眼、滴鼻。 | 选用 LaSota 株 +H120 株。 |

续表

| 日龄 | 疫苗种类 | 免疫方法 | 备注 |
|---|---|---|---|
| 28 | 鸡传染性法氏囊病中等毒力活疫苗 | 滴口或饮水。 | |
| | 鸡痘活疫苗 | 翼膜刺种。 | |
| | 鸡新城疫、禽流感（H9亚型）二联灭活疫苗 | 皮下注射。 | |
| | 鸡毒支原体弱毒疫苗 | 点眼。 | 选用 TS11、6/85、F36 株，根据情况选用。 |
| 35 | 禽流感（H5）亚型灭活疫苗 | 皮下注射。 | |
| | 鸡病毒性关节炎疫苗 | 皮下注射。 | |
| 42 | 鸡传染性鼻炎灭活疫苗 | 大腿肌内注射。 | |
| | 鸡传染性喉气管炎活疫苗 | 点眼或涂肛。 | |
| | 鸡沙门氏菌疫苗 | 皮下注射。 | 根据情况选用。 |
| 56 | 鸡新城疫、传染性支气管炎二联活疫苗 | 点眼、滴鼻。 | |
| | 鸡毒支原体灭活疫苗 | 皮下或肌内注射。 | |
| 70 | 禽传染性脑脊髓炎、禽痘二联活疫苗 | 翼膜刺种。 | |
| | 鸡传染性喉气管炎活疫苗 | 点眼或涂肛。 | |
| | 鸡新城疫、禽流感（H9亚型）二联灭活疫苗 | 皮下注射。 | |
| 84 | 禽流感（H5）亚型灭活疫苗 | 皮下注射。 | |
| 98 | 鸡新城疫、传染性支气管炎二联活疫苗 | 点眼、滴鼻。 | |
| | 鸡新城疫、传染性支气管炎、减蛋综合征、禽流感（H9亚型）四联灭活疫苗 | 皮下或肌内注射。 | LaSota 株 +M41 株 +AV127 株 +H9 亚型，HL 株。 |
| 112 | 鸡传染性鼻炎灭活疫苗 | 大腿肌内注射。 | 选用 A+B+C 或 A+C。 |
| | 鸡沙门氏菌疫苗 | 皮下注射。 | |
| 126 | 鸡肿头综合征灭活疫苗 | 皮下或肌内注射。 | 根据情况选用。 |
| | 鸡毒支原体灭活疫苗 | 皮下或肌内注射。 | |

续表

| 日龄 | 疫苗种类 | 免疫方法 | 备注 |
|---|---|---|---|
| 140 | 鸡新城疫、传染性支气管炎二联活疫苗 | 点眼、滴鼻。 | |
| | 鸡新城疫、传染性支气管炎、鸡传染性法氏囊、病毒性关节炎四联灭活疫苗 | 皮下或肌内注射。 | |
| 154 | 禽流感（H5）亚型灭活疫苗 | 皮下注射。 | |
| | 禽流感（H9亚型）灭活疫苗 | 皮下注射。 | |
| 154 | 禽流感（H5）亚型灭活疫苗 | 皮下注射。 | |
| | 禽流感（H9亚型）灭活疫苗 | 皮下注射。 | |

以后应根据抗体滴度，适时加强鸡新城疫、鸡传染性法氏囊、禽流感（H5）亚型、禽流感（H9亚型）的免疫。

2. 父母代蛋用种鸡免疫程序（表3-2）

表3-2

| 日龄 | 疫苗种类 | 免疫方法 | 备注 |
|---|---|---|---|
| 1 | 鸡马立克氏病细胞结合活毒疫苗（液氮苗） | 颈背部下1/3皮下注射。 | 选用814株、CV1988/Rispens株、HVT+CV1988/Rispens株。 |
| | 鸡传染性支气管炎活疫苗 | 点眼、滴鼻。 | 选用H120、H94、W93株。 |
| 3 | 鸡毒支原体活疫苗 | 点眼。 | 选用F36株。 |
| 7 | 鸡新城疫、传染性支气管炎二联活疫苗 | 点眼、滴鼻。 | 选用Clone30株+H120株或VH株+H120株。 |
| | 鸡新城疫、传染性支气管炎、禽流感（H9亚型）三联灭活疫苗 | 颈背部下1/3皮下注射。 | 选用LaSota株+M41株+H9亚型，HL株或LaSota株+M41株+H9亚型，HN106株。 |
| 14 | 鸡传染性法氏囊病中等毒力活疫苗 | 滴口、饮水。 | |
| | 禽流感（H5）亚型灭活疫苗 | 颈背部下1/3皮下注射。 | 选用适合本场的毒株。 |
| | 鸡毒支原体活疫苗 | 点眼。 | 选用F36株。 |

续表

| 日龄 | 疫苗种类 | 免疫方法 | 备注 |
|---|---|---|---|
| 21 | 鸡新城疫低毒力活疫苗 | 滴鼻、点眼、喷雾。 | 选用 LaSota 株、ZM10 株、HB1 株、Clone30 株、V4 株、N79 株。 |
| 28 | 鸡传染性法氏囊病中等毒力活疫苗 | 滴口、饮水。 | |
| | 鸡毒支原体灭活疫苗 | 皮下注射。 | |
| | 鸡新城疫、禽流感（H9 亚型）二联灭活疫苗 | 颈背部下 1/3 皮下注射。 | 选用 LaSota 株 +H9 亚型，HL 株。 |
| 30 | 鸡痘活疫苗 | 翼膜刺种。 | |
| 35 | 禽流感（H5）亚型灭活疫苗 | 颈背部下 1/3 皮下注射。 | |
| 42 | 鸡沙门氏菌疫苗 | 皮下注射。 | 根据情况选用。 |
| 45 | 传染性喉气管炎活疫苗 | 点眼或涂肛。 | 非喉气污染场禁用。 |
| | 鸡传染性鼻炎灭活疫苗 | 腿部肌内注射。 | |
| 56 | 鸡新城疫、传染性支气管炎二联活疫苗 | 点眼、滴鼻。 | 选用 LaSota 株 +H120 株。 |
| | 鸡新城疫、传染性支气管炎、禽流感（H9 亚型）三联灭活疫苗 | 颈背部下 1/3 皮下注射。 | |
| 65 | 鸡毒支原体灭活疫苗 | 皮下注射。 | 根据情况选用。 |
| | 禽流感（H5）亚型灭活疫苗 | 颈背部下 1/3 皮下注射。 | |
| 90 | 传染性喉气管炎活苗 | 点眼或涂肛。 | |
| 100 | 鸡传染性鼻炎灭活疫苗 | 腿部肌内注射。 | |
| | 鸡毒支原体活疫苗 | 点眼。 | |
| | 禽传染性脑脊髓炎、鸡痘二联活疫苗 | 翼膜刺种。 | |
| 110 | 鸡新城疫、传染性支气管炎、减蛋综合征三联灭活疫苗 | 颈背部下 1/3 皮下或胸部肌肉、大腿内侧皮下注射。 | 选用 LaSota 株 +M41 株 +HSH23 株 +CAV 或 LaSota 株 +M41 株 +AV127 株。 |
| | 鸡沙门氏菌疫苗 | 皮下注射。 | |
| | 鸡毒支原体灭活疫苗 | 皮下注射。 | |

续表

| 日龄 | 疫苗种类 | 免疫方法 | 备注 |
|---|---|---|---|
| 120 | 鸡新城疫低毒力活疫苗 | 滴鼻、点眼、喷雾。 | |
| 130 | 禽流感（H5）亚型灭活疫苗 | 翅根与脊柱交界皮下注射。 | |
| | 禽流感（H9 亚型）灭活疫苗 | 翅根与脊柱交界皮下注射。 | 选用 SD696 株或 HL 株、HN106 株。 |
| 140 | 鸡新城疫、传染性支气管炎、传染性法氏囊三联灭活疫苗 | 皮下或肌内注射。 | |
| 以后根据抗体滴度适时加强免疫 | 鸡新城疫、传染性支气管炎二联活疫苗 | 点眼、滴鼻。 | 选用 LaSota 株 +H120 株。 |
| | 禽流感（H5）亚型灭活疫苗 | 翅根与脊柱交界皮下注射。 | |
| | 鸡新城疫、传染性支气管炎、禽流感（H9 亚型）三联灭活疫苗 | 翅根与脊柱交界皮下注射。 | 选用 LaSota 株 +M41 株 +H9 亚型，HL 株 或 LaSota 株 +M41 株 +H9 亚型，HN106 株。 |
| | 鸡传染性法氏囊灭活疫苗 | 皮下或肌内注射。 | |

注：洛阳普莱柯生物工程有限公司的"优力尤TM"种鸡专用系列疫苗，采用优质佐剂、非甲醛灭活，抗原纯化、含量高，免疫副反应小；选用国内流行毒株，更适合国内种鸡场使用。

### 3.商品蛋鸡免疫程序（表3-3）

表3-3

| 日龄 | 疫苗种类 | 免疫方法 | 备注 |
|---|---|---|---|
| 1 | 鸡马立克氏病细胞结合活毒疫苗（液氮苗） | 颈背部下 1/3 皮下注射。 | 选用 814 株、CVI988/Rispens 株、HVT+CVI988/Rispens 株。 |
| | 鸡传染性支气管炎活疫苗（H120） | 点眼、滴鼻或喷雾。 | 选用 H120、H94、W93 株。 |
| 4 ～ 14 | 鸡毒支原体活疫苗 | 点眼。 | F36 株。 |

续表

| 日龄 | 疫苗种类 | 免疫方法 | 备注 |
|---|---|---|---|
| 7 | 鸡新城疫、传染性支气管炎二联活疫苗 | 点眼、滴鼻。 | 选用 LaSota 株 +H120 株。 |
| | 鸡新城疫、传染性支气管炎、禽流感（H9 亚型）三联灭活疫苗 | 颈背部下 1/3 皮下注射。 | 选用 LaSota 株 +M41 株 +H9 亚型，HL 株或 LaSota 株 +M41 株 +H9 亚型，HN106 株。 |
| 10 | 鸡痘活疫苗 | 翼膜刺种。 | 夏、秋季育雏，首次免疫。 |
| 14 | 禽流感（H5）亚型灭活疫苗 | 颈背部下 1/3 皮下注射。 | 选用适合本场的毒株。 |
| | 鸡传染性法氏囊病中等毒力活疫苗 | 滴口、饮水。 | 根据母源抗体水平，确定首免日龄（选用 B87 株、BJ836 株、K 株、MB 株）。 |
| 21 | 鸡新城疫低毒力活疫苗 | 滴鼻、点眼、喷雾。 | 选用 ZM10 株、HB1 株、LaSota 株、Clone30 株、V4 株 N79 株活疫苗。 |
| 28 | 鸡传染性法氏囊病中等毒力活疫苗 | 滴口、饮水。 | |
| | 鸡新城疫、禽流感（H9 亚型）二联灭活疫苗 | 颈背部下 1/3 皮下注射。 | 选用 LaSota 株 +H9 亚型，HL 株。 |
| 35 | 鸡新城疫、传染性支气管炎二联活疫苗 | 滴鼻、点眼。 | 选用 LaSota 株 +H52 株。 |
| | 禽流感（H5）亚型灭活疫苗 | 颈背部下 1/3 皮下或胸部肌内注射。 | |
| 42 | 鸡痘活疫苗 | 翼膜刺种。 | 春、冬季育雏，首次免疫。 |
| 45 | 鸡传染性喉气管炎活疫苗 | 点眼或涂肛。 | 非疫区不用。 |
| | 鸡传染性鼻炎灭活疫苗 | 大腿内侧皮下注射。 | 非鼻炎污染场不用，选用 A+B+C 型或 A+C 型。 |
| 60 | 鸡新城疫中等毒力活疫苗 | 皮下或肌内注射。 | 选用 CS2 株 或 Mukteswar 株。 |

续表

| 日龄 | 疫苗种类 | 免疫方法 | 备注 |
|---|---|---|---|
| 90 | 鸡传染性喉气管炎活疫苗 | 点眼或涂肛。 | |
| | 鸡痘活疫苗 | 翼膜刺种。 | 夏秋季接雏鸡的二次加强免疫，北方地区冬季育雏可仅免疫一次。 |
| 100 | 禽传染性脑脊髓炎活疫苗或禽传染性脑脊髓炎、禽痘二联活疫苗 | 滴口、饮水或翼膜刺种。 | 非传染性脑脊髓炎疫区不用。 |
| | 鸡传染性鼻炎灭活疫苗 | 大腿内侧皮下注射。 | |
| 110～115 | 鸡新城疫中等毒力活疫苗 | 皮下或肌内注射。 | |
| | 鸡新城疫、传染性支气管炎、减蛋综合征三联灭活疫苗或鸡新城疫、传染性支气管炎、减蛋综合征、禽流感（H9亚型）四联灭活疫苗 | 颈背部下1/3皮下或胸部肌肉、大腿内侧皮下注射。 | 选用 LaSota 株 +M41 株 +HSH23 株或 LaSota 株 +M41 株 +AV127 株或 LaSota 株 +M41 株 +AV127 株 +H9 亚型，HL 株四联灭活疫苗。 |
| 120 | 禽流感（H5）亚型灭活疫苗 | 翅根与脊柱交界皮下或胸部肌内注射。 | |
| | 禽流感（H9亚型）灭活疫苗 | 翅根与脊柱交界皮下或胸部肌内注射。 | 选用 SD696 株或 HL 株、HN106 株。 |
| 以后根据抗体滴度适时加强免疫 | 鸡新城疫低毒力活疫苗或鸡新城疫、传染性支气管炎二联活疫苗 | 滴鼻、点眼或气雾。 | |
| | 禽流感（H5）亚型灭活疫苗 | 翅根与脊柱交界皮下或胸部肌肉、大腿内侧皮下注射。 | |
| | 鸡新城疫、禽流感（H9亚型）二联灭活疫苗 | | |

注：有鸡毒支原体感染的鸡群禁用喷雾免疫。鸡新城疫低毒力疫苗 ZM10 株、HB1 株、V4 株、VH 株免疫反应较小，可滴鼻、点眼免疫，更适合喷雾免疫。

4. 商品肉鸡（快大肉鸡）免疫程序（表 3-4）

表 3-4

| 日龄 | 疫苗种类 | 免疫方法 | 备注 |
|---|---|---|---|
| 1 | 鸡新城疫、传染性支气管炎二联活疫苗 | 点眼、滴鼻。 | 选用 Clone30 株 +H120 株或 VH 株 +H120 株。 |
| | 鸡新城疫、传染性支气管炎、禽流感（H9 亚型）三联灭活疫苗 | 颈背部下 1/3 皮下注射。 | 选用 LaSota 株 +M41 株 +H9 亚型，HL 株或 LaSota 株 +M41 株 +H9 亚型，HN106 株。 |
| 7 | 鸡新城疫、传染性支气管炎二联活疫苗 | 点眼、滴鼻。 | |
| | 禽流感（H5）亚型灭活疫苗 | 颈背部下 1/3 皮下注射。 | |
| 9 | 鸡痘活疫苗 | 翼膜刺种。 | 夏秋季蚊蝇孳生季节免疫。 |
| 12 | 鸡传染性法氏囊病中等毒力活疫苗 | 滴口、饮水。 | 选用 B87 株、BJ836 株、K 株、MB 株。 |
| 18 | 鸡新城疫低毒力活疫苗 | 滴鼻、点眼、饮水。 | 选用 ZM10 株、HB1 株、VH 株、Clone30 株。 |

## （二）鹅免疫程序

1. 蛋鹅免疫程序（表 3-5）

表 3-5

| 日龄 | 疫苗种类 | 免疫方法 | 备注 |
|---|---|---|---|
| 1 | 小鹅瘟疫苗 | 肌内注射。 | |
| 7 | 鸡新城疫低毒力活疫苗 | 滴鼻、点眼。 | 选用 ZM10 株、Clone30 株、LaSota 株、HB1 株。 |
| | 鸡新城疫、禽流感（H9 亚型）二联灭活疫苗 | 皮下注射。 | 选用 LaSota 株 +H9 亚型，HL 株。 |
| | 鸭瘟疫苗 | 肌内注射。 | |

续表

| 日龄 | 疫苗种类 | 免疫方法 | 备注 |
|---|---|---|---|
| 14 | 禽流感（H5 亚型）灭活疫苗 | 皮下或肌内注射。 | 选用适合当地的流行毒株。 |
| | 小鹅瘟疫苗 | 皮下或肌内注射。 | |
| 21 | 鸡新城疫低毒力活疫苗 | 滴鼻、点眼或喷雾。 | |
| 28 | 鸡新城疫、禽流感（H9 亚型）二联灭活疫苗 | 皮下注射。 | |
| 35 | 禽流感（H5 亚型）灭活疫苗 | 皮下或肌内注射。 | |
| | 鸡新城疫低毒力活疫苗 | 滴鼻、点眼或喷雾。 | |
| 45 | 小鹅瘟疫苗 | 肌内注射。 | |
| 60 | 禽流感（H9 亚型）灭活疫苗 | 皮下或肌内注射。 | HL 株或 HL106 株。 |
| | 鸡新城疫中等毒力活疫苗 | 皮下或肌内注射。 | 选用 CS2 株或 Mukteswar 株。 |
| 90 | 鸭巴氏杆菌灭活疫苗 | 肌内注射。 | |
| | 鸭瘟活疫苗 | 肌内注射。 | |
| 110 | 鸡新城疫中等毒力活疫苗 | 皮下或肌内注射。 | |
| | 鸡新城疫、禽流感（H9 亚型）二联灭活疫苗 | 皮下注射。 | |
| 120 | 小鹅瘟疫苗 | 肌内注射。 | |
| | 鸭瘟疫苗 | 肌内注射。 | |
| | 禽流感（H5 亚型）灭活疫苗 | 皮下注射。 | |
| 以后根据抗体滴度适时加强免疫 | 小鹅瘟疫苗 | 肌内注射。 | |
| | 鸭瘟疫苗 | 肌内注射。 | |
| | 禽流感（H5 亚型）灭活疫苗 | 皮下注射。 | |
| | 鸡新城疫、禽流感（H9 亚型）二联灭活疫苗 | 皮下注射。 | |
| | 鸡新城疫低毒力活疫苗 | 滴鼻、点眼、喷雾、饮水。 | 可选用 ZM10 株、HB1 株、Clone30 株、LaSota 株。 |

2. 商品肉鹅免疫程序（表3-6）

表3-6

| 日龄 | 疫苗种类 | 免疫方法 | 备注 |
|---|---|---|---|
| 11 | 小鹅瘟疫苗 | 皮下注射。 | |
| | 鸭传染性浆膜炎、大肠杆菌二联灭活疫苗 | 皮下注射。 | |
| 7 | 小鹅瘟疫苗 | 皮下注射。 | |
| | 禽流感（H5亚型）灭活疫苗 | 皮下注射。 | 选择适合当地的毒株。 |
| 14 | 鸡新城疫低毒力活疫苗 | 点眼、滴鼻、饮水。 | |
| 21 | 禽流感（H5亚型）灭活疫苗 | 皮下注射。 | |
| 35 | 鸡新城疫中等毒力活疫苗 | 肌内注射。 | |
| | 鸡新城疫灭活疫苗 | 皮下注射。 | |

注：如果有鹅用副黏病毒疫苗，可替换鸡新城疫疫苗。鹅用Ⅰ型副黏病毒疫苗更适合鹅用。

### （三）鸭免疫程序

1. 蛋鸭免疫程序（表3-7）

表3-7

| 日龄 | 疫苗种类 | 免疫方法 | 备注 |
|---|---|---|---|
| 1 | 鸭肝炎疫苗 | 皮下或肌内注射。 | 选用DHV-81株、F61株。 |
| | 鸭传染性浆膜炎、大肠杆菌二联灭活疫苗 | 皮下注射。 | |
| 7 | 鸡新城疫低毒力活疫苗 | 滴鼻、点眼。 | 选用ZM10株、HB1株、LaSota株、Clone30株。 |
| | 鸡新城疫、禽流感（H9亚型）二联灭活疫苗 | 颈背部下1/3皮下注射。 | 选用LaSota株+H9亚型，HL株。 |
| 14 | 禽流感（H5亚型）灭活疫苗 | 皮下或肌内注射。 | 选择适合本场的毒株。 |
| | 鸭瘟疫苗 | 皮下或肌内注射。 | |

| 日龄 | 疫苗种类 | 免疫方法 | 备注 |
|---|---|---|---|
| 21 | 鸭肝炎疫苗 | 皮下或肌内注射。 | |
| | 鸡新城疫低毒力活疫苗 | 皮下注射或滴鼻、点眼。 | |
| 28 | 鸡新城疫、禽流感（H9 亚型）二联灭活疫苗 | 颈背部下 1/3 皮下注射。 | |
| | 鸭瘟疫苗 | 肌内注射。 | |
| 35 | 禽流感（H5 亚型）灭活疫苗 | 皮下或肌内注射。 | |
| | 鸡新城疫低毒力活疫苗 | 滴鼻、点眼。 | |
| 53 | 鸡新城疫中等毒力活疫苗 | 皮下或肌内注射。 | 选用 CS2 株或 Mukteswar 株活疫苗。 |
| 60 | 鸭瘟疫苗 | 肌内注射。 | |
| | 鸡新城疫、禽流感（H9 亚型）二联灭活疫苗 | 颈背部下 1/3 皮下注射。 | |
| 90 | 鸭大肠杆菌、巴氏杆菌二联灭活疫苗 | 皮下或肌内注射。 | |
| 100 | 鸡新城疫中等毒力活疫苗 | 皮下或肌内注射。 | |
| 110 | 鸭瘟疫苗 | 肌内注射。 | |
| 120 | 禽流感（H5 亚型）灭活疫苗 | 皮下或肌内注射。 | |
| | 鸡新城疫、禽流感（H9 亚型）二联灭活疫苗 | 皮下或肌内注射。 | |
| | 鸭肝炎疫苗 | 皮下或肌内注射。 | 种鸭选用。 |
| 以后根据抗体滴度定期加强免疫 | 鸭瘟疫苗 | 皮下或肌内注射。 | |
| | 鸭肝炎疫苗 | | |
| | 禽流感（H5 亚型）灭活疫苗 | | |
| | 鸡新城疫、禽流感（H9 亚型）二联灭活疫苗 | | |
| | 鸡新城疫低毒力活疫苗或中等毒力活疫苗 | 滴鼻、点眼、喷雾或肌内注射。 | 选用 LaSota 株、ZM10 株、Clone30 株、HB1 株或 CS2 株。 |

2. 番鸭免疫程序（表 3-8）

表 3-8

| 日龄 | 疫苗种类 | 免疫方法 | 备注 |
|------|---------|---------|------|
| 21 | 鸡新城疫低毒力活疫苗 | 滴鼻、点眼、喷雾。 | 选用 ZM10 株、HB1 株、LaSota 株、Clone30 株、V4 株 N79 株活疫苗。 |
| 28 | 鸡传染性法氏囊病中等毒力活疫苗 | 滴口、饮水。 | |
| 28 | 鸡新城疫、禽流感（H9 亚型）二联灭活疫苗 | 颈背部下 1/3 皮下注射。 | 选用 LaSota 株 +H9 亚型，HL 株。 |
| 35 | 鸡新城疫、传染性支气管炎二联活疫苗 | 滴鼻、点眼。 | 选用 LaSota 株 +H52 株。 |
| 35 | 禽流感（H5）亚型灭活疫苗 | 颈背部下 1/3 皮下或胸部肌内注射。 | |
| 42 | 鸡痘活疫苗 | 翼膜刺种。 | 春冬季育雏，首次免疫。 |
| 45 | 鸡传染性喉气管炎活疫苗 | 点眼或涂肛。 | 非疫区不用。 |
| 45 | 鸡传染性鼻炎灭活疫苗 | 大腿内侧皮下注射。 | 非鼻炎污染场不用，选用 A+B+C 型或 A+C 型。 |
| 50～60 | 鸡新城疫中等毒力活疫苗 | 皮下或肌内注射。 | 选用 CS2 株或 Mukteswar 株。 |
| 90 | 鸡传染性喉气管炎活疫苗 | 点眼或涂肛。 | 夏秋季接雏鸡的二次加强免疫，北方地区冬季育雏可仅免疫一次。 |
| 90 | 鸡痘活疫苗 | 翼膜刺种。 | |
| 100 | 禽传染性脑脊髓炎活疫苗或禽传染性脑脊髓炎、禽痘二联活疫苗 | 滴口、饮水或翼膜刺种。 | 非传染性脑脊髓炎疫区不用。 |
| 100 | 鸡传染性鼻炎灭活疫苗 | 大腿内侧皮下注射。 | |
| 110～115 | 鸡新城疫中等毒力活疫苗 | 皮下或肌内注射。 | |
| 110～115 | 鸡新城疫、传染性支气管炎、减蛋综合征三联灭活疫苗或鸡新城疫、传染性支气管炎、减蛋综合征、禽流感（H9 亚型）四联灭活疫苗 | 颈背部下 1/3 皮下或胸部肌肉、大腿内侧皮下注射。 | 选用 LaSota 株 +M41 株 +HSH23 株或 LaSota 株 +M41 株 +AV127 株或 LaSota 株 +M41 株 +AV127 株 +H9 亚型，HL 株四联灭活疫苗。 |

续表

| 日龄 | 疫苗种类 | 免疫方法 | 备注 |
|---|---|---|---|
| 120 | 禽流感（H5）亚型灭活疫苗 | 翅根与脊柱交界皮下或胸部肌内注射。 | |
| | 禽流感（H9亚型）灭活疫苗 | 翅根与脊柱交界皮下或胸部肌内注射。 | 选用 SD696 株或 HL 株、HN106 株。 |
| 以后根据抗体滴度适时加强免疫 | 鸡新城疫低毒力活疫苗或鸡新城疫、传染性支气管炎二联活疫苗 | 滴鼻、点眼或气雾。 | |
| | 禽流感（H5）亚型灭活疫苗 | 翅根与脊柱交界皮下或胸部肌肉、大腿内侧皮下注射。 | |
| | 鸡新城疫、禽流感（H9亚型）二联灭活疫苗 | | |

3. 商品肉鸭免疫程序（表3-9）

表3-9

| 日龄 | 疫苗种类 | 免疫方法 | 备注 |
|---|---|---|---|
| 1 | 鸭肝炎疫苗 | 皮下注射。 | |
| | 鸭传染性浆膜炎、大肠杆菌二联灭活疫苗 | 皮下注射。 | |
| 7 | 禽流感（H5亚型）灭活疫苗 | 皮下注射。 | 选择适合当地的毒株。 |
| | 鸭瘟疫苗 | 皮下或肌内注射。 | |
| 21 | 鸭瘟疫苗 | 皮下或肌内注射。 | |
| | 禽流感（H5亚型）灭活疫苗 | 皮下注射。 | |

注：如果有鸭用副黏病毒疫苗，可替换鸡新城疫疫苗。

## （四）鹌鹑免疫程序（表 3-10）

表 3-10

| 日龄 | 疫苗种类 | 免疫方法 | 备注 |
|---|---|---|---|
| 1 | 鸡马立克氏病细胞结合活毒疫苗（液氮苗） | 颈背部下 1/3 皮下注射。 | 选用 814 株、CVI988/Rispens 株、HVT+CVI988/Rispens 株。 |
| 7 | 鸡新城疫低毒力活疫苗 | 滴鼻、点眼、喷雾。 | 选用 LaSota 株 ZM10 株、Clone30 株、HB1 株。 |
| 7 | 鸡新城疫、禽流感（H9 亚型）二联灭活疫苗 | 颈背部下 1/3 皮下注射。 | 选用 LaSota 株 +H9 亚型，HL 株。 |
| 12 | 禽流感（H5）亚型灭活疫苗 | 皮下注射。 | |
| 19 | 鸡新城疫低毒力活疫苗 | 滴鼻、点眼、喷雾。 | |
| 26 | 鸡新城疫、禽流感（H9 亚型）二联灭活疫苗 | 颈背部下 1/3 皮下注射。 | |
| 35 | 禽流感（H5）亚型灭活疫苗 | 皮下注射。 | |
| 35 | 鸡新城疫低毒力活疫苗 | 滴鼻、点眼、喷雾。 | |
| 45 | 鸡新城疫灭活疫苗 | 皮下注射。 | |
| 45 | 鸡新城疫低毒力活疫苗或中等毒力活疫苗 | 点眼、喷雾或肌内注射。 | 选用 LaSota 株 ZM10 株、Clone30 株、HB1 株或 CS2 株。 |
| 以后根据抗体滴度适时加强免疫 | 鸡新城疫低毒力活疫苗 | 点眼、喷雾。 | |
| 以后根据抗体滴度适时加强免疫 | 禽流感（H5）亚型灭活疫苗 | 皮下注射。 | |
| 以后根据抗体滴度适时加强免疫 | 鸡新城疫、禽流感（H9 亚型）二联灭活疫苗 | 皮下注射。 | |

## （五）鸽免疫程序（表3-11）

表3-11

| 日龄 | 疫苗种类 | 免疫方法 | 备注 |
|---|---|---|---|
| 7 | 鸡新城疫低毒力活疫苗 | 滴鼻、点眼、喷雾。 | 选用 ZM10 株、Clone30 株、HB1 株、VH 株、V4 株。 |
| 9 | 禽痘活疫苗 | 翼膜刺种。 | 夏秋发病季节首免。 |
| 21 | 鸡新城疫灭活疫苗 | 皮下注射。 | |
| | 鸡新城疫低毒力活疫苗 | 滴鼻、点眼、喷雾。 | |
| 35 | 禽痘活疫苗 | 翼膜刺种。 | |
| 60 | 鸡新城疫低毒力活疫苗 | 滴鼻、点眼、喷雾。 | |
| 90 | 禽痘活疫苗 | 翼膜或鼻瘤刺种。 | |
| 110 | 鸡新城疫灭活疫苗 | 皮下或肌内注射。 | 以后根据抗体滴度适时加强免疫。 |
| | 鸡新城疫低毒力活疫苗 | 滴鼻、点眼、喷雾。 | |

注：如果有鸽用 I 型副黏病毒疫苗，可替换鸡新城疫疫苗。鸽用 I 型副黏病毒疫苗更适合鸽用。

## （六）鸵鸟免疫程序（表3-12）

表3-12

| 日龄 | 疫苗种类 | 免疫方法 | 备注 |
|---|---|---|---|
| 1 | 鸡马立克氏病细胞结合活毒疫苗（液氮苗） | 颈背部下 1/3 皮下注射。 | 选用 814 株、CVI988/Rispens 株、HVT+CVI988/Rispens 株。 |
| 7 | 鸡新城疫低毒力活疫苗 | 滴鼻、点眼、喷雾。 | 选用 LaSota 株 ZM10 株、Clone30 株、HB1 株。 |
| | 鸡新城疫、禽流感（H9 亚型）二联灭活疫苗 | 颈背部下 1/3 皮下注射。 | 选用 LaSota 株 +H9 亚型，HL 株。 |
| 14 | 禽流感病毒（H5 亚型）灭活疫苗 | 皮下注射 | |
| 21 | 鸡新城疫低毒力活疫苗 | 滴鼻、点眼、喷雾。 | |

续表

| 日龄 | 疫苗种类 | 免疫方法 | 备注 |
|---|---|---|---|
| 28 | 鸡新城疫、禽流感（H9 亚型）二联灭活疫苗 | 皮下注射。 | |
| 35 | 禽流感（H5 亚型）灭活疫苗 | 分别皮下或肌内注射。 | |
| 60 | 鸡新城疫中等毒力活疫苗 | 肌内注射。 | 选用 CS2 株或 Mukteswar 株活疫苗。 |
| 60 | 鸡新城疫、禽流感（H9 亚型）二联灭活疫苗 | 皮下或肌内注射。 | |
| 110 | 鸡新城疫中等毒力活疫苗 | 肌内注射。 | |
| 110 | 鸡新城疫灭活疫苗 | 皮下注射。 | |
| 120 | 禽流感病毒（H5 亚型）灭活疫苗 | 皮下或肌内注射。 | |
| 以后根据抗体滴度适时加强免疫 | 禽流感病毒（H5 亚型）灭活疫苗 | 皮下或肌内注射。 | |
| 以后根据抗体滴度适时加强免疫 | 鸡新城疫中等毒力活疫苗 | 肌内注射。 | |
| 以后根据抗体滴度适时加强免疫 | 鸡新城疫、禽流感（H9 亚型）二联灭活疫苗 | 皮下注射。 | 选用 LaSota 株 +H9 亚型，HL 株。 |

### （七）观赏鸟免疫程序（表 3-13）

表 3-13

| 日龄 | 疫苗种类 | 免疫方法 | 备注 |
|---|---|---|---|
| 10 | 鸡新城疫低毒力活疫苗 | 滴鼻、点眼、喷雾。 | 选用 LaSota 株、ZM10 株、Clone30 株、HB1 株。 |
| 14 | 禽流感（H5 亚型）灭活疫苗 | 皮下或胸部肌内注射。 | |
| 14 | 禽痘活疫苗 | 翼膜刺种。 | 夏秋季高发期孵化鸟首免。 |
| 24 | 鸡新城疫低毒力活疫苗 | 滴鼻、点眼、喷雾。 | |
| 35 | 禽流感（H5 亚型）灭活疫苗 | 皮下或肌内注射。 | |
| 42 | 禽痘活疫苗 | 翼膜刺种。 | |
| 60 | 鸡新城疫低毒力活疫苗 | 滴鼻、点眼、喷雾。 | |

续表

| 日龄 | 疫苗种类 | 免疫方法 | 备注 |
|---|---|---|---|
| 90 | 禽痘活疫苗 | 翼膜刺种。 | 夏秋季高发期孵化鸟二免，冬春季孵化鸟可免一次。 |
| 110 | 鸡新城疫低毒力活疫苗 | 滴鼻、点眼、喷雾。 | |
| 120 | 禽流感（H5亚型）灭活疫苗 | 皮下或肌内注射。 | |
| 以后根据抗体滴度适时加强免疫 | 禽流感（H5亚型）灭活疫苗 | 皮下或肌内注射。 | |

## 二、家畜参考免疫程序

### （一）猪参考免疫程序

1. 商品猪免疫程序（表3-14）

表 3-14

| 日龄 | 疫苗种类 | 免疫方法 | 备注 |
|---|---|---|---|
| 3 | 猪伪狂犬病活苗 | 0.5头份滴鼻。 | 伪狂犬低母源抗体仔猪使用选用 Bartha-K61 株、HB-98 株。 |
| 7 | 支原体肺炎疫苗 | 肌内注射。 | 免疫前后15天，禁止使用抗支原体的药物。选用168株活疫苗宜采用肺内注射。 |
| 14 | 猪圆环病毒2型灭活疫苗 | 肌内注射。 | 选用 SH 株或 LG 株。 |
| 14 | 链球菌病疫苗 | 肌内注射。 | 链球菌污染猪场使用。 |
| 20 | 猪瘟疫苗 | 肌内注射。 | |
| 20 | 支原体肺炎疫苗 | 肌内注射。 | |

续表

| 日龄 | 疫苗种类 | 免疫方法 | 备注 |
|---|---|---|---|
| 28 | 猪繁殖与呼吸综合征疫苗 | 肌内注射。 | 猪繁殖与呼吸综合征阳性场使用。 |
| | 猪圆环病毒2型灭活疫苗 | 肌内注射。 | |
| 35 | 口蹄疫病毒灭活疫苗 | 肌内注射。 | 选用适合本场的毒株。 |
| | 猪伪狂犬活疫苗 | 肌内注射。 | |
| 45 | 链球菌病疫苗 | 肌内注射。 | |
| 60 | 猪瘟疫苗 | 肌内注射。 | |
| 67 | 猪繁殖与呼吸综合征疫苗 | 肌内注射。 | |
| | 口蹄疫病毒灭活疫苗 | 肌内注射。 | |
| 74 | 猪伪狂犬活疫苗 | 肌内注射。 | |
| 调运前1个月 | 口蹄疫病毒灭活疫苗 | 肌内注射。 | |
| 10～11月份 | 猪胃肠炎、流行性腹泻二联疫苗 | 后海穴注射。 | |

2. 后备母猪免疫程序（前期参考商品猪的免疫程序）（表3-15）

表3-15

| 免疫时间 | 疫苗种类 | 免疫方法 | 备注 |
|---|---|---|---|
| 配种前60天 | 猪圆环病毒2型灭活疫苗 | 肌内注射。 | 选用SH株或LG株。 |
| 配种前45天 | 猪伪狂犬活疫苗 | 肌内注射。 | 3周后加强一次，选用Bartha-K61株、HB-98株。 |
| 配种前40天 | 乙脑疫苗 | 同时分不同部位肌内注射。 | 3周后加强一次。 |
| | 猪细小病毒灭活疫苗 | | |
| 配种前35天 | 口蹄疫病毒灭活疫苗 | 肌内注射。 | |

| 免疫时间 | 疫苗种类 | 免疫方法 | 备注 |
|---|---|---|---|
| 配种前30天 | 猪链球菌疫苗 | 肌内注射。 | |
| | 猪圆环病毒2型灭活疫苗 | 肌内注射。 | |
| 配种前25天 | 猪瘟疫苗 | 肌内注射。 | |
| 配种前20天 | 猪繁殖与呼吸综合征疫苗 | 肌内注射。 | |
| 每年10～11月 | 猪胃肠炎、流行性腹泻二联疫苗 | 后海穴注射。 | 间隔3周加强一次。 |

3. 生产母猪免疫程序（表3-16）

表3-16

| 免疫时间 | 疫苗种类 | 免疫方法 | 备注 |
|---|---|---|---|
| 产前30天 | 猪伪狂犬疫苗 | 肌内注射。 | 选用Bartha-K61株、HB-98株。 |
| | 猪圆环病毒2型灭活疫苗 | 肌内注射。 | 选用SH株或LG株。 |
| 每年3次 | 口蹄疫病毒灭活疫苗 | 肌内注射。 | |
| 每年3次 | 猪链球菌疫苗 | 肌内注射。 | |
| 配种前7天 | 猪繁殖与呼吸综合征疫苗 | 肌内注射。 | |
| 产后20天 | 猪圆环病毒2型灭活疫苗 | 肌内注射。 | |
| | 猪瘟疫苗 | 肌内注射。 | |
| 产后15天 | 猪细小病毒灭活疫苗 | 肌内注射。 | |
| 每年3～4月 | 乙脑灭活疫苗 | 肌内注射。 | 间隔2周加强一次。 |
| 每年10～11月 | 猪胃肠炎、流行性腹泻二联疫苗 | 后海穴注射。 | 间隔3周加强一次。 |

4. 种公猪免疫程序（前期参考商品猪的免疫程序）（表 3-17）

表 3-17

| 免疫时间 | 疫苗种类 | 免疫方法 | 备注 |
|---|---|---|---|
| 每年 3 次 | 口蹄疫病毒灭活疫苗 | 肌内注射。 | |
| 每年 3 次 | 猪链球菌疫苗 | 肌内注射。 | 根据当地情况选用相应菌株。 |
| 每年 2～3 次 | 猪瘟疫苗 | 肌内注射。 | |
| 每年 3～4 次 | 猪伪狂犬病疫苗 | 肌内注射。 | 选用 Bartha-K61 株、HB-98 株。 |
| 每年 2 次 | 猪细小病毒灭活疫苗 | 肌内注射。 | |
| 每年 3～4 月 | 乙脑灭活疫苗 | 肌内注射。 | 间隔 14 天加强一次。 |
| 每年 3 次 | 猪繁殖与呼吸综合征疫苗 | 肌内注射。 | 猪繁殖与呼吸综合征阳性场使用。 |
| 每年 3 次 | 猪圆环病毒 2 型灭活疫苗 | 肌内注射。 | 选用 SH 株或 LG 株。 |

注：1. 受副猪嗜血杆菌威胁或污染猪场，应选用相应血清型的疫苗进行免疫。仔猪可于 14 日龄首免，21 天后加强免疫；后备母猪在配种前 56～63 天首免，21 天后加强免疫一次，以后每胎产前 28～35 天免疫一次；公猪一年免疫 2～3 次。受胸膜肺炎放线杆菌威胁或污染猪场可于 40 日龄免疫胸膜肺炎多价疫苗。

2. 存在衣原体病的猪场，公猪 2 次 / 年，母猪于配种前 15 天、配种后 30 天进行 2 次免疫。

3. 猪萎缩性鼻炎污染场，仔猪在 28 天免疫，后备母猪一个月后加强免疫，配种前 45 天进行第 3 次免疫，妊娠母猪在分娩前 42 天和 14 天各免疫一次，公猪一年免疫 3 次。

4. 选用 168 株支原体活疫苗肺内注射方法：右侧肩胛骨后缘中轴线向后第 2～3 肋骨间垂直进针。

## （二）羊参考免疫程序

1. 羔羊免疫程序（表 3-18）

表 3-18

| 日龄 | 疫苗品种 | 使用方法 | 备注 |
|---|---|---|---|
| 7 | 羊传染性脓包皮炎灭活疫苗 | 口唇黏膜注射。 | 免疫保护期一年。 |
| 15 | 山羊传染性胸膜肺炎灭活苗 | 皮下注射。 | 免疫保护期一年。 |
| 28 | 口蹄疫疫苗 | 肌内注射。 | 基础免疫。 |

续表

| 日龄 | 疫苗品种 | 使用方法 | 备注 |
|---|---|---|---|
| 35 | 牛羊伪狂犬疫苗 | 皮下注射。 | 仅用于疫区及受威胁区。灭活苗1年免疫2次，弱毒疫苗1年免疫2次。 |
| 42 | 羊链球菌灭活苗 | 皮下注射。 | 90日龄以下羔羊第1次注射后间隔2~3周加强1次，以后每6个月免疫1次。 |
| 58 | 山羊痘疫苗 | 尾根皮内注射。 | 免疫保护期一年。 |
| 58 | 口蹄疫疫苗 | 肌内注射。 | 以后每隔6个月免疫一次。 |
| 90 | 羊梭菌病三联四防灭活苗 | 皮下或肌内注射。 | |
| 90 | 气肿疽灭活苗 | 皮下注射。 | 以后每隔7个月免疫一次。 |
| 105 | 羊梭菌病三联四防灭活苗 | 皮下或肌内注射。 | 以后每隔6个月免疫一次。 |
| 105 | Ⅱ号炭疽芽孢菌苗 | 皮下注射。 | （近三年内曾发病场用）免疫保护期：山羊6个月，绵羊12个月。 |
| 150 | 布氏杆菌病活苗（S2株） | 肌内注射或口服。 | 疫区或发病场用，免疫保护期3年。 |

## 2. 成年母羊免疫程序（表3-19）

表3-19

| 免疫时间 | 疫苗种类 | 免疫方法 | 备注 |
|---|---|---|---|
| 怀孕前或怀孕后30天 | 羊衣原体灭活苗 | 肌内注射。 | 衣原体污染场使用。 |
| 配种前14天 | 口蹄疫疫苗 | 肌内注射或后海穴注射。 | 免疫保护期6个月。 |
| 配种前14天 | 羊梭菌病三联四防灭活苗 | 皮下或肌内注射。 | 免疫保护期6个月。 |
| 配种前7天 | 羊链球菌灭活苗 | 皮下注射。 | 免疫保护期6个月。 |
| 配种前7天 | Ⅱ号炭疽芽孢苗 | 皮下注射。 | 免疫保护期：山羊6个月绵羊12个月（近三年内曾发病场用）。 |

动物疫病防控政策技术辅导读物

续表

| 免疫时间 | 疫苗种类 | 免疫方法 | 备注 |
|---|---|---|---|
| 产后30天 | 口蹄疫疫苗 | 肌内注射或后海穴注射。 | 免疫保护期6个月。 |
| | 羊梭菌病三联四防灭活苗 | 皮下或肌内注射。 | 免疫保护期6个月。 |
| | II号炭疽芽孢苗 | 皮下注射。 | 免疫保护期：山羊6个月，绵羊12个月（近三年内曾发病场用）。 |
| 产后45天 | 羊链球菌灭活苗 | 皮下注射。 | 免疫保护期6个月。 |
| | 山羊传染性胸膜肺炎灭活苗 | 皮下注射。 | 免疫保护期1年。 |
| | 布氏杆菌病活苗（S2株） | 肌内注射或口服。 | 免疫保护期2～3年（疫区或发病场用）。 |
| | 山羊痘疫苗 | 尾根皮内注射。 | 免疫保护期1年。 |

注：公羊可参考母羊免疫注射时间进行免疫。

## （三）牛参考免疫程序

1. 牛免疫程序（表3-20）

表3-20

| 日龄 | 疫苗种类 | 免疫方法 | 备注 |
|---|---|---|---|
| 30日龄后 | 牛流行热灭活疫苗 | 颈部皮下注射。 | 每年4月底至5月初，间隔21天免疫2次。 |
| 37 | II号炭疽芽孢苗或无荚膜炭疽芽孢苗 | 颈部皮下注射。 | 近三年有炭疽发生的地区使用，一年加强一次。 |
| 44 | 牛羊伪狂犬疫苗 | 颈部皮下注射。 | 弱毒疫苗仅用于疫区及受威胁区，牛免疫期1年，山羊免疫期6个月以上。 |
| 51 | 牛出血性败血病疫苗 | 颈部皮下注射。 | 疫区使用。 |
| 90 | 口蹄疫疫苗 | 颈部皮下注射。 | |

078

续表

| 日龄 | 疫苗种类 | 免疫方法 | 备注 |
|---|---|---|---|
| 120 | 口蹄疫疫苗 | 颈部皮下注射。 | 以后每隔 6 个月免疫一次。 |
| 130～180 | 牛传染性鼻气管炎疫苗 | 颈部皮下注射。 | |
| 150～180 | 牛布氏杆菌 19 号菌苗 | 颈部皮下注射。 | 疫区及污染场使用。 |
| 180～240 | 牛副流感Ⅲ型疫苗 | 颈部皮下注射。 | |
| 180～2 岁 | 牛病毒性腹泻弱毒疫苗 | 颈部肌内注射。 | 免疫期 1 年以上。受威胁较大的牛群每隔 3～5 年接种 1 次。育成母牛和种公牛于配种前再接种 1 次,多数可获得终生免疫。 |

## 2. 空怀及妊娠母牛免疫程序（表 3-21）

表 3-21

| 免疫时间 | 疫苗种类 | 免疫方法 | 备注 |
|---|---|---|---|
| 配种前 40～60 天 | Ⅱ号炭疽芽孢苗或无荚膜炭疽芽孢苗 | 颈部皮下注射。 | 近 3 年曾发生炭疽的地区使用,一年加强一次。 |
| | 牛传染性鼻气管炎疫苗 | 颈部皮下注射。 | |
| | 牛病毒性腹泻弱毒疫苗 | 颈部肌内注射。 | |
| 分娩后 30 天 | 牛传染性鼻气管炎疫苗 | 颈部皮下注射。 | |
| | 牛病毒性腹泻弱毒疫苗 | 颈部肌内注射。 | |
| | 口蹄疫疫苗 | 颈部肌内注射。 | |
| 配种前 | 牛黏膜病弱毒疫苗 | 颈部肌内注射。 | |

## （四）马属动物免疫程序（表3-22）

表3-22

| 免疫时间 | 疫苗种类 | 免疫方法 | 备注 |
|---|---|---|---|
| 1月龄以后 | 马流产沙门氏菌弱毒疫苗 | 皮下注射。 | 30日龄首免，离乳后二免。 |
| | 流行性淋巴管炎T21-71弱毒疫苗 | 皮下注射。 | 疫区使用，免疫保护期3年。 |
| | 无荚膜炭疽芽孢苗 | 皮下注射。 | 近3年有炭疽发生的地区使用，一年加强一次。 |
| | 马流行性感冒疫苗 | 颈部肌内注射。 | 首免28天后进行第2次免疫，以后每年注射1次。 |
| | 破伤风类毒素 | 皮下注射。 | 间隔6个月加强一次。遭受创伤或手术有感染危险时，可临时再注射一次。 |
| | 马病毒性动脉炎弱毒疫苗 | 肌内注射。 | 我国尚无该病发生。美国推广使用HK-131、RK-111/Bucyrus弱毒苗。 |
| 幼马驹在3月龄和6月龄各接种1次 | 马传染性鼻肺炎弱毒活疫苗 | 皮下注射。 | 母马在妊娠2~3个月和6~7个月各免疫1次。欧美一些国家列为常规免疫。 |
| 离乳前幼驹 | 马腺疫灭活疫苗 | 皮下注射。 | 间隔7天加强一次，免疫期6个月。 |
| 断奶以后、蚊虻出现前3个月 | 马传贫驴白细胞弱毒疫苗 | 皮内或皮下注射。 | 疫区使用，以后每年加强一次。 |
| 每年4月底~5月初 | 乙脑疫苗 | 皮下注射。 | 1年免疫1次。 |

### 三、其他动物参考免疫程序

#### （一）兔参考免疫程序（表3-23）

表3-23

| 日龄 | 疫苗种类 | 免疫方法 |
|---|---|---|
| 30～35 | 多杀性巴氏杆菌病灭活苗 | 皮下注射。 |
| 40～45 | 兔病毒性出血症灭活疫苗 | 皮下注射。 |
| 60～65 | 兔病毒性出血症、多杀性巴氏杆菌病二联灭活苗 | 皮下注射。 |
| 70 | 产气荚膜梭菌病（魏氏梭菌病）灭活苗 | 皮下注射。 |

注：1. 以后每隔6个月加强免疫兔病毒性出血症、多杀性巴氏杆菌病二联灭活疫苗和产气荚膜梭菌病（魏氏梭菌病）灭活疫苗。

2. 魏氏梭菌病的免疫预防时间可根据兔场发病情况适当调整。

#### （二）犬、猫参考免疫程序

1. 犬免疫程序

首免：仔犬出生5～6周，皮下注射六联苗或七联苗。二免：首免2周后，接种六联苗或七联苗。三免：二免2周后，接种六联苗或七联苗。

为了保证狂犬病免疫效果，狂犬病疫苗一年免疫一次。成年后（1岁以上）：每年两次（春、秋）注射六联或七联苗。

说明：①六联苗包含：犬瘟热、细小病毒、传染性肝炎、副流感、传染性支气管炎、狂犬病；②七联苗包含：犬瘟热、细小病毒、传染性肝炎、副流感、传染性支气管炎、狂犬病、钩端螺旋体。

2. 猫免疫程序（表3-24）

表3-24

| 日龄 | 疫苗种类 | 免疫方法 | 备注 |
|---|---|---|---|
| 21日龄以上 | 猫杯状病毒弱毒疫苗 | 皮下注射。 | 每年接种1次。 |
| 30日龄以上 | 狂犬病疫苗 | 皮下注射。 | 以后每年免疫1次。 |

续表

| 日龄 | 疫苗种类 | 免疫方法 | 备注 |
|---|---|---|---|
| 56～70 | 猫泛白细胞减少症灭活疫苗 | 皮下注射。 | |
| 63～64 | 猫病毒性鼻气管炎弱毒疫苗 | 皮内注射。 | 以后每6个月免疫1次。 |
| 70～84 | 猫泛白细胞减少症灭活疫苗 | 皮下注射。 | 以后每年免疫2次。 |

3. 鹿免疫程序（表3-25）

表3-25

| 免疫时间 | 疫苗种类 | 免疫方法 | 备注 |
|---|---|---|---|
| 3～5日龄 | 卡介苗 | 皮内注射。 | 以后每年接种1次。 |
| 每年4月底～5月初 | 鹿流行性出血热疫苗 | 皮下注射。 | 每年接种1次，主要用于白尾鹿。 |
| 每年4月底～5月初 | 乙脑疫苗 | 皮下注射。 | 每年接种1次。 |
| 30日龄以上 | 鹿黏膜病弱毒疫苗 | 皮下注射。 | 每年免疫1次。 |
| 30日龄以上 | 无荚膜炭疽芽孢苗 | 皮下注射。 | 近三年有炭疽发生的地区使用，以后每年加强1次。 |
| 每年4月 | 羊梭菌病三联四防灭活疫苗 | 皮下注射。 | 每年免疫1次。 |
| 30日龄以上 | 破伤风类毒素 | 皮下注射。 | 第2年加强1次，免疫期可达4年。遭受创伤或手术有感染危险时，可临时再注射1次。 |
| 30日龄以上 | 巴氏杆菌疫苗 | 皮下注射。 | 每6个月免疫1次。 |
| 28～35日龄 | 口蹄疫疫苗 | 肌内注射或后海穴注射。 | 基础免疫。 |
| 58～65日龄 | 口蹄疫疫苗 | 肌内注射或后海穴注射。 | 加强免疫，免疫保护期半年，以后每隔6个月免疫1次。 |

| 免疫时间 | 疫苗种类 | 免疫方法 | 备注 |
|---|---|---|---|
| 繁育母鹿配种前 2 周 | 口蹄疫疫苗 | 肌内注射。 | 免疫保护期 6 个月。 |
| 繁育母鹿产后 1 个月 | 口蹄疫疫苗 | 肌内注射。 | 免疫保护期 6 个月。 |

### 四、皮毛动物参考免疫程序

一般每年春天配种前，即 12 月末至翌年 1 月上旬，必须完成对种兽的主要传染病疫苗的接种工作。7 月中旬要给新生幼兽和种兽再次接种疫苗。幼兽应在分窝后 3 周时注射疫苗。

#### （一）犬瘟热的免疫

用犬瘟热弱毒活疫苗，皮下注射，免疫量为貂 1 毫升，狐、貉 3 毫升，仔狐、貉 2 毫升。妊娠兽也可接种，无不良后果。

无母源抗体的仔水貂，在断奶后 8～10 天可接种疫苗；有母源抗体的仔雪貂 42 日龄以后免疫。狐狸应用犬瘟热鸡胚弱毒疫苗免疫后，能获得持续 2 年的免疫力。

#### （二）病毒性肠炎的免疫程序

养兽场每年应接种细小病毒肠炎灭活疫苗 2 次，即对分窝后的仔兽和种兽在 7 月份和 12 月份（或翌年 1 月初）注射。免疫方式为肌内注射。该疫苗也可在兽场已确诊有病毒性肠炎病兽时作紧急免疫接种。免疫量：貂 1 毫升，狐、貉 3 毫升，仔狐、貉 2 毫升。

#### （三）狐脑炎的免疫程序

每半年皮下注射一次狐脑炎活疫苗，每次注射量狐、貉 1 毫升。

#### （四）阴道加德纳氏菌灭活疫苗

养殖场为预防狐脑炎病的发生，一般每半年皮下注射一次阴道加德纳氏菌灭活疫苗，每次注射量貂 0.5 毫升，狐、貉 1 毫升。

# 第四章　动物疫病采样与诊断

## 第一节　解剖与样品采集

样品的解剖与采集是进行动物疫病监测、诊断的一项重要基础工作。采样方法、采样部位、采样数量和样品保存质量直接决定动物疫病监测结果的准确性和结论的科学性。因此，对采样人员采样的方法、技术都有特定的要求。熟练掌握样品采集操作方法对于快速、及时诊断和处理动物疫病具有重要意义。

### 一、采样的一般原则、种类和时间

#### （一）采样的一般原则

①凡是血液凝固不良、天然孔流血的病、死动物，应耳尖采血涂片，首先排除炭疽，炭疽病死的动物严禁剖检。

②采样时必须无菌，而且避免样本的交叉感染。解剖时应从胸腔到腹腔，先采集实质脏器且尽量保证无菌操作，避免外源性污染，最后采集空腔肠等易造成污染的组织器官及内容物。

③采取的样品必须有代表性，采取的脏器组织应为病变明显的部位。取材时应根据不同疫病或检验目的，采其相应血样、活体组织、脏器、肠内容物、分泌物、排泄物或其他材料。肉眼难以判定病因时，应全面系统采集病料。

④病料最好在使用治疗药物前采取，用药后会影响病料中病原微生物的检出。死亡动物的内脏病料采取最好不超过死后 24 小时（尤其在夏季），否则尸体腐败，将难以采到合格的病料。

⑤血液样品在采集前一般禁食 8 小时。采集血样时，应根据采样对象、检验目的及所需血量确定采血方法与采血部位。

⑥采样时应考虑动物福利和环境的影响，防止污染环境和疫病传播，做好环境消毒

和废弃物的处理，同时做好个人防护，预防人兽共患病感染。

（二）采样的种类和时间

采样前，必须考虑检测目的，根据检验项目和要求的不同，选择适当的样本和采样时机。

①当疫病诊断时，采集病死动物的有病变的脏器组织、血清和抗凝血。采集样品的大小、数量要满足诊断的需要、必要的复检和留样备份的需要。

一般情况下，对于采集的常规病料应满足诊断的需要，同时有临床症状需要做病原分离的，样品必须在疫病的初发期或症状典型时采集，病死的动物应立即采样。

采集血液样品时，如果是用于病毒检验样品，在动物发病初体温升高期间采集；对于没有症状的带毒动物，一般在进入隔离场后 7 天以前采样；用于免疫动物血清学诊断时，需采集双份血清，监测比较抗体效价变化的，第一份血清采于发病初期并作冻结保存，第二份血清采于第一份血清后 3 ～ 4 周，双份血清同时送实验室检测。

用于寄生虫检验样品，因不同的血液寄生虫在血液中出现的时机及部位各不相同，因此，需要根据各种血液寄生虫的特点，取相应时机及部位的血制成血涂片和抗凝血，送实验室检测。

②当进行免疫效果监测时，一般动物免疫后 14 ～ 20 天，随机抽检。

③当进行疫情监测或流行病学调查时，根据区域内养殖场（户）数量和分布，按一定比例随机抽取养殖场（户）名单，然后每个养殖场（户）按估算的感染率，计算采样数量，随机采取。

## 二、采样器械物品的准备

（一）器械

①采样箱、保温箱或保温瓶、解剖刀、剪刀、镊子、酒精灯、酒精棉、碘酒棉、注射器及针头等。

②样品容器包括真空采血管、小瓶、平皿、离心管及易封口样品袋、塑料包装袋等。

③试管架、玻片、铝盒、瓶塞、无菌棉拭子、胶布、封口膜、封条、冰袋等。

注意：采样刀剪等器具和样品容器必须无菌。

（二）采样记录用品

不干胶标签、签字笔、记号笔、采样单和采样登记表等。

## （三）保存液

生理盐水、阿氏液、30%甘油盐水缓冲液、肉汤、PBS液、双抗等。

## （四）人员防护用具

口罩、防护镜、一次性手套、乳胶手套、防护服、防护帽、胶靴等。

## 三、血液样品的采集方法

采集动物血液是样本采集的重要项目之一。采血过程中应严格保持无菌操作。采血前，应对采血部位进行消毒，采血完毕后用干棉球按压止血。在采血、分离血清过程中，应避免溶血。常用的动物采血方法主要有以下几种。

### （一）耳静脉采血

1. 适用对象

猪、兔等，适于用血量比较少的检验项目。

2. 操作步骤

①将猪、兔站立或横卧保定，或用保定器具保定。

②耳静脉局部常规消毒。

③用手指捏压耳根部静脉血管处，使静脉充盈、怒张（或用酒精棉反复局部涂擦以引起其充血）。

④术者用左手把持耳朵，将其托平并使采血部位稍高。

⑤右手持连接针头的采血器，沿静脉管使针头与皮肤呈30°～45°角，刺入皮肤及血管内，轻轻回抽针芯，如有回血即证明已刺入血管，再将针管放平并沿血管稍向前伸入，抽取血液或使用真空采血管自动收集血液。

### （二）颈静脉采血

1. 适用对象

马、牛、羊等大家畜。

2. 操作步骤

①保定好动物，使其头部稍前伸并稍偏向对侧。

②对颈静脉局部进行消毒或剪毛后消毒。

③采血者用左手拇指（或食指与中指）在采血部位稍下方（近心端），压迫静脉血管，使之充盈、怒张。

④右手持采血针头，沿颈静脉沟与皮肤呈45°角，迅速刺入皮肤及血管内，如见回

血，即证明已刺入；使针头后端靠近皮肤，以减小其间的角度，近似平行地将针头再伸入血管内 1 ～ 2 厘米。

⑤放开压迫脉管的左手，收集血液。采完后，以干棉球压迫局部并拔出针头。

3. 注意事项

①采血完毕，做好止血工作，即用无菌棉球压迫采血部位止血，防止血流过多。

②牛的皮肤较厚，颈静脉采血刺入时应用力并瞬时刺入，见有血液流出后，将针头送入采血管中，即可采血。

### （三）前腔静脉采血

1. 适用对象

多用于猪，适用于大量采血。

2. 操作步骤

①小猪仰卧保定，把前肢向后方拉直。中猪及大猪采用站立保定。

②选取胸骨端与耳基部的连线上胸骨端旁开 2 厘米的凹陷处，消毒。

③用无菌采血器刺入消毒部位，针刺方向为向后内方与地面呈 60° 角刺入 2 ～ 3 厘米，当进入约 2 厘米时可一边刺入一边回抽针管内芯；刺入血管时即可见血进入管内，采血完毕，局部消毒。

### （四）心脏采血

1. 适用对象

家兔、禽类等个体比较小的动物。

2. 禽类心脏采血操作步骤

（1）雏鸡心脏采血

左手抓鸡，右手手持采血针，平行颈椎从胸腔前口插入，回抽见有回血时，即把针芯向外拉使血液流入采血针。

（2）成年禽类心脏采血

①侧卧保定采血：助手抓住禽两翅及两腿，右侧卧保定，在触及心搏动明显处，或胸骨脊前端至背部下凹处连线的 1/2 处消毒，垂直或稍向前方刺入 2 ～ 3 厘米，回抽见有回血时，即把针芯向外拉使血液流入采血针。

②仰卧保定采血：胸骨朝上，用手指压离嗉囊，露出胸前口，用装有长针头的注射器，将针头沿其锁骨俯角刺入，顺着体中线方向水平穿行，直到刺入心脏。

3. 注意事项

①确定心脏部位，切忌将针头刺入肺脏。

②顺着心脏的跳动频率抽取血液，切忌抽血过快。

### （五）翅静脉采血

1. 适用对象

禽类在采血量少时采用此法。

2. 操作步骤

①侧卧保定，展开翅膀，露出腋窝部，拔掉羽毛，在翅下静脉处消毒。

②拇指压迫近心端，待血管怒张后，将针头平行刺入静脉，放松对近心端的按压，缓慢抽取血液或使用真空采血管自动收集血液。

3. 注意事项

采血完毕及时压迫采血处止血，避免形成淤血块。

### （六）血液样品的制备

常规血液制备可分为两类，即抗凝血和非抗凝血。

抗凝血常用作细菌或病毒检验样品。采血前，预先在真空采血管或其他容器内按每10毫升血液加入 0.1% 肝素 1 毫升或 ED-TA20 毫克。采集的血液立即与抗凝剂充分混合，防止凝固，但要轻轻混匀以免溶血。也可将血液放入装有玻璃珠的灭菌瓶内，振荡脱纤维蛋白。采集的血液经密封后贴上标签，立即冷藏送实验室。必要时，可在血液中按每毫升加入青霉素和链霉素各 500～1000IU，以抑制血源性或采血过程中污染的细菌。

非抗凝血（血清）即不加抗凝剂的血液，等血液凝固后析出血清一般用作血清学监测试验。血清分离方法：血液在室温下倾斜放置 2～4 小时（防止暴晒），待血液凝固自然析出血清，或用无菌剥离针剥离血凝块，将试管放在装有 25～37℃ 温水的杯内或 37℃ 温箱内 1 小时，待大部分血清析出后取出血清，必要时经 1500～2000r/min 离心 5 分钟，分离血清。将血清移到洁净的离心管中，盖紧盖子，封口，贴标签，4℃冷藏。需要长期保存时，将血清置于 –20℃冷冻。

血涂片采取末梢血液、静脉血或心血。取一滴血液样品，滴在洁净的载玻片一侧，另取一片载玻片作推片，当血液沿推片边缘展开成适当宽度后，立即将推片与载玻片呈 30～45° 角，轻压推片边缘将血液推制成厚薄适宜的血膜，经自然干燥或火焰固定后备用。

## 四、拭子样品的采集方法

1. 家禽喉拭子和泄殖腔拭子采集

（1）器材准备

无菌棉签、1.5 毫升离心管、记号笔、灭菌剪刀等。

（2）采样

取无菌棉签，插入鸡喉头内或泄殖腔转动 3 圈，取出并插入离心管，剪去露出部分，盖紧瓶盖，做好标记。

（3）样品保存

24 小时内能及时检测的样品可冷藏保存，不能及时检测的样品应在 –20℃下保存。

2. 猪鼻腔拭子、咽拭子采集

（1）器材准备

灭菌 1.5 毫升离心管、记号笔、灭菌剪刀、灭菌棉拭子、保存液等。

（2）采样

①每个灭菌离心管中加入 1 毫升样品保存液。②用灭菌的棉拭子在鼻腔或咽喉转动至少 3 圈，采集鼻腔、咽喉的分泌物。③蘸取分泌物后，立即将拭子浸入保存液中，剪去露出部分，盖紧离心管盖，做好标记，密封低温保存。

3. 肛拭子采集

采集方法同鼻腔拭子、咽拭子采集方法。

## 五、粪便样品的采集

1. 用于病毒检验的粪便样品采集

（1）器材准备

灭菌棉拭子、灭菌试管、pH7.4 的磷酸缓冲液、记号笔、乳胶手套、压舌板等。

（2）采样方法

①少量采集时，以灭菌的棉拭子从直肠深处或泄殖腔黏膜上蘸取粪便，并立即投入灭菌的试管内密封，或在试管内加入少量磷酸缓冲液后密封。②采集较多量的粪便时，可将动物肛门周围消毒后，用器械或用戴上胶手套的手伸入直肠内取粪便，也可用压舌板插入直肠，轻轻用力下压，刺激排粪，收集粪便。所收集的粪便装入灭菌的容器内，经密封并贴上标签。③样品采集后立即冷藏或冷冻保存。

2. 用于细菌检验的粪便样品采集

采样方法与供病毒检验的方法相同。但最好是在使用抗菌药物之前，从直肠或泄殖腔内采集新鲜粪便。粪便样品较少时，可投入生理盐水中，较多量的粪便则可装入灭菌容器内，贴上标签后冷藏保存。

3. 用于寄生虫检验的粪便样品采集

采样方法与供病毒检验的方法相同。应选新鲜的粪便或直接从直肠内采集，以保持虫体或虫体节片及虫卵的固有形态。一般寄生虫检验所用粪便量较多，需采取适量新鲜粪便，并应从粪便的内外各层采取。

粪便样品以冷藏不冻结状态保存。

## 六、其他样品的采集

1. 皮肤

活动物的病变皮肤如有新鲜的水泡皮、结节、痂皮等可直接剪取 3 ～ 5 克；活动物的寄生虫病，如疥螨、痒螨等，在患病皮肤与健康皮肤交界处，以凸刃小刀与皮肤表面垂直，刮取皮屑，直到皮肤轻度出血，接取皮屑供检验。

2. 脓汁

做病原菌检验的，应在未进行药物治疗前采取。采集已破口脓灶脓汁，宜用棉拭子蘸取；未破口脓灶，用注射器抽取脓汁。

3. 乳汁

乳房先用消毒药水洗净（取乳者的手也应事先消毒），并把乳房附近的毛刷湿，最初所挤的 3 ～ 4 把乳汁弃去，然后再采集 10 毫升左右乳汁于灭菌试管中。进行血清学检验的乳汁不应冻结、加热或强烈震动。

## 七、病死畜禽的解剖与病变组织脏器的采集

采取病料时，应根据临床症状或对大体剖检的初步诊断，有选择地采取剖检病变典型的脏器组织和内容物。如肉眼难以判定时，可全面采取病料。

采样原则：病变的脏器组织，要采集病变和健康组织交界处，先采集实质脏器，如心、肝、脾、肺、肾，后采集空腔脏器组织，如胃、肠、膀胱等。

### （一）小家畜或家禽活体及尸体的储藏运输

将病死畜禽或将病畜禽致死后，装入密封塑料袋内，再保存于有冰袋的冷藏箱内，

及时送往实验室。

### （二）实质脏器的采取

先采集小的实质脏器如脾、肾、淋巴结，小的实质器官可以完整地采取。大的实质脏器，如心、肝、肺等，采集有病变的部分，要采集病变和健康组织交界处。

1.用于病理组织学检验的组织样品

这类样品必须保持新鲜。样品应包括病灶及临近正常组织的交界部位。若同一组织有不同的病变，应分别各取一块。切取组织样品的刀具应十分锋利，取材后立即放入 10 倍于组织块的 10% 福尔马林溶液中固定。组织块切成 1 ～ 2 平方厘米（检查狂犬病则需要较大的组织块）大小，厚度不超过 0.5 厘米。组织块切忌挤压、刮摸和水洗。如作冷冻切片用，则将组织块放在 0 ～ 4℃容器中，尽快送实验室检验。

2.用于病原分离的组织样品

用于微生物学检验的病料应新鲜，并尽可能减少污染。

用于细菌分离样品的采集首先以烧红的刀片烧烙组织表面，在烧烙部位刺一孔，用灭菌后的铝金耳伸入孔内，取少量组织作涂片镜检或划线接种于适宜的培养基上。如遇尸体已经腐败，某些疫病的致病菌仍可在长骨、肋骨等部位增殖，因此可从骨髓中分离细菌。采集的所有组织应分别放入灭菌容器内或灭菌塑料袋内，贴上标签，立即冷藏运送到实验室。必要时也可以作暂时冻结处理，但冻结时间不宜过长。

用于病毒分离样品的采集制备方法同病毒检验，必须采用无菌技术采集，用一套已消毒的器械切取所需脏器组织块，每取一个组织块，应用火焰消毒剪等取样器械，组织块应分别放入灭菌容器内并立即密封，贴上标签，注明日期、组织或动物名称，注意防止组织间相互污染。将采取的样品放入冷藏容器立即送实验室。如果运送时间较长，可作冻结状态，也可以将组织块浸泡在 pH7.4 乳汉氏液或磷酸缓冲肉汤保护液内，并按每毫升保护液加入青霉素、链霉素各 1000IU，然后放入冷藏瓶内送实验室。

### （三）畜禽肠管及肠内容物样品的采集

1.肠管的采集

用线扎紧病变明显处（5 ～ 10 厘米）的两端，自扎线外侧剪断，把该段肠管置于灭菌容器中，冷藏送检。

2.肠管内容物的采集

选择肠道病变明显部位，取内容物，用灭菌生理盐水轻轻冲洗；也可烧烙肠壁表面，用吸管扎穿肠壁，从肠腔内吸取内容物，将肠内容物放入盛有灭菌的 30% 甘油盐水缓冲保存液中送检。

### （四）眼睛样品的采集

眼结膜表面用拭子轻轻擦拭后，放在灭菌的 30% 甘油盐水缓冲保存液中，也可采取病变组织碎屑，置载玻片上，供显微镜检查。

### （五）皮肤样品的采集

1. 皮肤采集

扑杀或死后的动物皮肤样品，用灭菌器械取病变部位及与之交界的小部分健康皮肤（大约 10cm×10cm），保存于 30% 甘油缓冲液或 10% 饱和盐水溶液中；活动物的病变皮肤如有新鲜的水泡皮、结节、痂皮等可直接剪取 3～5 克；活动物的寄生虫病，如疥螨、痒螨等，在患病皮肤与健康皮肤交界处，以凸刃小刀与皮肤表面垂直，刮取皮屑、直到皮肤轻度出血，接取皮屑供检验。

2. 动物皮肤样品制备方法

①病原检验样品的制备方法：剪取的供病原学检验的皮肤样品应放入灭菌容器内，加适量 pH7.4 的 50% 甘油磷酸盐缓冲液（A4），可加适量抗生素，加盖密封后，尽快冷冻保存。

②组织学检验样品制备方法：剪取的作组织学检验的皮肤样品应立即投入固定液内固定保存。

③寄生虫检验样品制备方法：供寄生虫检验的皮肤样品可放入有盖容器内。

# 第二节  样品的记录、保存、包装和运送

## 一、采样记录

采样同时，填写采样单，包括养殖场名称、畜禽种类、日龄、联系人、电话、养殖规模、采样数量、样品名称、编号、免疫情况、临床表现等（结合疫情监测上报系统填写）。

采样单应用钢笔或签字笔逐项填写（一式三份），样品标签和封条应用签字笔填写，保温容器外封条应用钢笔或签字笔填写，小塑料离心管上可用记号笔做标记。应将采样单和病史资料装在塑料包装袋中，并随样品送实验室。样品信息至少应包括以下内容。

①畜主姓名和畜禽场地址。

②畜禽（农）场里饲养动物品种及数量。

③被感染动物或易感动物种类及数量。

④首发病例和继发病例的发病日期。

⑤感染动物在畜禽群中的分布情况。

⑥死亡动物、出现临床症状的动物数量及年龄。

⑦临床症状及其持续时间，包括口腔、眼睛和腿部情况，产奶或产蛋记录，死亡情况和时间，免疫和用药情况等。

⑧饲养类型和标准，包括饲料、饲养管理模式等。

⑨送检样品清单和说明，包括病料种类、保存方法等。

⑩动物治疗史。

⑪要求做何种试验或监测。

⑫送检者的姓名、地址、邮编和电话。

⑬送检日期。

⑭采样人和被采样单位签章。

### 表 4-1 动物疫病样品采样登记表（样表）

| | | | |
|---|---|---|---|
| 动物种类 | | 样品名称 | |
| 采样数量 | | 样品编号 | |
| 采样单位 | | 采样日期 | |
| 采样地点 | 省　　县（市、区）　　乡（镇）　　　　　　村 | | |
| 被采样场 / 户名 | | | |
| 联系人 | | 联系电话 | |
| 采样方式 | □总体随机　□分层随机　□系统随机　□整群　□分散　□其他 | | |
| 养殖规模 | □规模场，养殖数量：　　　　　　　□散养，养殖数量： | | |
| 动物养殖状况（包括饲养管理、卫生、自然及人工屏障等） | | | |
| 临床症状及病史 | | | |
| 被采动物免疫状况（包括动物免疫疫病种类、时间、疫苗类型、来源等） | | | |
| 被采样单位签字 | 本次采样始终在本人陪同下完成，记录经核准无误，同意按期寄送。<br><br>经手人：　（签章）<br>年　月　日 | 采样人签字 | 本次采样严格按照要求及相关国家标准进行，并作记录如上。<br><br>经手人：　（签章）<br>年　月　日 |
| 样品保存及运输条件 | | | |
| 备注 | | | |

注："备注"中可填写交易市场或屠宰场采样的动物来自何处等信息。

## 二、样品包装要求

每个样品应单独包装，在样品袋或平皿外粘贴标签，标签应注明样品名称、样品编号、采样日期等。装拭子样品的离心管应放在特定样品盒内。血清样品装于小瓶时应用铝盒盛放，盒内加填塞物避免小瓶晃动，若装于小塑料离心管中，则应置于塑料盒内。包装袋、塑料盒及铝盒应贴封条，封条上应有采样人签章，并注明贴封日期，标注放置方向。

## 三、样品的保存

病料正确的保存方法是病料保持新鲜或接近新鲜状态的根本保证，是保证监测结果准确无误的重要条件。

### （一）血清学检验材料的保存

一般情况下，病料采取后应尽快送检，如远距离送检，可在血清中加入青霉素、链霉素防腐。除了做细胞培养和试验用的血清外，其他血清还可加 0.5% 苯酚生理盐水等防腐剂。另外，还应避免高温和阳光直晒，同时严防容器破损。

### （二）微生物检验材料的保存

液体病料，如黏液、渗出物、胆汁、血液等，最好收集在灭菌的小试管或青霉素瓶中，密封后用纸或棉花包裹，装入较大的容器中，再装瓶（或盒）送检。用棉拭蘸取的鼻液、脓汁、粪便等病料，应将每支棉拭剪断或烧断，投入灭菌试管内，立即密封管口，包装送检。

实质脏器在短时间内（夏季不超过 20 小时，冬季不超过 2 天）能送到检验单位的，可将病料的容器放在装有冰块的保温瓶内送检。短时间不能送到的，供细菌检查的，放于灭菌液体石蜡或灭菌的 30% 甘油生理盐水中保存；供病毒检查的，放于灭菌的 50% 甘油生理盐水中保存。

### （三）病理组织检验材料的保存

采取的病料通常使用 1% 福尔马林固定保存。冬季为防止冰冻可用 90% 酒精，固定液用量要以浸没固定材料为宜。如用 10% 福尔马林溶液固定组织时，经 24 小时应重新换液一次。神经系统组织（脑、脊髓）需固定于 10% 中性福尔马林溶液中，其配制方法是在福尔马林溶液的总容积中加 5% ～ 10% 碳酸镁用 PBS 配制即可。在寒冷季节，为了避免病料冻结，在运送前，可将预先用福尔马林固定过的病料置于含有 30% ～ 50% 甘油的 10% 福尔马林溶液中。

### （四）毒物中毒检验材料的保存

检样采取后，内脏、肌肉、血液可合装一清洁容器内，胃内容物与呕吐物合装一容器内，粪、尿、水、饲料等应分别装瓶，瓶上要贴有标签，注明病料名称及保存方法等。然后严密包装，在短时间内应尽快送实验室检验或派专人送指定单位检验。

## 四、样品的运送

所采集的样品应以最快最直接的途径送往实验室。如果样品能在采集后 24 小时内送抵实验室，则可放在 4℃左右的容器中运送。只有在 24 小时内不能将样品送往实验室并不致影响检验结果的情况下，才可把样品冷冻，并以此状态运送。

## 五、样品保存、运输过程中的生物安全

### （一）动物样品的分类

动物样品包括动物分泌物、血液、排泄物、器官组织、渗出液等。农业农村部第 503 号公告《高致病性动物病原微生物菌（毒）种或者样本运输包装规范》规定要在此类物品包装上贴有相关标志。国际航空运输协会特别指出此类物品不包括感染的活体动物。

列入《国际航空运输协会危险品条例》的诊断样品分类如下：已知含有或有理由怀疑含有风险级别 2、3 或 4 的病原物品和极低可能含有风险级别 4 病原的物品。此类物品在联合国 2814 号条例（感染人的病原）或者联合国 2900 号条例（感染动物的病原）都有详细说明。用于此类病原初步诊断或确诊的样品属于此级别（PI602）。

### （二）样品的包装安全

包装要求有三项基本原则。

①确保样品的包装容器不被损坏，同时不会渗漏。

②在即使容器破碎的情况下，确保样品不会漏出。

③贴标签（说明何种物品）。

国际运输航空协会要求感染性物品、诊断材料、生物制品都要按照《国际运输航空协会危险品条例》中的特别说明进行包装。包装条例主要有 P1650 和 P1602。其中规定必须三层包装、贴标签和文字说明。

（1）三层包装

三层包装在《国际运输航空协会危险品条例》都有说明。物品包装的第一层容器要

保证防水、防漏和密封性良好。吸水材料缠绕容器（运送固体类物品除外），以防止容器破碎后液体的扩散。美国邮政管理局规定容器必须留有足够的空间（液体扩散的空间），确保在 55℃时，容器不会被液体装满。

第二层包装应是能将第一层容器装入的坚固、防水和防漏的容器。可能在第二层包装中不止包装一个第一层容器（依据包装量的有关规定）。美国邮政管理局要求在第一层周围放有快速吸水性材料，运输部也要求在每个第一层容器都缠绕吸水性材料。而公共卫生署只要求在包装材料每件容积超过 50 毫升时使用吸水材料。

在第二层外面还应有一层包装。最外面的包装要坚固，一般要求使用皱褶的纤维板、木板或者强度与其类似的材料。美国邮政管理局要求最外层包装必须使用纤维板或者交通运输部规定的材料。此外，还要求对包装做一些测试，比如运输过程中是否会有内容物的外泄和包装所起保护作用的降低。

国际运输航空协会要求外包装坚固，使用纤维板、木板或铁制材料。

（2）基本的防漏包装

此种类型的包装是为了防漏、防震，防止压力的变化和其他在运输中常见的事故，以免对样品产生不利影响。主要遵循的原则就是上述的三层包装原则。

（3）特殊的包装需要

冰：包装时使用冰作冷冻剂，一定要采取防渗漏措施。

干冰：使用干冰作冷冻剂，必须将干冰放入第二层容器内，第二层容器必须用防震材料进行固定，以免干冰挥发后发生松动。

液氮：包装必须耐受极低的温度并且有可以运输液氮的文件证明。

具体包装要求可参照农业农村部第 503 号公告《高致病性动物病原微生物菌（毒）种或者样本运输包装规范》。

**（三）运输高致病性动物病原微生物菌（毒）种或样本的安全**

①运输目的、用途和接收单位符合规定。

②运输容器符合规定。

③印有生物危险标识、警告用语和提示用语。

④原则上通过陆路运输，水路也可；紧急情况下，可以通过民用航空运输。

⑤经过省级以上人民政府农业农村主管部门批准。省内的由省级批准；跨省或运往国外的，省级初审后，由农业农村部批准。

⑥应当有不少于 2 人的专人护送，并采取防护措施。

⑦发生被盗、被抢、丢失、泄露的，立即采取控制措施，并在 2 小时内向有关部门报告。

# 第三节　动物疫病分类与疫情日常报告

## 一、动物疫病分类

根据动物疫病对养殖业生产和人体健康的危害程度，《中华人民共和国动物防疫法》将动物疫病分为以下三类。

### （一）一类疫病

一类疫病是指口蹄疫、非洲猪瘟、高致病性禽流感等对人、动物构成特别严重危害，可能造成重大经济损失和社会影响，需要采取紧急、严厉的强制预防、控制等措施的。

### （二）二类疫病

二类疫病是指狂犬病、布鲁氏菌病、草鱼出血病等对人、动物构成严重危害，可能造成较大经济损失和社会影响，需要采取严格预防、控制等措施的。

### （三）三类疫病

三类疫病是指大肠杆菌病、禽结核病、鳖腮腺炎病等常见多发，对人、动物构成危害，可能造成一定程度的经济损失和社会影响，需要及时预防、控制的。

## 二、动物疫情日常报告

动物疫情报告实行快报、月报和年报。

### （一）快报

有下列情形之一，应当进行快报。

①发生口蹄疫、高致病性禽流感、小反刍兽疫等重大动物疫情。

②发生新发动物疫病或新传入动物疫病。

③无规定动物疫病区、无规定动物疫病小区发生规定动物疫病。

④二、三类动物疫病呈暴发流行。

⑤动物疫病的寄主范围、致病性以及病原学特征等发生重大变化。

⑥动物发生不明原因急性发病、大量死亡。

⑦农业农村部规定需要快报的其他情形。

符合快报规定情形，县级动物疫病预防控制机构应当在 2 小时内将情况逐级报至省级动物疫病预防控制机构，并同时报所在地人民政府农业农村主管部门。省级动物疫病预防控制机构应当在接到报告后 1 小时内，报本级农业农村主管部门确认后报至中国动物疫病预防控制中心。

快报应当包括基础信息、疫情概况、疫点情况、疫区及受威胁区情况、流行病学信息、控制措施、诊断方法及结果、疫点位置及经纬度、疫情处置进展、疫情报告的单位、负责人、报告人及联系方式以及其他需要说明的信息等内容。

进行快报后，县级动物疫病预防控制机构应当每周进行后续报告；疫情被排除或解除封锁、撤销疫区，应当进行最终报告。后续报告和最终报告按快报程序上报。

（二）月报和年报

县级以上地方动物疫病预防控制机构应当每月对本行政区域内动物疫情进行汇总，经同级农业农村主管部门审核后，在次月 5 日前通过动物疫情信息管理系统将上月汇总的动物疫情逐级上报至中国动物疫病预防控制中心。

月报、年报包括动物种类、疫病名称、疫情县数、疫点数、疫区内易感动物存栏数、发病数、病死数、扑杀与无害化处理数、急宰数、紧急免疫数、治疗数等内容。

# 第五章　动物疫病监测技术

## 第一节　动物疫病监测概述

### 一、动物疫病监测概念

动物疫病监测是动物、动物产品质量的重要保障，由法定的机构和人员按国家规定的动物防疫标准，依照法定的检验程序、方法和标准，对动物、动物产品及有关物品进行定期或不定期的检查和检测，并依据监测结果进行处理的一种措施。

### 二、动物疫病监测的意义

#### （一）掌握动物疫病分布特征和流行发展趋势

通过对动物疫病连续、系统地观察、检验和结果分析，可以掌握动物群体特性，确定动物疫病的分布特征，预测动物疫病的危害程度和发展变化趋势，确定动物疫病的致病机理及其影响因素，有助于确定传染源、传播途径、易感动物以及传播范围，为制定科学的疫病预防控制规划和合理的防控措施提供依据。

#### （二）评估畜禽免疫防控措施的实施效果

动物疫病监测是评估疫病防控效果的重要手段，通过对动物疫病免疫效果（抗体合格率）的评估监测，可以科学地评价免疫的成败。结合特定地区实际情况，以免疫后实施免疫效果跟踪监测为依据，客观评价免疫程序的科学性、适用性，有效避免免疫空白期和人为削弱期，确定免疫最佳时间，确保免疫最佳效果。

#### （三）夯实动物疫病防控工作的基础

动物疫病监测可以充分描述动物疫病流行现状、危害程度、风险环节和发展趋势，有助于疫病的早期识别，发挥监测预警预报作用，有效避免疫病的暴发和流行。在发生重大动物疫情时，通过疫病监测可以随时掌握疫情动态，防止疫区范围的扩大，做到早发现、早预防、早控制、早扑灭，为疫病防控争取时间，减少因为疫情造成的经济损失和社会影响。

### （四）保证动物产品质量和保障安全的重要手段

有效的动物疫病监测，不仅对动物疫病防控具有科学的指导作用，有助于保护动物健康无疫，而且对动物养殖全过程也能进行全方位的监控，提高动物产品的质量，保障养殖业生产安全、动物产品质量安全、公共卫生安全和生态安全。

## 三、动物疫病监测的特点

### （一）持续性

动物疫病监测必须是一个连续的、动态的、长期的过程，监测信息和结果的不断积累，有利于真实、客观地反映动物及动物群体的情况，对疫病防控的指导意义会更加突出。

### （二）时效性

监测结果及代表监测结果的数据存在一定的时效性，需要及时地整合、汇总、归纳及分析，以确保科学、客观地分析、评估动物疫病的流行现状、危害程度和发展趋势，确保能在第一时间采取相应的防控应对措施。

### （三）系统性

监测信息和监测结果，需要定期结合国内外疫情形势、当前疫病防控建议、流行病学调查等相关信息，开展阶段性的动物疫病监测总结和预警分析研判，为制定疫病防控规划和措施提供科学理论依据。

# 第二节　动物疫病监测技术

## 一、动物疫病监测的类型

### （一）主动监测和被动监测

主动监测是指有关单位亲自调查收集资料、采集样品进行检测的监测方式。

被动监测是指监测单位被动接收样品进行检测，下级机构按照既定的规范和程序向上级机构报告监测信息和结果的监测方式。

## （二）国际性、全国性和局部地区监测

国际性监测是指在国际范围内开展的动物疫病监测活动。

全国性监测是指在全国范围内开展的动物疫病监测活动。

局部性监测是指在某局部地区开展的动物疫病监测活动。

## （三）全面监测、抽样监测、靶向监测和定点监测

全面监测是指针对所有的动物群体开展的疫病监测，一般只有特别重大的动物疫病才开展全面监测。

抽样监测是指遵循随机抽样原则，通过统计学抽样原理，基于监测目的、目标动物群体特征、被监测动物疫病特征等因素开展的监测。

靶向监测是指一种基于风险的监测，所监测的对象是疫病发生风险较高的动物群体。

定点监测是指为了达到特定目的，通过地区选择，采用标准方法开展的监测，又叫哨点监测。

## （四）信息调查、临床监测和实验室监测

信息调查是指不需要采集样品进行检测，而是通过直接观察、采访、填表和通信等方式收集信息的监测方式。

临床监测是指现场人员通过定期对动物群体进行疫病流行状况和防控对策等有关资料的收集整理、系统检查及分析评估，及时调查发现异常情况，做好疫病预警预报和防控应对。

实验室监测是指按照一定的规范和标准，采样检测、收集、分析和上报监测数据和资料的监测活动，通常包括病理组织学诊断、血清学监测、病原学监测等。

## （五）行政性监测、研究性监测和国际认证性监测

行政性监测是指工作主体为农业农村主管部门及其下属的兽医技术支撑单位，为了动物防疫服务，一般为持续进行并按照标准方法开展的监测活动。

研究性监测是指为了科学研究，以了解动物疫病发生情况和发展趋势等开展的监测活动。

国际认证性监测是指为了获得国际贸易伙伴对本国动物卫生状况认可的，按照世界动物卫生组织（WOAH）规则开展的动物疫病监测活动。

## 二、实验室动物疫病监测

### （一）病理组织学

病理组织学诊断是指以检查机体器官、组织或细胞中的病理改变的病理形态学方法。为探讨器官、组织或细胞所发生的病变过程，可采用某种病理形态学检查的方法，检查他们所发生的变化，探讨病变产生的原因、发病机理、病变的发生发展过程，最后做出病理诊断。

### （二）血清学

血清学监测是指通过检测动物某些或某种疫病的特异性抗体，研究其出现和分布的规律性，来调查和分析某些或某种疫病在群体中的存在状况，具有敏感、特异、简便和安全等特点。血清学监测是在体外进行的抗原抗体反应，其基本原理是利用抗原与抗体的特异性结合反应，通过已知抗体或抗原来检测未知抗原或抗体。

血清学监测技术是建立在抗原抗体特异性反应基础上的技术，按其反应性质的不同可分为凝集性反应（如凝集试验、沉淀试验）、标记抗体技术（如荧光抗体、酶标抗体、放射性标记抗体等）、补体参与的反应（如补体结合试验等）、中和试验（如病毒中和试验等）等。

酶联免疫吸附试验（ELISA）是应用最广、发展最快的一项实验技术，是根据抗原抗体反应的特异性和酶催化反应的高敏感性而建立起来的血清学监测技术。ELISA 试验方法根据其性质的不同又分为间接法、夹心法、双夹心法、竞争法等。具有灵敏度高、特异性强、快速、简便、重复性好、安全、适合大批量标准化检测等特点。

### （三）病原学

病原学监测是通过检测动物群体中某种病原微生物的存在状况、遗传及变异特征等开展的监测活动。病原学监测技术主要有细菌/病毒的分离与鉴定、分子生物学技术、抗原检测技术等。

分子生物学技术研究的主要目的是在分子水平上阐明整个生物界所共同具有的基本特征，即生命现象的本质。利用分子生物学技术，可检测动物疫病病原的核酸，建立动物疫病特异性快速诊断方法，及时准确了解动物疫病分子流行病学动态，为疫病防治提供分子理论分析依据。分子生物学检测技术主要包括聚合酶链式反应（PCR 技术）、核酸分子杂交、基因芯片技术、基因序列分析等。

聚合酶链式反应（PCR 技术）是一种用于放大扩增特定的 DNA 片段的分子生物学

技术，它可看作是生物体外的特殊 DNA 复制，PCR 技术的最大特点是能将微量的 DNA 大幅增加，通过温度变化控制 DNA 的变性和复性，加入设计引物、DNA 聚合酶、dNTP 等就可以完成特定基因的体外复制，具有特异性强、灵敏度高、简便、快速等特点。

### 三、动物疫病监测方案设计

动物疫病监测方案一般包括监测目的、监测性质、监测病例定义和指标、监测框架、监测数据分析、监测信息发布与使用权限等内容。

#### （一）监测目的

监测目的的设置一般以对养殖业生产安全或公共卫生安全危害严重或造成威胁的动物疫病为侧重点，根据动物疫病临床症状和流行病学资料来基本确定需要开展监测的动物疫病病种及所要采用的监测方法。

#### （二）监测性质

明确对动物是进行感染监测还是健康监测。感染监测是指对携带或感染病原微生物的动物进行确诊和调查；健康监测是指动物免疫抗体的检测，以确定其抗感染保护状态，为制定合理的免疫程序提供依据。

#### （三）监测病例定义和指标

监测病例是指在针对大规模的疫病监测时，通过取代完善准确的病原学诊断方法，确定一种稳定而简单的诊断标准来观察疫病的动态趋势情况下所确认的病例。病例定义是指把某个动物确定为病例的一套标准。

疫病监测指标分为直接指标和间接指标。直接指标包括发病数、死亡数、发病率、死亡率等统计数字，直接指标通常用于分析疫病流行程度和发展趋势，当直接指标不易获得时可采用间接指标反映实际情况。

#### （四）监测框架

监测框架主要包括监测方式、报告起始点、监测内容和原始报告、报告及时性要求、报告方式、报告流程及相关职责和权限等方面。当监测方式涉及实验室监测时，必须明确要求样品采集、保存与运输，实验室监测指标、方法、操作规程及判定标准，实验室人员资质，实验室监测设施设备、试剂耗材，实验室质量控制措施，检测结果评估等方面内容。

#### （五）监测数据分析

动物疫病监测数据分析主要包括分析疫病的三间（时间、空间、群间）分布及其影响因素，同时还应考虑数据的体现和展示的方式。

监测数据的统计描述主要包括比、比重、率等，其中常见疫病频率的计算又包括发病率、累计发病率、死亡率、死淘率、病死率、流行率、感染率。

监测数据统计分析常用软件包括 EXCEL、SPSS 软件等，统计分析方法主要包括算术平均值和几何平均值、方差和标准差、抽样误差和标准误差、正态分布和偏态分布、t 分布、显著性水平等。

### （六）监测信息发布与使用权限

设计动物疫病监测方案时，应对监测信息的发布和使用权限做出明确的规定，包括监测数据可以展示的地方、原始数据和报告向谁开放、监测信息公布和反馈的范围等。

## 四、动物疫病监测布局

根据监测目的要求，动物疫病监测布局要遵循定点、定时、定量的原则。

### （一）定点

定点是指常规的动物疫病监测要在相对固定的点或区域内进行，固定点或区域在动物流行病学、畜禽养殖分布、地理环境和气候条件方面具有代表性，有助于掌握动物疫病的发生、发展规律，为开展动物疫情风险评估和预警预报提供科学依据。

### （二）定时

定时是指动物疫病监测工作要根据动物疫病的流行季节和特点、畜禽的生产周期变化、动物疫病防治工作的总体安排等因素确定动物疫病监测的最佳时间和频次，保证监测的结果真实客观地反映动物疫病的发生、发展情况和动物疫病的防控状况。

### （三）定量

定量是指监测的样本数量要达到满足生物学统计分析、反映动物疫病发生情况及动物免疫状况的基本监测数量的要求，确保不会因为监测数量太大或太小导致监测结果不够准确和客观。

# 第六章　消毒技术

## 第一节　消毒作用原理

消毒的原理就是改变微生物赖以生存的环境，使微生物的内外结构发生改变，使其丧失正常的代谢机能，生长繁殖受阻，从而丧失生物活性，失去感染宿主的能力。

### 一、病原微生物胞膜通透性的改变

细胞膜具有控制物质进出细胞的功能，它也将细胞内环境与外界环境隔开，保障细胞内部环境处于相对稳定的状态。表面活性剂、酚类及醇类作用于细胞膜，可导致胞膜上的分子排布发生改变，结构受到破坏，并干扰其正常功能。物质进出失去调控，使小分子代谢物质溢出胞外，影响细胞信息传递和物质、能量代谢，甚至引起细胞破裂，最终出现失活死亡。

### 二、病原微生物酶系统的破坏

酶是具有高度特异性和高效催化作用的蛋白质或 RNA。它的效能决定于酶分子的一级结构及空间结构的完整性。如果酶分子发生变性或亚基解聚均可使酶活性丧失，使生命体失去生长繁殖的能力。许多消毒剂通过破坏微生物的酶系统，使微生物的代谢受阻，起到杀灭病原微生物的作用。

### 三、病原微生物蛋白质的凝固、变性

蛋白质是有机大分子物质，是生命体的物质基础，是生命活动的功能物质。它的空间构象、分子完整性与生命及与各种形式的生命活动息息相关。酸、碱和醇类等有机溶剂可扰乱多肽链的折叠方式，使蛋白构象发生改变，进而使蛋白发生不可逆的变性、凝固，结构蛋白和功能蛋白随之受到严重的破坏。

## 第二节 消毒种类

### 一、预防性消毒

对畜禽舍、场地、用具和饮水等，进行常规的定期消毒，一般每隔一两周一次，以达到预防一般传染病的目的。

### 二、紧急消毒

在疫情发生期间，对病畜禽圈舍、隔离场地、排泄物、分泌物及污染的场所、用具等及时进行消毒，视情况每天一次或隔两三天一次。其目的是消灭病畜禽排放到外界环境中的病原体，切断传播途径，防止传染病蔓延，直至解除封锁。

### 三、终末消毒

在全部病畜禽解除隔离、痊愈或死亡后，或者在疫区解除封锁之前，为了消灭疫区内可能残留的病原体进行全面彻底的大消毒。

## 第三节 消毒方法

### 一、机械清除法

用清扫、洗刷、通风换气等机械的方法清除病原体，是最常用、最基本的消毒方法。试验证明，清扫可使舍内细菌数减少20%左右，清扫后再用清水冲洗，舍内细菌可减少50%～60%，再用药液喷洒，舍内细菌可减少90%左右。为了避免尘土及微生物飞扬，清扫时先用水和消毒液喷洒，注意对场地和用具应及时清扫和洗刷，不留死角。另外，借助通风换气，经常地排出污浊气体和潮气，可排出一些病原微生物，改善舍内空气质量，减少呼吸道等疾病的发生。

## 二、物理消毒法

### （一）阳光、紫外线和干燥

阳光是天然、最经济的消毒剂。一般病毒和非芽孢性病原菌，在直射的阳光下几分钟至几小时可以杀灭，芽孢在阳光直射下 20 小时死亡。阳光的消毒能力受季节、时间、纬度、天气的影响。饲料、垫料、用具以及被污染的场地等可充分利用阳光消毒。

紫外线灯杀菌作用最强的波段是 250 ～ 270 纳米。房舍消毒每 10 ～ 15 平方米面积安装 1 支 30 瓦紫外线灯，离地面 2.5 米左右，灯管周围 1.5 ～ 2 米处为消毒有效范围。消毒时间为 1 ～ 2 小时。

干燥可抑制微生物的繁殖。

### （二）火焰或焚烧

火焰或焚烧可立即杀灭全部微生物。主要用于笼具等金属物品的消毒。对发生严重传染病时污染的垫草、粪便、病死畜禽尸体，死胚以及无利用价值的物品应烧毁。

### （三）煮沸

煮沸常用于玻璃、金属注射器及其他器皿，针头、木制品、工作服、帽等物品的消毒。一般煮沸 30 分钟，可杀死病原微生物和大多数芽孢。若加入 1% ～ 2% 的苏打、0.5% ～ 1% 的肥皂或苛性钠，1% 碳酸钠等碱性物质，可提高沸点，防止金属生锈，增强灭菌作用。

### （四）流通蒸汽

流通蒸汽又称间歇灭菌。利用蒸笼或流通蒸汽灭菌器进行消毒。一般蒸 30 分钟，每天 1 次，连续 3 天，即可杀灭全部细菌及芽孢。常用于生物制品及培养基的消毒。

### （五）高压蒸汽

利用高压灭菌器进行消毒。121℃维持 30 分钟可杀死全部细菌和芽孢。用于玻璃、金属器皿、器械、纱布、橡胶用品、针具、培养基、配制的化学试剂等的消毒。

### （六）巴氏消毒

巴氏消毒常用于啤酒、葡萄酒、鲜牛奶等食品的消毒。在 61 ～ 63℃加热 30 分钟，或 71 ～ 72℃加热 15 ～ 20 秒，然后迅速冷却至 10℃左右，可杀死全部病原菌，使细菌总数减少 90%。

### 三、化学消毒法

化学消毒法指使用化学消毒防腐剂进行消毒。

#### （一）消毒剂的种类

根据其化学结构不同，主要分为以下几类。

碱类：生石灰、氢氧化钠（火碱）、草木灰等。

酸类：醋酸、硼酸、水杨酸、苯甲酸、苹果酸、柠檬酸、甲酸、丙酸、丁酸、乳酸等。

醇类：乙醇（酒精）、苯氧乙醇、异丙醇等。

醛类：甲醛溶液（福尔马林）、多聚甲醛、戊二醛、乌洛托品等。

酚类：复合酚、煤酚（甲酚、来苏儿）、苯酚（石炭酸）、松节油、鱼石脂、复方煤焦油酸溶液、甲酚磺酸（煤酚磺酸）等。

卤素类：碘、铬合碘、聚维酮碘、碘伏、漂白粉、次氯酸钠、二氯异氰尿酸钠、氯胺类等。

过氧化物类：二氧化氯、高锰酸钾、过氧化氢（双氧水）、过氧乙酸、过氧戊二酸、臭氧等。

表面活性剂：单链季铵盐、双链季铵盐、苯扎溴铵（新洁尔灭）、氯己定（洗必泰）、癸甲溴氨溶液等。

气体：环氧乙烷。

重金属盐类：升汞、红汞、硫柳汞等。

染料类：甲紫（龙胆紫、结晶紫）、亚甲蓝等。

常用消毒剂介绍见表6-1。

表6-1 常用消毒剂的形状、性质、用途和用法

| 药名 | 形状与性质 | 用途及用法 |
|---|---|---|
| 氢氧化钠（火碱） | 白色棒状、块状、片状固体。易溶于水。易吸潮，对金属物品、动物机体有腐蚀性。对细菌繁殖体、芽孢、病毒均有较强杀灭作用，对寄生虫卵也有杀灭作用。 | 一般用含94%氢氧化钠的粗制烧碱，主要用于畜产品加工车间地面、养殖场空圈舍地面、墙壁、入口处、木制、乳胶制品的消毒。2%～4%用于细菌、病毒消毒；4%～5%溶液45分钟杀死芽孢。使用时用热水配制溶液，对畜禽圈舍和饲具消毒时需空圈或移出动物，间隔6～12小时后，用清水冲洗干净后，方可入舍。 |

续表

| 药名 | 形状与性质 | 用途及用法 |
|---|---|---|
| 氧化钙（生石灰） | 白色或灰白色块状，易吸水。与水混合，生成氢氧化钙，起到消毒作用。若存放过久，吸收了空气中的二氧化碳，变成碳酸钙，就失去了消毒作用。若直接将生石灰撒在干燥地面上，则起不到消毒作用。 | 主要用于通往养殖场和圈舍的路面、沟渠和粪尿的消毒，涂刷墙壁、圈栏等。消毒干燥物体必须配成10%～20%的生石灰乳才能使用。也可直接撒在潮湿地面、粪池周围比较经济、实用。要选用干燥、成块、质地良好的生石灰，且现用现配。 |
| 草木灰 | 效果同1%～2%的烧碱，杀菌力很强。 | 用于畜禽圈舍地面、墙壁、栏杆、用具及运动场地消毒。草木灰2公斤、水10升混合，煮沸30分钟至1小时，用麻袋等物滤过，备用。用时用2倍热水稀释。使用温度：50～60℃。 |
| 乙醇（酒精） | 无色透明液体，易挥发、易燃。 | 70%～75%用于注射部位皮肤、手和器械消毒。 |
| 福尔马林溶液（含36%～40%甲醛） | 无色有刺激性气味液体，有毒，36%甲醛，易生成沉淀，对细菌繁殖体及芽孢、病毒和真菌均有杀灭作用，广泛用于防腐。 | 1%～2%用于环境消毒，通常与高锰酸钾配合进行备舍熏蒸消毒。用量为甲醛每立方米25毫升，高锰酸钾12.5克，将甲醛倒入高锰酸钾中。若动物舍长度超过50米，应每隔20米放一个容器，所使用的容器必须是耐腐蚀的陶瓷或搪瓷制品。 |
| 戊二醛 | 无色油状体，味苦，有微弱甲醛气味，挥发慢，刺激性小，呈碱性。有强大的杀灭微生物作用。 | 2%水溶液，用0.3%碳酸氢钠调整pH在7.5～8.7范围可消毒，不能用于热灭菌的精密仪器、器材的消毒。 |
| 多聚甲醛（聚甲醛含甲醛91%～99%） | 为甲醛的聚合物，有甲醛气味，为白色疏松粉末，加热可释放出甲醛气体和少量水蒸气。 | 其气体和水溶液，均能杀灭各种类型病原微生物。加热80～100℃时即产生大量甲醛气体，呈现强大的杀菌作用。用于熏蒸消毒，用量为每立方米3～10克，消毒时间为6～10小时。 |
| 苯酚（石炭酸） | 白色针状结晶，弱碱性易溶于水、有芳香味。 | 杀菌力强，3%～5%用于环境与器械消毒，2%用于皮肤消毒。 |
| 煤酚皂（来苏儿） | 由煤酚和植物油、氢氧化钠按一定比例配制而成，无色，见光和空气变为深褐色，与水混合成为乳状液体。 | 1%～2%溶液用于体表、手指和器械消毒，5%溶液用于污物、环境等消毒。 |

续表

| 药名 | 形状与性质 | 用途及用法 |
|---|---|---|
| 复合酚 | 深红褐色黏稠液体,有特殊臭味。高浓度对纺织品有腐蚀性。不可与碱性药物或其他消毒剂混合使用。对细菌、霉菌、病毒、虫卵具有杀灭作用。 | 常用于猪、牛、羊等养殖场的圈舍、场地、排泄物、墙壁及运输工具、动物皮肤等的消毒,1:200用于预防或杀灭口蹄疫及烈性传染病;1:300用于常规消毒;1:300～1:500用于药浴或擦拭皮肤,防治猪、牛、羊螨虫等皮肤寄生虫病,效果明显。药浴一般25分钟,感染严重的1:300浓度,5天1次,连用3次即可。 |
| 碘酊(碘酒) | 碘的醇溶液,红棕色澄清液体,微溶于水,杀菌力强。 | 2%～5%用于皮肤消毒,10%作为皮肤刺激药,用于慢性腱鞘炎、关节炎等。 |
| 碘伏(络合碘、聚维酮碘) | 深棕红色,易溶于水。对皮肤、黏膜伤口无刺激性,无致敏性,不用脱碘。具有很强的杀灭细菌、病毒和霉菌的作用。在酸性环境中杀菌力更强。 | 用于鸡场等养殖场圈舍、环境、用具等的喷雾,浸泡、洗刷消毒。原液用于注射部位皮肤和黏膜、伤口、工作人员的手臂消毒,0.5分钟;可直接涂擦,治疗鸡痘、鸡癣和喉炎;1:20用于医疗器械消毒,浸泡10分钟;1:40灌洗用于产道净化、炎症治疗,每日2次,连续3天;1:400用于带畜舍环境喷雾、种蛋,宠物洗浴10～20分钟等。1:800饮水,能有效预防禽呼吸道疾病。 |
| 漂白粉 | 白色颗粒状粉末,有氯嗅味,久置空气中失效,大部分溶于水和醇。 | 5%～20%的悬浮液用于环境消毒,饮水消毒每50升水加1克;1%～5%的澄清液消毒食槽、玻璃器皿、非金属用具消毒等,宜现配现用。若水源被污染,每立方水体加漂白粉8～10克,充分搅匀,数日后方可使用。 |
| 二氯异氰尿酸钠 | 白色晶粉,有氯臭。室温下保存半年仅降低有效氯0.16%,是一种安全、广谱和长效的消毒剂,不遗留残余毒性。三氯异尿酸钠,其性质、特点和作用同二氯异氰尿酸钠基本相同。 | 一般0.5%～1%溶液可以杀灭细菌和病毒,5%～10%的溶液用作杀灭芽孢。环境器具消毒,0.015%～0.02%;饮水消毒,每升水4～6毫克,作用30分钟。本品宜现用现配三氯异尿酸钠消毒球虫卵囊,每10升水中加入10～20克。 |

续表

| 药名 | 形状与性质 | 用途及用法 |
|---|---|---|
| 二氧化氯 | 白色粉状物、无刺激、无残留、不产生耐药性。 | 可用于养殖场场地、用具的消毒，可以拌料消毒，杀灭饲料中的霉菌、虫卵及其他病原微生物。有效杀灭霉菌用量为每公斤饲料加1克、最好在饲喂当天拌料。1:500在室温下作用30分钟，能100%杀灭口蹄疫强毒；1:200在室温下作用30分钟能100%杀灭猪水泡病强毒；1:700作用5分钟，能100%杀灭禽流感病毒。在1000升饮水中添加3克，5分钟可100%杀灭水中微生物。<br>粉状二氧化氯还可代替甲醛、高锰酸钾，用于种蛋熏蒸消毒，用量为每立方米3～5克。<br>二氧化氯还有祛除畜舍中异味、净化空气、除藻、漂白等功效，是目前较理想的消毒剂。 |
| 高锰酸钾 | 紫黑色斜方形结晶或结晶状性粉末，无臭，易溶于水，低浓度可杀死多种细菌的繁殖体，高浓度（2%～5%）在24小时内可杀灭细菌芽孢，在酸性溶液中可以明显提高杀菌作用。 | 0.1%溶液可用于鸡的饮水消毒，杀灭肠道病原微生物；0.1%创面和黏膜消毒；0.01%～0.02%消化道清洗；用于体表消毒时使用的浓度为0.1%～0.2%。 |
| 过氧化氢（双氧水） | 无色透明，无异味，微酸苦，易溶于水，在水中分解成水和氧。可快速灭活多种微生物。 | 1%～2%创面消毒；0.3%～1%黏膜消毒。 |
| 过氧乙酸 | 无色透明酸性液体，易挥发，具有浓烈刺激性，不稳定，对皮肤、黏膜有腐蚀性。对多种细菌和病毒杀灭效果好。 | 0.5%～5%环境消毒，0.2%器械消毒；400～2000毫克/升，浸泡20～120分钟；0.1%～0.5%擦拭物品表面。 |
| 过氧戊二酸 | 有固体和液体两种。固体难溶于水，为白色粉末，有轻度刺激性作用。 | 2%器械浸泡消毒和物体表面擦拭，0.5%皮肤消毒。雾化气溶胶用于空气消毒。 |
| 臭氧 | 在常温下为淡蓝色气体，有鱼腥味，极不稳定，易溶于水。臭氧对细菌繁殖体、病毒真菌和枯草杆菌黑色变种芽孢有较好的杀灭作用，并可破坏肉毒杆菌毒素，对原虫和虫卵也有很好的杀灭作用。 | 1～10毫克/立方米用于室内空气消毒；0.1毫克/升用于水消毒净化，10毫克/升作为臭氧水消毒剂用于传染源污水消毒。 |

续表

| 药名 | 形状与性质 | 用途及用法 |
|---|---|---|
| 苯扎溴铵（新洁尔灭） | 无色或淡黄色透明液体，无腐蚀性，易溶于水，稳定耐热，长期保存不失效。对革兰氏阴性菌的杀灭效果比对革兰氏阳性菌强。不能杀灭病毒、芽孢、结核菌，易产生耐药性。 | 0.1%用于外科器械和皮肤消毒，1%用于手术部位消毒，0.01%～0.05%用于洗眼、阴道冲洗消毒，0.02%以下用于黏膜、创口消毒。 |
| 癸甲溴铵溶液（浓度为10%） | 微黄色橙明液体。易溶于水，无腐蚀性。稳定耐热，长期保存不失效。在指定浓度下使用，对人、畜禽安全，无刺激性、无毒、无害。消毒效果强大，使用范围广，不产生耐药性。 | 可用于养殖场所有场地及用具的消毒。1:600用于畜禽舍及带畜日常消毒；疫情期间1:200～1:400用于喷雾、洗刷、浸泡，饮水消毒，日常1:2000～1:4000可长期使用，疫情期间1:1000～1:2000连用7天。 |
| 硫柳汞 | 乳白至微黄色结晶性粉末，稍有特殊臭，遇光易变质，易溶于水、乙醇。有抑菌与抑霉菌作用。 | 0.01%用于生物制品作抑菌剂；0.1%用于皮肤或手术部位消毒。 |
| 甲紫（龙胆紫） | 深绿色块状，略溶于水，易溶于乙醇。 | 1%～3%溶液用于浅表创面消毒，防腐。 |

### （二）消毒剂的选择和使用

在诸多种类的消毒剂中，二氧化氯消毒剂是目前养殖业中较为理想的消毒剂，被世界卫生组织（WHO）和联合国粮农组织（FAO）推崇为 Al 级广谱、安全、高效、环保的第四代消毒剂。二氧化氯是强氧化类消毒剂，其杀菌效果是其他氯制消毒剂的 5～10 倍。它具有消毒、氧化、灭藻、漂白、除味、除垢、清洁、保鲜、降解毒素、絮凝沉淀等多重功效，广泛运用于饮用水处理、污水处理、食品保鲜、医疗卫生、公共场所环境消毒、空气净化、纸浆漂白、石油开采等多个领域中，适宜无公害及绿色畜产品生产、屠宰及加工企业使用。二氧化氯消毒剂在养殖业中的应用方法和功效简介如下。

①高效、无毒、安全。二氧化氯的杀菌机理是通过活化释放出游离态二氧化氯，游离态二氧化氯分子外围有一未成对电子——活性自由基，不稳定释放出新生态氧原子，具有强烈的双重氧化作用，能迅速氧化、破坏病原微生物蛋白质中的氨基酸和细胞酶，同时二氧化氯对细胞壁还具有很强的吸附和穿透能力，可导致细胞迅速死亡。具有杀灭病毒、细菌、真菌孢子和芽孢的作用。适用 pH 范围广（2～10），药效具有缓释作用，杀菌作用持续时间长。温度升高，杀菌能力增强。不会对人体和动物产生不良影响，对皮肤也无致敏作用。同时不产生"三致（致癌、致畸、致突变）作用"的有机氯化物或

其他有毒类物质，无药物残留。

②除臭、除藻、脱色。对畜舍内和粪便产生的有害气体，如氨气、硫化氢、三甲胺、甲硫醇等，有显著的降解作用。原理是 $ClO_2$ 能与这些物质发生脱水反应，使其迅速氧化为其他物质；能阻止蛋氨酸分解成乙烯，也能破坏已形成的乙烯，延缓腐烂。能控制产生异味的放线菌。二氧化氯还可有效地控制藻类繁殖，原理是它对叶绿素的吡咯环有一定的亲和性，会氧化叶绿素，生成无臭无味的产物。二氧化氯能将染料中的发色集团和助色集团氧化破坏，从而达到脱色的目的，解决了养殖生产中舍内有害气体应激的难题。

③环境消毒。带畜禽喷淋消毒日常用量为 100～200 毫克 / 升水（有效含量），疫情期为 200～300 毫克 / 升水。

④饮水消毒。对畜禽饮用水进行消毒、沉淀和净化，并能对储水池和输水管道起到很好的除垢作用，用量为 3～5 毫克 / 升（有效含量）。

⑤熏蒸消毒，可替代对人畜毒性大、环境污染严重的甲醛、高锰酸钾熏蒸消毒，用于种蛋、孵化箱、畜舍的日常消毒，用量为 200 毫克 / 立方米空间（有效含量）。

⑥添加饲料、用于饲料防霉和杀灭饲料中的病原微生物，用量为 60～70 毫克 / 公斤饲料（有效含量）。

### （三）影响消毒药物作用的因素及注意事项

1. 病原微生物类型

不同的菌种和处于不同状态的微生物，对同一种消毒药的敏感性不同，例如革兰氏阳性菌对消毒药一般比革兰氏阴性菌敏感；病毒对碱类很敏感，对酚类的抵抗力很大；适当浓度的酚类化合物几乎对所有不产生芽孢的繁殖型细菌均有杀灭作用，但对休眠期的芽孢作用不强；对细菌芽孢最有效的消毒药是甲醛，其次是戊二醛、盐酸。

2. 消毒药溶液的浓度和作用时间

当其他条件一致时，消毒药物的杀菌效力一般随着其溶液浓度的增加而增强，或者说，呈现相同杀菌效力所需的时间一般随着消毒药浓度的增加而缩短。为取得良好的消毒效果，应选择有效寿命长的消毒药溶液，并应选取其合适浓度和按消毒药的理化特性，达到规定的消毒时间。

3. 温度

消毒药的抗菌效果与环境温度呈正相关，即温度越高，杀菌力越强，一般规律是温度每升高 10℃时消毒效果增强约 1～1.5 倍。消毒防腐药抗菌效力的检定，通常都在 15～20℃气温下进行。对热稳定的药物，常用其热溶液消毒。

4. 湿度

消毒环境相对湿度对气体消毒和熏蒸消毒的影响十分明显，环境相对湿度一般应为 60%～80%。

5. pH

环境或组织的 pH 对有些消毒防腐药作用的影响较大。如戊二醛在酸性环境中较稳定，但杀菌能力较弱，当加入 0.3% 碳酸氢钠，使其溶液 pH 为 7.5～8.5 时，杀菌活性显著增强，不仅能杀死多种繁殖型细菌，还能杀死芽孢，因在碱性环境中形成的碱性戊二醛，易与菌体蛋白的氨基结合使之变性。含氯消毒剂作用的最佳 pH 为 5～6。以分子形式起作用的酚、苯甲酸等，当环境 pH 升高时，其分子的解离程度相应增加，杀菌效力随之减弱或消失；环境 pH 升高时可使菌体表面负电基团相应地增多，从而导致其与带正电荷的消毒药分子结合数量的增多，这是季铵盐类、氯己定、染料等作用增强的原因。

6. 有机物

消毒环境中的粪、尿等或创伤上的脓血、体液等有机物的存在，必然会影响抗菌效力。它们与消毒防腐药结合形成不溶性化合物，或者将其吸附、发生化学反应或对微生物起机械性保护作用。有机物越多，对消毒防腐药抗菌效力影响越大。这是消毒前务必清扫消毒场所或清理创伤的理由。

7. 水质硬度

硬水中的 $Ca^{2+}$ 和 $Mg^{2+}$ 能与季铵盐类、氯己定或碘类等结合形成不溶性盐类，从而降低其抗菌效力。

8. 配伍禁忌

实践中常见到两种消毒药合用，或者消毒药与清洁剂或除臭剂合用时，消毒效果降低，这是由于物理性或化学性配伍禁忌造成的。例如，阴离子清洁剂肥皂与阳离子清洁剂合用时，发生置换反应，使消毒效果减弱，甚至完全消失。又如，高锰酸钾、过氧乙酸等氧化剂与碘酊等还原剂之间可发生氧化还原反应，不但减弱消毒作用，更主要是会加重对皮肤的刺激性和毒性。

9. 其他因素

消毒物表面的形状、结构和化学活性，消毒液的穿透力、表面张力、湿度、消毒药的剂型以及在溶液中的解离度拮抗物质等，都会影响抗菌作用。

10. 带畜禽消毒

应选用对黏膜、皮肤无刺激的消毒药。在接种疫苗前后两三天，不能进行消毒。

11. 喷雾消毒

喷出的雾粒直径应控制在 80 ~ 120 微米。雾粒过大易造成喷雾不均匀和畜禽舍湿度过大，且在空中下降速度太快，与空气中的病原微生物、尘埃接触不充分，起不到应有的消毒效果；雾粒太小则易被畜禽吸入肺泡，诱发呼吸道疾病。

**（四）消毒剂配制方法**

药物浓度是决定消毒剂效力的首要因素。消毒、杀虫药物的原药和加工剂型，一般含纯浓度较高，用前需要进行适当稀释。只有合理计算并正确操作，才能获得准确的浓度和剂量，从而达到最好的消毒效果。

1. 药物浓度常用 3 种表示方法

（1）稀释倍数

这是制造厂商依其药剂浓度计算所得的稀释倍数，表示 1 份消毒液以若干份的水稀释而成，如稀释倍数为 1000 倍时，即在 1 升水中添加 1 毫升消毒液以配成消毒溶液。

（2）百分浓度（%）

每 100 份药物中含纯品（或工业原药）的份数。百分浓度又分重量百分浓度、溶量百分浓度和重量溶量百分浓度 3 种。

①重量百分浓度（W/W）即每 100 克药物中含某药纯品的克数。如 6.2% 稳定性二氧化氯粉剂中，指在 100 克稳定性二氧化氯粉含有效成分 6.2 克，通常用于表示该粉剂的浓度。

②溶量百分浓度（V/V）即每 100 毫升药物中含某药纯品的毫升数，如 70% 酒精溶液，指在 100 毫升酒精溶液中含纯酒精 70 毫升，通常用于表示溶质及溶剂的浓度。

③重量溶量百分浓度（W/V）即 100 毫升药物中含某药纯品的克数。如 4% 的火碱溶液，指在 100 毫升火碱溶液中含纯火碱 4 克。溶质为固体，溶液为液体时用此法。

（3）百万分浓度（ppm）

用溶质质量占全部溶液质量的百万分比来表示的浓度，也称百万分比浓度。ppm 就是百万分率或百万分之几，即一百万份（1 吨）消毒液中有效成分的份数。现根据国际规定百万分率已不再使用 ppm 来表示，而统一用微克 / 毫升或毫克 / 升或克 / 立方米或用 "‰" 来表示。ppm 换算成‰为：1ppm=0.001‰。

在配制 1ppm 浓度时，1 克（毫升）消毒剂（指纯量）加水至 1 吨（1000000 克）其计算公式是：每克消毒剂的加水量 =1000000× 消毒剂含量（%）→浓度（ppm）。

例如：需用 6.5% 的二氧化氯配制成 5ppm 的药液，用于畜禽饮水消毒，1 克二氧化氯需加多少克水呢？按计算公式计算如下。

加水量 =1000000×6.5%–5=13000（克）

即 1 克 6.5% 二氧化氯加水 13000 克（毫升），即可配制成 5ppm 的二氧化氯药液。

2. 药液稀释计算方法

（1）稀释浓度计算方法

药物总含量在稀释前与稀释后其绝对值不变，即浓药液容量 × 浓溶液浓度＝稀溶液浓度 × 稀溶液容量。

另外，计算准确的药物稀释时要搅拌均匀，特别对黏度大的消毒剂在稀释时更应注意搅拌成均匀的消毒液，否则，计算得再准确，也不能保证好的效果。

（2）稀释倍数计算方法

稀释倍数是指原药或加工剂型同稀释剂的比例，它一般不能直接反映出消毒、杀虫药物的有效成分含量，只能表明在药物稀释时所需稀释剂的倍数或份数，如高锰酸钾 1:800 倍稀释。稀释倍数计算公式有以下两种。

由浓度比求稀释倍数：稀释倍数 = 原药浓度 / 使用浓度。

稀释剂的用量如稀释在 100 倍以下时，等于稀释倍数减 1；如稀释倍数在 100 倍以上，等于稀释倍数。如稀释 50 倍，则取 1 公斤药物加水 49 升（即 50–1=49）。

由重量比稀释倍数：稀释倍数 = 使用药物重量 / 原药物重量。

## 四、生物消毒法

利用微生物发酵嗜热细菌繁殖产生的热量杀灭病原微生物。一般用于粪便、垫料等杂物的消毒。动物粪便是最危险的传染源，粪便及垫料的无害化处理不容忽视，应随时清理，切忌随处乱堆乱流。可采取沼气、生物堆积发酵法处理。

生物发酵具体方法和应注意事项：粪堆高或坑深 1.2 米左右，长度以粪的多少而定；粪内掺 10% 的稻草或杂草有利于发酵；粪便不能太干，以含水 50% ～ 70% 为宜；堆粪要疏松，不要夯压；然后再盖 10 厘米厚的泥土；堆肥时间要足够，夏季需 1 个月，冬季需 2 ～ 3 个月。热发酵后可增加肥效，是极好的有机肥。

# 第七章　主要动物疫病防控技术

## 第一节　猪病

### 一、非洲猪瘟

非洲猪瘟是由非洲猪瘟病毒感染家猪和野猪引起的一种急性、出血性、烈性传染病。世界动物卫生组织（WOAH）将其列为法定报告动物疫病，我国将其列为一类动物疫病。非洲猪瘟不传染人，但对猪来说是非常致命的。

（一）诊断要点

现场如果发现尸体解剖的猪出现脾和淋巴结严重充血，形如血肿，则可怀疑为非洲猪瘟。

1. 流行特点

猪与野猪对本病毒都具有自然易感性，各品种及不同阶段、年龄的猪群皆具有易感性。

2. 临床症状

潜伏期一般为 5 ～ 19 天，临床试验感染则为 2 ～ 5 天，发病时体温升高至 41℃，约持续 4 天，直到死前 48 小时开始显现出体温下降的特征，同时临床症状直到体温下降才显示出来，故与猪瘟体温升高时症状不同。最初 3 至 4 日发热期间，猪只食欲极度脆弱，猪只躺在舍角，强迫赶起要它走动，则显示出极度累弱，尤其后肢更甚，脉搏动快，咳嗽，呼吸快约三分之一，显呼吸困难，浆液或黏液脓性结膜炎，有些毒株会引起带血下痢，呕吐，血液变化似猪瘟，从 3 至 5 个病例中，显示 50% 的白细胞数减少，淋巴细胞也同样减少，体温升高时发生白细胞性贫血，至第 4 日白细胞数降至 40% 才不下降，还会出现未成熟中性球数增加现象，往往发热后第 7 天死亡，或症状出现仅 1 至 2 天便死亡。

3. 剖检变化

在耳、鼻、腋下、腹、会阴、尾、脚无毛部分呈界线明显的紫色斑，耳朵紫斑部分常肿胀，中心深暗色分散性出血，边缘褪色，尤其在腿及腹壁皮肤肉眼可见到。显微镜观察可见，在真皮内小血管处，尤其在乳头状真皮处呈严重的充血和肉眼可见的紫色斑，血管内发生纤维性血栓，血管周围有许多嗜酸球，耳朵紫斑部分上皮基层组织内，可见到血管血栓性小坏死现象，切开胸腹腔、心包、胸膜、腹膜上有许多澄清、黄或带血色液体，尤其在腹部内脏或肠系膜上表部分，小血管受到影响更甚，于内脏浆液膜可见到棕色转变成浅红色瘀斑，即所谓的麸斑，尤其于小肠更多，直肠壁深处有暗色出血现象，肾脏有弥漫性出血情形，胸膜下水肿特别明显，并出现心包出血现象。

在淋巴结有罕见的某种程度出血现象，上表或切面似血肿结节较淋巴结多。

脾脏肿大，髓质肿胀区呈深紫黑色，切面突起，淋巴滤胞小而少，有7%猪脾脏发生小而暗红色突起三角形栓塞情形。

循环系统：心包液特别多，少数病例中呈混浊状且含有纤维蛋白，但多数心包下及次心内膜充血。

呼吸系统：喉、会厌有瘀斑充血及扩散性出血，比猪瘟更甚，瘀斑发生于气管前三分之一处，镜检下，肠有充血而没有出血病灶，肺泡则呈现出血现象，淋巴细胞破裂。

肝：肉眼检查显正常，充血暗色或斑点大多异常，近胆部分组织有充血及水肿现象，小叶间结缔组织有淋巴细胞、浆细胞及间质细胞浸润，同时淋巴细胞核破裂为其特征。

（二）防控方法

由于在世界范围内没有研发出可以有效预防非洲猪瘟的疫苗，但高温、消毒剂可以有效杀灭病毒，所以做好养殖场生物安全防护是防控非洲猪瘟的关键。

①严格控制人员、车辆和易感动物进出养殖场；进出养殖场及其生产区的人员、车辆、物品要严格落实消毒等措施。

②尽可能封闭饲养生猪，采取隔离防护措施，尽量避免与野猪、钝缘软蜱接触。

③严禁使用未经高温消毒的餐厨废弃物饲喂生猪。

④积极配合当地动物疫病预防控制机构开展疫病监测排查，特别是发生猪瘟疫苗免疫失败、不明原因死亡等现象时，应及时报告。

## 二、口蹄疫

口蹄疫是由口蹄疫病毒引起的一种急性、热性、高度接触性传染病。其特征表现为口腔黏膜、蹄部及乳房皮肤发生水泡和溃烂。猪病以蹄部水泡为主要特征，甚至出现跛行，仔猪易感且死亡率高。口蹄疫发病率高、传播快，对养猪业危害极大。

## （一）诊断要点

### 1. 流行特点

口蹄疫是一种传染性极强的传染病，流行迅速，其传播可呈现跳跃式流行，发生没有严格的季节性。

口蹄疫可侵害多种动物，主要为偶蹄兽。病猪是最危险的传染源。在症状出现前，从病猪体内开始排出大量病毒，发病期排毒量最多，恢复期排毒量逐渐减少。病毒随分泌物和排泄物同时排出。水泡液、水泡皮、奶、尿、唾液及粪便含毒量较多，毒力也较强，具有高度传染性。病毒常借助直接接触方式传播，通过各种媒介物的间接接触传播也非常普遍。消化道是最常见的感染途径。空气也是口蹄疫的重要传播媒介。

### 2. 临床症状

口蹄疫潜伏期 1 ～ 2 天，发病猪以蹄部水泡为特征，病初体温升高至 40 ～ 41℃，精神不振，食欲减少或废绝。口黏膜形成小水泡或糜烂。蹄冠、蹄叉、蹄踵等部位局部发红，微热，敏感等，不久形成米粒大、蚕豆大水泡，水泡破裂后表面出血，形成糜烂。如有继发感染，蹄壳可能脱落；病猪跛行，常卧地不起；病猪鼻盘、口腔、齿龈、舌、乳房（主要是哺乳母猪）也可见到水泡和烂斑；仔猪可能因肠炎和心肌炎死亡。

### 3. 剖检变化

口蹄疫除口腔、蹄部的水泡和烂斑外，在咽喉、气管、支气管和前胃黏膜有时可见到圆形烂斑和溃疡，真胃和肠黏膜可见出血性肠炎。心包膜有弥散性、点状出血点，心肌松软，心肌切面有灰白色或淡黄色斑点或条纹，好似虎皮斑纹，故称"虎斑心"。

## （二）防治方法

### 1. 综合性措施

多采取以检疫诊断为主的综合性防治措施，一旦发现疫情，立即进行封锁、隔离、检疫、消毒等措施，迅速通报疫情，查源灭源，对猪群进行紧急预防接种，并及时拔除疫点。

### 2. 免疫接种

用于口蹄疫预防的疫苗有灭活疫苗和合成肽疫苗 2 类。免疫主要分常规免疫和紧急接种 2 种。常规免疫最理想的是根据监测结果，制订合理免疫程序进行免疫。在发生疫情时，在常规免疫的基础上需要对疫区和受威胁区内的健康家畜进行紧急接种疫苗，以抵抗环境中可能大量存在的病毒侵袭。

### 3. 治疗

国家对口蹄疫的管理按照一类烈性传染病管理，禁止进行治疗。发生疫情采取扑杀病畜、彻底拔除疫点的方式控制疫病传播。

## 三、猪水泡病

猪水泡病又称猪传染性水泡病，是由肠道病毒属的病毒引起的一种急性、热性、接触性传染病。以流行性强，发病率高，蹄部、口部、鼻端和腹部、乳头周围皮肤和黏膜发生水泡为特征，在症状上与口蹄疫极为相似。从临床角度看，猪水泡病一般只对猪的肥育计划产生轻微的影响，但本病的症状与口蹄疫的症状很难区别，从而妨碍了猪和猪产品的流通与国际贸易。

### （一）诊断要点

1. 流行特点

本病的发生无明显的季节性，呈地方流行性。由于传播不如口蹄疫病毒快，所以流行较缓慢，不呈席卷之势。消毒药以 5% 氨水、10% 漂白粉液、3% 福尔马林和 3% 的热氢氧化钠溶液效果较好。本病在自然流行中，仅发生于猪，各种年龄、性别、品种的猪均可感染，牛、羊等家畜不发病，人类有一定易感性。病猪、潜伏期的猪和病愈带毒猪是本病的主要传染源，通过粪、尿、水泡液、奶排出病毒。被病毒污染的饲料、垫草、运动场和用具以及接触本病的饲养员等往往是本病的传播媒介。本病主要通过直接接触和消化道传播。

2. 临床症状

首先观察到的是猪群中个别猪发生跛行，在硬质地面上行走则较明显，并且常弓背行走，有疼痛反应，或卧地不起，体格越大的猪越明显。体温一般上升 2 ~ 4℃。损伤一般发生在蹄冠部、蹄叉间，可能是单蹄发病，也可能多蹄都发病。皮肤出现水泡与破溃，并可扩展到蹄底部，有的伴有蹄壳松动，甚至脱壳。水泡及继发性溃疡也可能发生在鼻镜部、口腔上皮、舌及乳头上。一般接触感染经 2 ~ 4 天的潜伏期出现原发性水泡，5 ~ 6 天出现继发性水泡。猪一般 3 周即可恢复到正常状态。发病率在不同暴发点差别很大，有的不超过 10%，但也有的达 100%。死亡率一般很低。对哺乳母猪进行感染实验，其哺育仔猪的发病率和死亡率均很高。有临诊症状的感染猪和与其接触的猪都可产生高滴度的中和抗体，并且至少可维持 4 个月之久。

潜伏期 2 ~ 4 天，有的可延长至 7 ~ 8 天。病初体温升高至 40 ~ 42℃，在蹄冠、趾间、蹄踵出现一个或几个黄豆至蚕虫大的水泡，继而水泡融合扩大，充满水泡液，经 1 ~ 2 天后，水泡破裂形成溃疡，真皮暴露，颜色鲜红。由于蹄部受到损害，病猪行走

动物疫病防控政策技术辅导读物

出现跛行。在有些病例中，由于蹄部继发细菌感染，局部化脓，可造成蹄壳脱落，不能站立。在蹄部发生水泡的同时，有的病猪在鼻端、口腔和母猪乳头周围出现水泡。一般经10天左右可以自愈，但初生仔猪可造成死亡。水泡病发生后，约有2%的猪发生中枢神经系统紊乱，表现向前冲，转圈运动，用鼻摩擦猪舍用具，有时有强直性痉挛。临床症状可分为典型型、温和型和隐性型。

（1）典型型

主要表现为病猪的趾、附趾的蹄冠以及鼻盘、舌、唇和母猪乳头发生水泡。早期症状为上皮苍白肿胀，在蹄冠的角质与皮肤结合处首先见到，36～48小时后，水泡明显凸出，里面充满水泡液，很快破裂，但有时水泡会维持数天。水泡破裂后形成溃疡，真皮暴露，颜色鲜红。病变严重时蹄壳脱落。部分猪的病变部位因继发细菌感染而形成化脓性溃疡。由于蹄部受到损害，蹄部有痛感而出现跛行。有的猪呈犬坐式或躺卧地下，严重者用膝部爬行。体温升高至40～42℃，水泡破裂后体温下降至正常。病猪精神沉郁、食欲减退或停食。在一般情况下，如无并发其他传染病者不引起死亡，初生仔猪可造成死亡。病猪康复较快，病愈后2周，创面可痊愈，如蹄壳脱落，则相当长时间后才能恢复。病猪水泡病发生后，约有2%的猪发生中枢神经系统紊乱，表现向前冲，转圈运动，用鼻摩擦、咬啃猪舍用具，眼球转动，有时出现强直性痉挛。

（2）温和型

只见少数病猪出现水泡，传播缓慢，症状轻微，往往不容易被察觉。

（3）隐性型

感染后不表现症状，但感染猪能排出病毒，对易感猪有很大的危险性。

3.病理变化

水泡性损伤是猪水泡病最典型和具代表性的病理变化。其他病理变化诸如脑损伤等均无特征性。一般认为感染主要经过两个途径，一是从污染的场地通过有外伤的皮肤直接侵入上皮组织，增殖后的病毒通过血液循环到达其他易感部位而产生病变。另一途径是经口进入消化道，通过消化道上皮和黏膜侵入病毒，经血液循环到达易感部位，从而发生水泡性损伤及非化脓性脑脊髓炎等病变。

特征性病变在蹄部、鼻盘、唇、舌面，有时在乳房出现水泡。个别病例在心内膜有条状出血斑，其他脏器无可见的病理变化。组织学变化为非化脓性脑膜炎和脑脊髓炎病变，大脑中部病变较背部严重。脑膜含大量淋巴细胞，血管嵌边明显，多数为网状组织细胞，少数为淋巴细胞和嗜伊红细胞。脑灰质和白质发现软化病灶。

病毒侵入猪体，扁桃体是最易受害的组织。皮肤、淋巴结和侧咽后淋巴可发生早期感染。原发性感染是通过损伤的皮肤和黏膜侵入体内经 2～4 天在入侵部形成水泡，以后发展为病毒血症。病毒到达口腔黏膜和其他部分皮肤形成次发性水泡。本病毒对舌、鼻盘、唇、蹄的上皮、心肌、扁桃体的淋巴组织和脑干均有很强的亲和力。

（二）防治方法

预防本病的重要措施是防止本病传入。因此，在引进猪和猪产品时，必须严格检疫，做好日常消毒工作，对猪舍、环境、运输工具用有效消毒药（如 5% 氨水、10% 漂白粉、3% 福尔马林和 3% 的热氢氧化钠等溶液）进行定期消毒。在本病常发地区进行免疫预防，用猪水泡病高免血清进行被动免疫有良好效果，免疫期达 1 个月以上。目前使用的疫苗主要有鼠化弱毒疫苗和细胞培养弱毒疫苗，前者可以和猪瘟兔化弱毒疫苗共用，不影响各自的效果，免疫期可达 6 个月；后者对猪可能产生轻微的反应，但不引起同居感染，是目前安全性较好的弱毒苗。除此之外还有灭活疫苗，主要是细胞灭活疫苗，该疫苗安全可靠，注射后 7～10 天产生免疫力，保护率在 80% 以上，注射后 4 个月仍有较强的免疫力。

发生本病时，要及时报告，对可疑病猪进行隔离，对污染的场所、用具严格消毒，粪便、垫草等堆积发酵消毒。确认本病时，疫区实行封锁，并控制猪及猪产品出入疫区。必须出入疫区的车辆和人员等要严格消毒。扑杀病猪并进行无害处理。对疫区和受威胁区的猪，可进行紧急接种。猪水泡病可感染人，常发生于与病猪接触的人或从事本病研究的人员，因此应当注意个人防护，以免受到感染。

疫区和受威胁区要定期进行预防注射，待患病猪水泡破后，用 0.1% 高锰酸钾或 2% 明矾水洗净，涂布紫药水或碘甘油，数日可治愈。试验证明，以二氯异氰尿酸钠为主剂的复方含氯制品"抗毒威""强力消毒灵"等对本病的消毒效果好，有效浓度为 0.5%～1%。

## 四、猪瘟

猪瘟俗称"烂肠瘟"，是由黄病毒科猪瘟病毒属的猪瘟病毒引起的一种急性、发热、接触性传染病，具有高度传染性和致死性。

（一）诊断要点

1. 流行特点

本病在自然条件下只感染猪，不同年龄、性别、品种的猪和野猪都易感，一年四季均可发生。猪病是主要传染源，病猪排泄物和分泌物，病死猪的脏器及尸体，急宰病猪的血、肉、内脏、废水、废料污染的饲料、饮水都可散播病毒，猪瘟的传播主要通过接触，经消化道感染。患病和弱毒株感染的母猪也可以经胎盘垂直感染胎儿，产生弱仔猪、死胎、木乃伊胎等。

2. 临床症状

该病潜伏期一般为 3 ～ 10 天，根据临床症状可分为最急性型、急性型、亚急性型、慢性型 4 种。

（1）最急性型

最急性型多发生于疫情初期，突然发病死亡，无明显症状。

（2）急性型

急性型病程为 7 ～ 14 天，病猪高稽留热，体温可升到 41 ～ 42℃，表现为精神沉郁、采食减少，行动缓慢，呕吐，便秘，腹部、鼻端、四肢内侧、耳尖等处皮肤常有出血点或发绀，公猪会出现包皮炎，母猪会出现流产等症状。

（3）亚急性型

亚急性型病程多为 20 ～ 30 天，整体症状与急性型基本相似，但总体程度较轻。

（4）慢性型

慢性型病程一般可长达 1 ～ 3 个月，表现为被毛粗乱、精神萎靡、体温不定等症状，病猪耐过后可能成为僵猪。

3. 剖检变化

最急性型剖检病猪整体无肉眼可见的明显变化。急性型剖检可见病猪全身淋巴结肿大出血，腹股沟、肠系膜等处淋巴结呈大理石样，肾脏出现"雀斑肾"。亚急性剖检可见全身出血性症状相对急性型较轻，但坏死性肠炎和肺炎变化明显。慢性型剖检可见回肠末端、盲肠和结肠出现伪膜性坏死、溃疡，呈纽扣状。

（二）防治方法

1. 综合性措施

坚持自繁自养，如果要引进新猪（包括精液），必须坚持引自阴性猪场，引进的种猪要先隔离观察 21 天，并进行猪瘟病毒检测，确定阴性后再混群饲养。

加强饲养管理，舍内定期消毒，粪便要在指定地点做生物发酵处理，出入猪场、猪舍要严格消毒，杜绝进舍参观。定期做猪瘟免疫抗体监测，种猪场应每月或每季采猪群总数的 10% 血样进行检测，及时进行疫苗补免和阳性猪的淘汰，净化猪群。

2. 免疫接种

在抗体检测的基础上，确定免疫时间、免疫日龄、免疫次数、免疫剂量，制定一个既能抵抗猪瘟临床感染，又能防止亚临床感染和阻止强毒在体内复制和散毒的免疫程序。猪瘟疫苗有细胞苗和组织苗2种，接种后5～7天产生免疫力，免疫期为1年以上。

3. 治疗

及时诊断，立即报告，病猪及可疑病猪应立即隔离饲养。发病猪舍、运动场、饲养管理用具等应进行全面消毒。粪尿及垫草等污物，堆积发酵后做肥料使用。无害化处理病死猪。

疫区的假定健康猪和受威胁地区的生猪用猪瘟弱毒疫苗进行紧急免疫接种，可有效减少新的病猪出现。同时，在饲料和饮水中加入抗菌药物，防止继发感染。

## 五、布鲁氏菌病

猪布鲁氏菌病是由布鲁氏菌引起的人兽共患的一种急性或慢性传染病。猪布鲁氏菌对人类具有很强的致病性，人是感染该病的重要传染源之一。因此，防治猪布鲁氏菌病对维护公共卫生安全具有重要意义。

（一）诊断要点

1. 流行特点

病猪或带菌猪是主要传染来源。病菌主要存在于被感染母猪的胎儿、胎衣、乳房及淋巴结中。病母猪流产时是最危险的时期，可从胎儿、胎衣、胎水、奶、尿、阴道分泌物中大量排出细菌，污染产房、猪圈及其他物品。流产母猪的乳汁也在一定时间内排菌。病公猪的精液中也可有病原体，随精液传播疾病，这对公猪传播本病来说更为重要。母猪较公猪易感；幼龄猪只对本病有一定抵抗力，随着年龄增长易感性增高，性成熟后对本病很易感。5月龄以下的猪对本病有一定的抵抗力。

2. 临床症状

母猪主要症状是流产，大多发生在怀孕的第30～50天或80～110天。在妊娠的2～3周早期流产时，胎儿和胎衣多被母猪吃掉，常不被发现。流产前可见母猪精神沉郁，阴唇和乳房肿胀，有时可见从阴道流出分泌物，也有流产前见不到明显的症状。流产的胎儿大多为死胎，并可能发生胎衣不下及子宫炎，影响配种。有的病猪产出弱胎或木乃伊胎。流产后从阴道排出黏性红色分泌物，大多经8～10天可消失。流产后又可怀孕，重复流产的较少见。新受感染的猪场，流产数量较多。

公猪主要症状是睾丸炎和附睾炎，一侧或两侧无痛性肿大，有的极为明显；有的症状较急，局部有热痛，并伴有全身症状；有的病猪睾丸发生萎缩、硬化，性欲减退，丧失配种能力。

无论公、母猪都可能发生关节炎，大多发生在后肢，偶见于脊柱关节，可使病猪后肢麻痹；局部关节肿大、疼痛，关节囊内液体增多，出现关节僵硬，跛行。

3. 剖检变化

流产胎儿的状态不同，有的为木乃伊胎，有的为弱仔或健活，死亡胎儿可见浆膜上有絮状纤维素分泌物，胸、腹腔有少量微红色液体及混有纤维素。胃内容物有黄色或白色混浊的黏液，并混有小的絮状物。有的黏膜上见有小出血点。流产的猪胎衣充血、出血和水肿，表面覆盖淡黄色渗出物，有的还可见坏死。

母猪子宫黏膜充血、出血和有炎性分泌物，约 40% 患病母猪的子宫黏膜上有许多如大针头帽至粟粒大的淡黄色小结节，质硬，切开可见少量化脓或干酪样物质；有的可见小结节互相融合成不规则的斑块，使子宫壁变厚和内腔狭窄，常称为粟粒性子宫布鲁氏菌病。公猪的睾丸及附睾常见炎性坏死灶，鞘膜腔充满浆性渗出液；慢性者睾丸及附睾结缔组织增生、肥厚及粘连。精囊可能有出血及坏死灶。公猪睾丸及附睾肿大，切开见有豌豆大小的化脓和坏死灶、化脓灶，甚至有钙化灶。病猪还常见有关节炎，主要侵害四肢较大的复合关节。滑液囊有浆液和纤维素，重时有化脓性炎症和坏死，甚至还见脊柱、管骨的炎症或脓肿。淋巴结、肝、脾、肾、乳腺等也可能见到结节病变。

（二）防治方法

1. 综合性措施

坚持自繁自养的原则，防止从外部引入病猪。若必须从外部引进种猪时，应从无此病地区购买，且要进行检测，购进后隔离观察 2 个月，再进行检测，确定健康后方可并群饲养。同时，要防止运入被污染的畜产品和饲料。每年定期对猪群进行监测，以便及时发现病猪。若有原因不明的流产时，必须严格隔离流产母猪，对流产胎儿及胎衣要进行检测，严格消毒处理，对流产猪只做血清学检查，直到证明为非布鲁氏菌病流产时，才能取消隔离。

2. 疫苗接种

布鲁氏菌病是兼性细胞内寄生菌，致使化学药物治疗无效，对病畜一般不治疗，而采取扑杀病畜等措施。疫苗接种是控制本病的有效措施，我国用于预防布鲁氏菌病的是猪种布鲁菌弱毒 S2 株制成的活疫苗。本疫苗适于口服免疫或肌内注射。

### 六、猪繁殖与呼吸综合征

猪繁殖与呼吸综合征是由猪繁殖与呼吸综合征病毒引起，以母猪繁殖障碍、早产、流产、死胎、木乃伊胎及仔猪呼吸综合征为特征的高度接触性传染病。按临床表现的不同，猪繁殖与呼吸综合征可分为经典型和高致病性型。高致病性型以高度接触性传播、体温升高、肺部实变和母猪繁殖障碍为特征，仔猪、育肥猪和成年猪均可发病和死亡，其中仔猪发病率可达 100%、死亡率可达 50% 以上，母猪流产率可达 30% 以上。

#### （一）诊断要点

**1. 流行特点**

本病一年四季均可发生，但多在高温高湿季节流行。病猪和带病毒猪是本病主要的传染源。病猪的飞沫、唾液、粪便、尿液、血液、精液和乳汁等均含有病毒，耐过猪可长期带毒和不断向外排毒。本病传播迅速，主要经呼吸道感染，病毒也可通过胎盘垂直传播。饲养卫生条件差、气候恶劣、饲养密度大等可促进本病的流行。

**2. 临床症状**

本病潜伏期一般为 7～14 天。病猪体温明显升高，可达 41℃ 以上；食欲不振、厌食甚至废绝，精神沉郁、喜卧；皮肤发红，部分猪濒死期出现末梢皮肤发红、发紫（耳部蓝紫）眼结膜炎、眼睑水肿症状；出现咳嗽、气喘等呼吸道症状；有的病猪表现后驱无力、共济失调等神经症状；仔猪、育肥猪和成年猪均可发病、死亡，仔猪发病率可达 100%、死亡率可达 50% 以上，母猪流产率可达 30% 以上。

猪群感染后除疾病本身造成的危害外，更重要的是导致感染机体出现免疫抑制，致使很多其他病原体（圆环病毒、链球菌、副猪嗜血杆菌、猪瘟等）继发感染或混合感染，从而导致猪场死亡率较高，造成较大的经济损失。

**3. 剖检变化**

发病猪肺部实变，呈肝样肉变，多见于肺部尖叶、心叶和膈叶的近心端；部分急性病例脾脏边缘或表面可见梗死灶，肾表面可见针尖至米粒大出血点、斑，皮肤、扁桃体、心脏、膀胱、肝脏和肠道均可见点、灶状淤血、出血。非急性病例若无并发或继发感染，脾脏、淋巴结通常不肿，甚至轻度萎缩。

#### （二）防治方法

**1. 综合性措施**

主要采取综合防疫措施和对症疗法。最根本的办法是消除病猪、对带毒猪彻底消毒，切断传播途径。坚持自繁自养，如果要引进新猪（包括精液），必须坚持引自阴性猪场，引进的种猪要先隔离观察并进行病毒检测，确定阴性后再合群饲养。

2. 免疫接种

主要有弱毒疫苗和灭活疫苗。一般认为，弱毒活疫苗免疫效果较佳，在应用中既要强调效果，又要注意安全性，因此活疫苗多在受污染的猪场使用，阴性猪场一般不推荐使用弱毒活疫苗。灭活疫苗安全，但是免疫保护效果相对而言不太理想。

3. 治疗

本病目前尚无特效治疗药物，发病后应及时诊断，立即报告，立即隔离饲养，对发病猪舍、运动场、饲养管理用具进行全面消毒，粪尿及垫草等污物堆积发酵后作肥料利用，无害化处理病死猪。

## 七、伪狂犬病

伪狂犬病是由伪狂犬病毒引起的猪和多种动物的急性传染病，以发热、脑脊髓炎为特征。母猪感染后常发生流产等繁殖障碍，公猪常出现睾丸肿胀而失去种用能力。伪狂犬病对养猪业影响巨大，是出现在世界上多数养猪地区的一种重要疾病。

（一）诊断要点

1. 流行特点

猪是伪狂犬病毒的主要宿主，除猪外其他易感动物均以神经症状和死亡为特征。本病多发于寒冷季节，带病毒猪是主要传染源，病猪、隐性感染猪和康复猪均可长期带毒。伪狂犬病毒主要通过鼻对鼻直接或间接传播，也可在配种时经污染的阴道黏液和精液传播，以及妊娠时经胎盘传播；或通过接触鼠、猪、猫等其他动物尸体传播；在适合的环境下，病毒也可经气溶胶传播。

2. 临床症状

猪感染伪狂犬病毒，潜伏期为 1～11 天，一般为 2～6 天。成年猪一般为隐性感染，症状不明显；妊娠母猪感染伪狂犬病毒后常发生流产，产死胎、弱仔、木乃伊胎等症状。青年母猪和空怀母猪常出现发情而屡配不孕或不发情的现象；公猪常出现睾丸肿胀、萎缩，性功能下降而失去种用能力的现象；哺乳仔猪的症状表现为呼吸困难、体温升高达 41～42℃、流口水、磨牙、呕吐、腹泻、沉郁，大多随后兴奋不安、肌肉痉挛，运动失调或倒地抽搐，最后死亡。

3. 剖检变化

伪狂犬病毒感染一般无特征性病变。主要表现为鼻、咽喉、气管及扁桃体炎性出血、水肿，严重的有肺水肿；脑膜充血、出血、水肿，脑脊液增量。仔猪及流产胎儿的肝、脾表面可见黄白色坏死灶，肺和扁桃体有出血性坏死灶。流产母猪可能有轻度子宫内膜炎。患病公猪表现为阴囊水肿和渗出性鞘膜炎。

（二）防治方法

1. 综合性措施

强化生物安全措施，健全卫生消毒措施；坚持自繁自养，采取全进全出的养殖方式，防止交叉感染；严格执行灭鼠措施，禁止犬、猫等其他动物进入畜舍。

对于引进精液的猪场，对每批精液进行伪狂犬病病原检测，检测为阴性的方可用于配种。引进的猪只隔离饲养 14 天以上，无临床症状，经检疫合格后方能与本猪场混群饲养。

对感染伪狂犬病毒的猪群应及时淘汰阳性猪，对粪便、垫料、用具、猪舍和运输车辆及区域进行彻底消毒。

2. 疫苗接种

伪狂犬疫苗主要分为 3 种，分别是灭活疫苗、自然缺失弱毒活疫苗、基因工程缺失活疫苗。灭活疫苗无法激发细胞免疫，免疫效果相对较差，但安全性高。自然缺失弱毒活疫苗可在病毒潜伏组织中有限增殖，并可透过鼻腔和扁桃体有限排毒。这种"占位"作用，使弱毒疫苗能够更好地预防或减少潜伏感染。基因工程缺失的活疫苗可更有针对性地降低毒力和保持免疫原性。自然缺失弱毒活疫苗和基因工程缺失活疫苗都缺失 gE 基因，因此在临床上可对伪狂犬病毒野毒感染和疫苗免疫进行区分。

3. 治疗

本病尚无有效的治疗药物，紧急情况下可用高免血清治疗，可降低死亡率。利用伪狂犬弱毒疫苗对发病猪群进行紧急接种，可在较短时间内控制病情发展。

## 八、猪细小病毒病

猪细小病毒病又称猪繁殖障碍病，是由猪细小病毒引起的一种猪的繁殖障碍病，以怀孕母猪发生流产、产死胎、产木乃伊胎为特征，主要表现为胚胎和胎儿的感染和死亡，特别是初产母猪产出死胎、畸形胎和木乃伊胎，但母猪本身无明显的症状。

（一）诊断要点

1. 流行特点

各种不同年龄、性别的家猪和野猪均易感。传染源主要来自感染细小病毒的母猪和带毒的公猪，后备母猪比经产母猪易感染，病毒能通过胎盘垂直传播，而带毒猪所产的活猪可能带毒排毒时间长，甚至终生。感染种猪也是该病最危险的传染源，可在公猪的精液、精索、附睾、性腺中分离到该病毒，种公猪可通过配种传染给易感母猪，并使该病传播扩散。

2. 临床症状

猪群暴发此病时常与木乃伊胎、窝仔数减少、母猪难产和重复配种等临床表现有关。在怀孕早期（30～50天）感染，胚胎死亡或被吸收，使母猪不孕和不规则地反复发情。

怀孕早期（50～60天）感染，胎儿死亡之后，形成木乃伊胎，怀孕后期（60～70天以上）的胎儿有自身免疫能力，能够抵抗病毒感染，大多数胎儿能存活下来，但可长期带毒。

3. 剖检变化

病变主要出现在胎儿身上，可见感染胎儿充血、水肿、出血、体腔积液、脱水（木乃伊化）及坏死等病变。

（二）防治方法

1. 综合性措施

猪细小病毒对外界环境的抵抗力很强，要使一个无感染的猪场保持下去，必须采取严格的卫生措施，尽量坚持自繁自养，如需要引进种猪，必须从无细小病毒感染的猪场引进。引进种猪后严格隔离2周以上，当再次检测阴性时，方可混群饲养。对病死猪的尸体及污物、场地，要严格消毒，做好无害化处理工作。

发病猪场应特别防止小母猪在第一胎采食时被感染。可把后备猪配种期拖延至9月龄，此时母源抗体已消失，通过人工主动免疫使其产生免疫力后再配种。

2. 疫苗接种

使用疫苗是预防猪细小病毒病、提高母猪抗病力和繁殖率的有效方法。目前，疫苗有猪细小病毒病弱毒活疫苗和猪细小病毒病灭活疫苗。仔猪的免疫必须在母源抗体消失后进行。研究表明，母源抗体平均持续时间在21周左右。

## 九、猪丹毒

猪丹毒是猪丹毒杆菌引起的一种急性热性传染病，其主要特征为高热、急性败血症、皮肤疹块（亚急性）、慢性疣状心内膜炎及皮肤坏死与多发性化脓性关节炎（慢性）。本病呈世界性分布。

### （一）诊断要点

1. 流行特点

病猪和带毒猪是本病的传染源，3 月龄到 3 年的猪易感染本病，仔猪通过吮乳获得被动免疫，架子猪通过阴性感染或疫苗获得主动免疫，随着年龄的增长而易感性降低，但 1 岁以上的猪甚至老龄种猪和哺乳仔猪也有发生死亡的报告。猪丹毒一年四季都有发生，有些地方炎热多雨季节流行最盛；另一些地方不仅发生于夏季，就是冬春季节也可形成流行高峰。本病常为散发性或地方流行性传染，有时也暴发流行。

2. 临床症状

猪丹毒的临床症状通常可分为三类：急性型、亚急性型和慢性型。除此之外，可发生隐性感染，虽看不到急性病的症状，但可导致慢性猪丹毒。

（1）急性型

此型常见，以突然暴发、急性经过和高死亡率为特征。病猪精神不振、高烧不退、不食、呕吐，结膜充血，粪便干硬且附有黏液。小猪后期下痢。耳、颈、背皮肤潮红、发紫。临死前腋下、股内、腹内有不规则鲜红色斑块，指压褪色后融合一起。常于 3～4 天死亡。死亡率在 80% 左右，不死者转为疹块型或慢性型临床症状。

哺乳仔猪和刚断乳的小猪发生猪丹毒时，一般突然发病，表现为神经症状，抽搐，倒地而死，病程大多不超过 1 天。

（2）亚急性型（疹块型）

病较轻，头一两天在身体不同部位，尤其胸侧、背部、颈部至全身出现界限明显，圆形、四边形，有热感的疹块，俗称"打火印"，指压褪色。疹块凸出皮肤 2～3 毫米，大小一至数厘米，从几个到几十个，干枯后形成棕色痂皮。病猪口渴、便秘、呕吐、体温高。疹块发生后，体温开始下降，病势减轻，经几天至十几天，病猪自行康复。也有不少病猪在发病过程中，症状恶化而转变为败血症而死亡。病程 1～2 周。

（3）慢性型

由急性型或亚急性型转变而来，也有原发性，常见的有慢性关节炎、慢性心内膜炎和皮肤坏死等几种。

3. 病理变化

猪丹毒主要以急性败血症的全身变化和体表皮肤出现红斑为特征。在急性的猪丹毒病变中，肉眼病变包括弥漫性皮肤出血，肺部水肿；在心外膜和心房的肌肉组织可见瘀斑和斑点性出血，胃的浆膜出血，肾脏出血；脾呈樱红色，充血、肿大，有"白髓周围红晕"现象；肾的皮质部有斑点状出血。亚急性型猪丹毒以皮肤疹块为特征变化。慢性型关节炎表现为多发性关节炎，关节肿胀，有多量浆液性纤维素渗出液，渗出液黏稠或带红色，后期滑膜绒毛增生肥厚。

（二）防治方法

猪丹毒治愈率较高。将个别发病猪只隔离，同群猪拌料用药。在发病后 24 ～ 36 小时内治疗，疗效理想。首选药物为青霉素类（阿莫西林）和头孢类（头孢噻呋钠）。对该细菌应一次性给予足够药量，以迅速达到有效血药浓度。发病猪只隔离，注射阿莫西林 2 克 /50 公斤体重 + 清开灵注射液 20 毫升 /50 公斤体重，每日 1 次，直至体温和食欲恢复正常后 48 小时，药量和疗程一定要足够，不宜停药过早，以防复发或转为慢性。同猪群饲料用清开灵颗粒 1 公斤 / 吨、70% 水溶性阿莫西林 800 克 / 吨，拌料治疗，连用3 ～ 5 天。

如果生长猪群不断发病，则有必要采取免疫接种，选用二联苗或三联苗。为预防母源抗体干扰，一般 8 周以前不做免疫接种。

疫病流行期间，预防性投药，全群用清开灵颗粒 1 公斤 / 吨、70% 水溶性阿莫西林600 克 / 吨，均匀拌料，连用 5 天。

加强饲养管理，保持栏舍清洁卫生和通风干燥，避免高温高湿，加强定期消毒。

加强检疫工作，对购入新猪隔离观察 21 天，对舍（圈）、用具定期消毒。发生疫情隔离治疗、消毒。未发病猪用青霉素注射，每天 2 次，注射 3 ～ 4 天，以加强免疫。

## 十、猪肺疫

猪肺疫是由多种杀伤性巴氏杆菌所引起的一种急性以呼吸系统症候为主的传染病，俗称"锁喉风"。急性呈败血症变化，咽喉部肿胀，高度呼吸困难；慢性症状不明显，多为慢性肺炎、胃肠炎，病猪会逐渐消瘦，有时伴发关节炎。本病是猪的常见传染病，其中以 FO 型多杀性巴氏杆菌引起的散发性猪肺疫比较多见。

**（一）诊断要点**

1. 流行特点

各种年龄的猪都可感染发病。当猪处在不良的外界环境（如寒冷、闷热、气候剧变、多雨时期）中发病较多，多为散发，有时呈地方流行。一些诱发因素，如营养不良、寄生虫、长途运输、饲养管理条件不良等，可促进该病内源性传染发生。各年龄的猪均对本病易感，尤以中、小猪易感性较高。其他畜禽也可感染本病。最急性型猪肺疫常呈地方性流行；急性型和慢性型猪肺疫呈散发型，并且常与猪瘟、猪支原体肺炎等混合感染。

2. 临床症状

根据病程长短和临床表现，分为最急性型、急性型和慢性型。

（1）最急性型

最急性型俗称"锁喉风"。该型病例发病急，喉头水肿，呈败血症症状，迅速死亡。病程稍长者表现为体温升高到 41～42℃，食欲废绝，全身衰弱，卧地不起，或烦躁不安，心跳加快，呼吸高度困难，常呈犬坐姿势，伸长头颈，有时会发出喘鸣声，口鼻流出白色泡沫，有时带有血色。咽喉部和颈部发热、红肿、坚硬，严重者延至耳根、胸前，可见黏膜发绀，腹侧、耳根和四肢内侧皮肤出现红斑。一旦出现严重的呼吸困难，病情往往迅速恶化，很快死亡。死亡率高达 100%，自然康复者少见。

（2）急性型

本型最常见。表现为体温升高至 40～41℃，初期为痉挛性干咳，呼吸困难，口鼻流出白沫，有时混有血液，后变为湿咳。随病程发展，呼吸更困难，常呈犬坐姿势，胸部触诊有痛感。精神不佳，食欲不振或废绝，皮肤出现红斑，后期衰弱无力，卧地不起，多因窒息死亡。病程 5～8 天，不死者转为慢性。

（3）慢性型

慢性型主要表现为肺炎和慢性胃肠炎。时有持续性咳嗽和呼吸困难，有少许黏液性或脓性鼻液。关节肿胀，常有腹泻，食欲不振，营养不良，有痂样湿疹，发育停止，极度消瘦，病程 2 周以上，多数发生死亡。

3. 病理变化

（1）最急性型

全身黏膜、浆膜和皮下组织有出血点，尤以喉头及其周围组织的出血性水肿为特征。切开颈部皮肤，有大量胶冻样淡黄色或灰青色纤维性浆液。全身淋巴结肿胀、出血。心外膜及心包膜上有出血点。肺急性水肿。脾有出血但不肿大。皮肤有出血斑胃肠黏膜出血性炎症。

（2）急性型

除具有最急性型的病变外，其特征性的病变是纤维素性肺炎。主要表现为气管、支气管内有大量泡沫黏液。肺有不同程度肝变区，伴有气肿和水肿。病程长的肺肝变区内常有坏死灶，肺小叶间浆液性浸润，肺切面呈大理石样外观，胸膜有纤维素性附着物，胸膜与病肺粘连。胸腔及心包积液。

（3）慢性型

尸体极度消瘦、贫血。肺肝有肝变区，并有黄色或灰色坏死灶，外面有结缔组织，内含干酪样物质；有的形成空洞，与支气管相通。心包与胸腔积液，胸腔有纤维素性沉着，肋膜肥厚，常常与病肺粘连。有时在肋间肌、支气管周围淋巴结、纵隔淋巴结及扁桃体、关节和皮下组织见有坏死灶。

（二）防治方法

1. 综合性措施

根据本病传播特点，防治首先应增强机体的抵抗力。加强饲养管理，消除可能降低抗病能力因素和致病诱因，如圈舍拥挤、通风采光差、潮湿、受寒等。进行预防接种，是预防本病的重要措施，每年定期进行有计划的免疫注射。

发生本病时，应将病猪隔离、封锁、严格消毒。同栏的猪，用血清或用疫苗紧急预防。对散发病猪应隔离治疗，消毒猪舍。对新购入猪隔离观察1个月，无异常变化再合群饲养。

2. 治疗

最急性病例由于发病急，常来不及治疗，病猪已死亡。青霉素、链霉素和四环素族抗生素对猪肺疫都有一定疗效。抗生素与磺胺药合用，如四环素＋磺胺二甲嘧啶，泰乐菌素＋磺胺二甲嘧啶则疗效更佳。在治疗上要特别注意，本病的巴氏杆菌极易产生抗药性，因此有条件的应做药敏试验，选择敏感药物治疗。

## 十一、猪链球菌病

猪链球菌病是由多种致病性链球菌感染引起的一种人兽共患病，败血症、化脓性淋巴结炎、脑膜炎以及关节炎是该病的主要特征。

（一）诊断要点

1. 流行特点

猪链球菌病的流行无明显的季节性，一年四季均可发生，但以夏季多发，呈地方性流行，在新疫区呈暴发流行。猪链球菌病主要经呼吸道、消化道和损伤的皮肤感染，新生仔猪可经脐带感染。猪不分品种、年龄、性别均易感。猪链球菌 II 型可感染人并致死。猪链球菌病在养殖业发达的国家均有发生，在我国也属于常见病和多发病。

2. 临床症状

临床上，猪链球菌病主要表现为败血症型、脑膜炎型、关节炎型和淋巴结脓肿型。

（1）败血症型

败血症型主要常见于流行初期的最急性病例，发病急，病程短，病猪往往不见任何异常症状猪突然死亡。或突然减食或停食，精神委顿，体温升高到 41～42℃，呼吸困难，便秘，结膜发绀，卧地不起，口、鼻流出淡红色泡沫样液体，多在 6～24 小时内死亡。急性病例的病猪表现为精神沉郁，体温升高达 43℃，出现稽留热，食欲不振，眼结膜潮红，流泪，流浆液状鼻液，呼吸急促，间有咳嗽，颈部、耳郭、腹下及四肢下端皮肤呈紫红色，有出血点，出现跛行，病程稍长，多在 3～5 天内死亡。发病率一般在 30% 左右，死亡率可达 80%。

（2）脑膜炎型

脑膜炎型多发生于哺乳仔猪和断奶小猪，病初体温升高至 40.5～42.5℃，停食，便秘，有浆液性和黏性鼻液，会出现神经症状，表现为运动失调、盲目走动、转圈、空嚼、磨牙、仰卧、后驱麻痹，侧卧于地、四肢划动，似游泳状。急性型病猪多在 30～36 小时死亡；亚急性或慢性型病程稍长，主要表现为多发性关节炎，逐渐消瘦，衰竭死亡，或经治疗后康复。

（3）关节炎型

关节炎型主要由前两型转变而来，或者从发病起就表现为关节炎。病猪一肢或几肢关节肿胀、疼痛、跛行，不能站立，病程 2～3 周。

（4）淋巴结脓肿型

该型是由猪链球菌经口、鼻及皮肤损伤感染而引起。断奶仔猪和出栏育肥猪多见，传播较慢，发病率低，但猪群一旦出现病例则很难清除。主要表现为在颌下、咽部、颈部等处的淋巴结化脓和形成肿胀。受害淋巴结最初出现小脓肿，然后逐渐增大，感染后 3 周局部显著隆起，触诊坚硬、有热痛。病猪的采食、咀嚼、吞咽和呼吸均有障碍。脓肿成熟后，表皮坏死，破溃流出脓汁。脓汁排净后，全身症状显著减轻，肉芽组织生长结痂愈合。病程 3 ～ 5 周。

3. 病理变化

（1）急性败血型

血凝不良，皮肤有紫斑，黏膜皮下出血。鼻黏膜紫红色、充血及出血。喉头、气管充血，常见大量泡沫。肺充血肿胀。全身淋巴管有不同的肿大、充血和出血。心包积液，淡黄色，少数可见轻度纤维素性心包炎，心内膜有出血点。有的可见轻度的纤维素性胸膜炎。多数病例脾肿大，少数增大 1 ～ 3 倍，呈暗红色或紫蓝色，软而易脆裂。胃和小肠黏膜有不同程度的充血和出血。肾脏多轻度肿大、充血和出血。脑膜有不同程度的充血，有时出血。

（2）脑膜炎型

脑膜充血、出血，严重者溢血，少数脑膜下充满积液，脑切面可见有白质和灰质的明显的小点出血，其他与败血症变化相似。

（3）慢性型

心内膜炎时，心瓣增厚，表面粗糙，在心瓣上有菜花样赘生物，常见二或三尖瓣，有时还见于心房、心室和血管内。关节炎时，关节囊内外有黄色胶冻样液体或纤维素性脓性物质。

（二）防治方法

1. 综合性措施

加强饲养管理，畜舍定期消毒。猪只出现外伤及时进行外科处理，坚持自繁自养与全进全出，严格执行检疫隔离制度，及时淘汰带菌母猪。

猪链球菌流行的猪场可进行免疫接种，目前商品化的疫苗有猪链球菌弱毒疫苗和灭活疫苗。

2. 治疗

按不同病型进行相应治疗。对淋巴结脓肿，待脓肿成熟（变软）后及时切开，排出脓汁，用 30% 过氧化氢（双氧水）或 0.1% 高锰酸钾冲洗后，涂以碘酊。对败血症型或脑膜炎型，应早期大剂量使用抗生素或磺胺类药物。青霉素每头每次 40 万～ 100 万单位，每日肌肉注射 2 ～ 4 次。也可用乙酰环丙沙星治疗，2.5 ～ 10 毫克 / 公斤体重，每隔 12 小时注射 1 次，连用 3 天，能迅速改善症状，疗效明显优于青霉素。

## 十二、旋毛虫病

猪旋毛虫病是由旋毛形线虫寄生于猪的横纹肌而引起的一种线虫病，属人兽共患病。目前，已发现至少有 150 种动物可被该寄生虫感染。成虫一般寄生在宿主的小肠内，生命周期较短，一般引起宿主暂时性的肠胃炎等轻微症状；而幼虫移行于全身和寄生在随意肌时，会引发严重症状。

### （一）诊断要点

1. 流行特点

旋毛虫的发育不需要在外界进行，成虫和幼虫寄生于同一宿主，其先为终末宿主，后为中间宿主，但要延续生活史必须更换宿主。旋毛虫的发育经历如下过程。

宿主因摄食含有包囊幼虫的动物肌肉而感染，在胃蛋白酶的作用下，肌组织及包囊被溶解，从而释放出幼虫。幼虫进入十二指肠和空肠的黏膜细胞，在 48 小时内经 4 次蜕皮即可发育为性成熟的肠旋毛虫。雌雄成虫交配后，雄虫大多死亡，排出宿主体外。

2. 临床症状

旋毛虫对猪的致病力轻微，几乎无任何可见的症状，但对人危害较大，不但影响健康，还会造成死亡。当猪感染严重时，感染后 3 ~ 7 天，有食欲减退、呕吐和腹泻症状；感染后 2 周，幼虫进入肌肉引起肌炎，可见疼痛或麻痹、运动障碍、声音嘶哑、咀嚼与吞咽障碍、体温上升和消瘦，有时眼睑和四肢水肿，引起猪的死亡较少，多于 4 ~ 6 周康复。

3. 剖检变化

剖解见组织水肿和出血，主要在眼周围；肝、肺、心肌、肠黏膜、骨骼肌等有出血病变。旋毛虫幼虫移行进入肌细胞后，肌肉组织受损，受损的肌细胞发生结构变化，形成了在解剖结构上独立于其他肌细胞的营养细胞，即"保姆细胞"。成虫寄生于肠黏膜时，可引起宿主急性卡他性肠炎，导致腹痛或腹泻。

### （二）防治方法

大多数旋毛虫幼虫寄生于宿主的骨骼肌内形成包囊，易感动物吞食了含有包囊的组织而感染此病。因此，应加强诊断，及时发现病猪，通过实施综合管理措施阻断传播途径。目前，针对该病，暂无良好的药物治疗。

### 十三、猪圆环病毒病

猪圆环病毒在分类学上属圆环病毒科圆环病毒属，为已知的最小的动物病毒之一。现已知猪圆环病毒有 2 个血清型，即猪圆环病毒 1 型和猪圆环病毒 2 型。猪圆环病毒 1 型为非致病性的病毒，猪圆环病毒 2 型为致病性的病毒，猪对猪圆环病毒 2 型具有较强的易感性，感染猪可自鼻液、粪污等废物中排出病毒，经口腔、呼吸道途径感染不同年龄的猪。

#### （一）诊断要点

1. 流行特点

该病是最早被认识和确认的由猪圆环病毒 2 型感染所致的疾病，主要发生在 5～16 周龄的猪身上，最常见于 6～8 周龄的猪。极少感染乳猪。一般来说，病猪于断奶后 2～3 天或 1 周开始发病，急性发病猪群中，病死率可达 10%，耐过猪后期发育明显受阻。但常常由于并发、继发细菌或病毒感染而使病猪死亡率大大增加，死亡率可达 25% 以上。血清学调查表明，猪圆环病毒在世界范围内流行。

怀孕母猪感染猪圆环病毒 2 型后，可经胎盘垂直传播感染仔猪。猪在不同猪群间的移动是该病毒的主要传播途径，也可通过被污染的衣服和设备进行传播。

工厂化养殖方式可能与本病有关，饲养管理不善、恶劣的断奶环境、不同来源及年龄的猪混群、饲养密度过高及刺激仔猪免疫系统均为诱发本病的重要危险因素，猪场的大小并不重要。

2. 临床症状

最常见的症状是猪只渐进性消瘦或生长迟缓，这也是诊断所必需的临床依据，其他症状有厌食、精神沉郁、行动迟缓、皮肤苍白、被毛蓬乱、呼吸困难、咳嗽为特征的呼吸障碍。较少发现的症状为腹泻和中枢神经系统紊乱。发病率一般较低，但一旦发病死亡率都很高。体表浅淋巴结肿大，肿胀的淋巴结有时可被触摸到，特别是腹股沟浅淋巴结；贫血和可视黏膜黄疸。在一头猪身上可能见不到上述所有临床症状，但在发病猪群可见到所有的症状。胃溃疡、嗜睡、中枢神经系统障碍和突然死亡较为少见。绝大多数猪感染猪圆环病毒 2 是亚临床感染。一般临床症状可能与继发感染有关，或者完全是由继发感染所引起的。在通风不良、过分拥挤、空气污浊、混养以及感染其他病原等因素时，病情明显加重，一般病死率为 10%～30%。

3. 剖检变化

本病主要的病理变化为病猪消瘦、贫血、皮肤苍白、黄疸；淋巴结异常肿胀，内脏和外周淋巴结肿大到正常体积的 3～4 倍，切面为均匀的白色；肺部有灰褐色炎症和肿胀，呈弥漫性病变，比重增加，坚硬似橡皮样；肾脏发暗，呈浅黄色到橘黄色外观，肾脏萎缩，肝小叶间结缔组织增生；肾脏水肿（有的可达正常的 5 倍），苍白，被膜下有坏死灶；脾脏轻度肿大，质地如肉；胰、小肠和结肠也常有肿大及坏死病变。

（二）防治方法

本病无有效的治疗方法，加上患猪生产性能下降和高死亡率，使本病显得尤为重要。而且因为猪圆环病毒 2 的持续感染，使本病可造成更大的经济损失。抗生素的使用和良好的管理有助于解决并发感染的问题。

1. 综合性措施

降低饲养密度，实行严格的全进全出制和混群制度，减少环境应激因素，控制并发感染，保证猪群具有稳定的免疫状态，加强猪场内部和外部的生物安全措施，购猪时保证猪来自清洁的猪场是预防控制本病、降低经济损失的有效措施。

2. 疫苗接种

猪圆环病毒 2 与其相关猪病的发生还需要另外的条件或共同因素才能诱发临床症状。世界各国控制本病的经验是对共同感染源做适当的主动免疫和被动免疫，所以做好猪场猪瘟、猪伪狂犬病、猪细小病毒病、气喘病和猪繁殖与呼吸综合征等疫苗的免疫接种，确保胎儿和吮乳期仔猪的安全是关键。因为，根据不同的可能病原和不同的疫苗对母猪实施合理的免疫程序至关重要。

## 十四、副猪嗜血杆菌病

副猪嗜血杆菌病又称多发性纤维素性浆膜炎和关节炎，也称格拉泽病，由猪副嗜血杆菌引起。这种细菌在自然环境中普遍存在，世界各地都有，甚至健康的猪群当中也能发现。对于采用无特定病原或用药早期断奶技术而没有猪嗜血杆菌污染的猪群，初次感染到这种细菌时后果会相当严重。

（一）诊断要点

1. 流行特点

该病一般通过呼吸系统传播。当猪群中存在繁殖呼吸综合征、流感或地方性肺炎的情况时，该病易发。环境差、断水等情况下，该病更容易发生。饲养环境不良时本病多发。断奶、转群、混群或运输也是常见的诱因。副猪嗜血杆菌病曾一度被认为是由应激所引起的。

这种细菌也作为继发的病原伴随其他主要病原混合感染，尤其是地方性猪肺炎。近年来，从患肺炎的猪中分离出猪副嗜血杆菌的比率越来越高，这与支原体肺炎的日趋流行有关，也与病毒性肺炎的日趋流行有关。

猪副嗜血杆菌只感染猪，可以影响从 2 周龄到 4 月龄的青年猪，主要在断奶前后和保育阶段发病，通常见于 5 ～ 8 周龄的猪，发病率一般在 10% ～ 15%，严重时死亡率可达 50%。急性型病例，往往首先发生于膘情良好的猪，病猪发热至 40.5 ～ 42℃，精神沉郁、食欲下降、呼吸困难。常采用腹式呼吸，皮肤发红或苍白，耳梢发紫，眼睑皮下水肿，行走缓慢或不愿意站立，腕关节、跗关节肿大，共济失调，临死前侧卧或四肢呈划水样，有时会无明显症状突然死亡。慢性型病例多见于保育猪，主要症状是食欲下降，咳嗽，呼吸困难，被毛粗乱，四肢无力或跛行，生长不良，直至衰竭死亡。

2. 临床症状

临床症状取决于炎症部位，包括发热、呼吸困难、关节肿胀、跛行、皮肤及黏膜发绀、站立困难甚至瘫痪、僵猪或死亡。母猪发病可流产，公猪出现跛行。哺乳母猪的跛行可能导致母性的极端弱化。死亡时体表发紫，肚子大，有大量黄色腹水，肠系膜上有大量纤维素渗出，尤其整个肝脏被包住，肺间质水肿。

3. 剖检变化

胸膜炎（包括心包炎和肺炎）明显，关节炎次之，腹膜炎和脑膜炎相对少一些。以浆液性、纤维素性渗出为炎症（严重的呈豆腐渣样）特征。肺可有间质水肿、粘连，心包积液、粗糙、增厚，腹腔积液，脾脏肿大，与腹腔粘连，关节病变也相似。腹股沟淋巴结呈大理石状，颌下淋巴结出血严重，肠系膜淋巴变化不明显，肝脏边缘出血严重，脾脏有出血边缘隆起米粒大的血泡，肾乳头出血严重，猪脾边缘有梗死，肾可能有出血点，肺间质水肿，最明显是心包积液，心包膜增厚，心肌表面有大量纤维素渗出，喉管内有大量黏液，后肢关节切开有胶冻样物。

（二）防治方法

1. 综合性措施

彻底清理猪舍卫生，用 2% 氢氧化钠水溶液喷洒猪圈地面和墙壁，2 小时后用清水冲洗干净，再用复合碘溶液喷雾消毒，连续喷雾消毒 4 ～ 5 天。对全群猪用电解质加维生素 C 粉饮水 5 ～ 7 天，以增强机体抵抗力，减少应激反应。在疾病流行期间，有条件的猪场仔猪断奶时可不混群，对混群的仔猪一定要严格把关，把病猪集中隔离在同一猪舍，对断奶后保育猪"分级饲养"，这样也可减少疾病的传播。同时，注意保温和温差变化，在猪群断奶、转群、混群或运输前后可在饮水中加一些抗应激的药物（如维生素 C 等）。

2. 免疫接种

用猪副嗜血杆菌多价灭活苗能取得较好效果。种猪用猪副嗜血杆菌多价灭活苗免疫能有效防止仔猪早期发病，降低复发的可能性。

3. 治疗

一旦出现临床症状，应隔离病猪，立即采取抗生素拌料的方法对整个猪群治疗，发病猪大剂量肌内注射抗生素。大多数血清型的猪副嗜血杆菌对氟苯尼考、替米考星、头孢菌素、庆大霉素、壮观霉素、磺胺及喹诺酮类等药物敏感，对四环素、氨基苷类和林可霉素有一定抵抗力。在应用抗生素治疗的同时，口服纤维素溶解酶，可快速清除纤维素性渗出物、缓解症状、控制猪群死亡率。为控制本病的发生发展和耐药菌株出现，应进行药敏试验，科学使用抗菌素。

## 十五、猪流行性感冒

猪流行性感冒（猪流感）是猪的一种急性、传染性呼吸器官疾病，其特征为突发，咳嗽，呼吸困难，发热及迅速转归。猪流感是猪体内因病毒引起的呼吸系统疾病，由甲型流感病毒（A 型流感病毒）引发，通常暴发于猪之间，传染性很高但通常不会引发死亡。秋冬季节属于高发期，但全年均可传播。该病毒可在猪群中造成流感暴发，通常情况下人类很少感染。

### （一）诊断要点

1. 流行特点

各个年龄、性别和品种的猪都易感本病毒。本病的流行有明显的季节性，天气多变的秋末、早春和寒冷的冬季易发。本病传播迅速，常呈地方性流行或大流行。本病潜伏期很短，从几小时到数日，自然发病时平均 4 天。本病发病率高，死亡率低（4% ～ 10%）。病猪和带毒猪是猪感染的传染源，患病猪痊愈后可带毒 6 ～ 8 周。

2. 临床症状

发病初期病猪体温突然升高至 40.3 ～ 41.5℃，厌食或食欲废绝，极度虚弱乃至虚脱，常卧地。呼吸急促、腹式呼吸、阵发性咳嗽。从眼和鼻流出黏液，鼻分泌物有时带血。病猪挤在一起，难以移动，触摸肌肉僵硬、疼痛，出现膈肌痉挛，呼吸顿挫，一般称为打嗝。如有继发感染，则病情加重，发生纤维素性出血性肺炎或肠炎。母猪在怀孕期感染，产下的仔猪在产后 2 ～ 5 天发病严重，有些在哺乳期及断奶前后死亡。

3. 剖检变化

猪流感的病理变化主要在呼吸器官。鼻、咽、喉、气管和支气管的黏膜充血、肿胀，表面覆有黏稠的液体，小支气管和细支气管内充满泡沫样渗出液。胸腔、心包腔蓄积大量混有纤维素的浆液。肺脏的病变常发生于尖叶、心叶、叶间叶、膈叶的背部与基底部，与周围组织有明显的界线，颜色由红至紫，塌陷、坚实，韧度似皮革，脾脏肿大，颈部淋巴结、纵隔淋巴结、支气管淋巴结肿大多汁。

（二）防治方法

1. 综合性措施

猪流感是养猪场普遍存在的一种传染病，流行范围广且亚型众多，虽然该病本身对猪的危害并不十分严重，但容易与其他疾病混合感染，对养猪业造成严重影响。对猪流感的防控重点是以预防性综合措施为主，减少该病的发生和流行。同时，应加强猪群的饲养管理和猪场的日常卫生管理，以增强猪只的抵抗力，防止疫病发生。目前，我国尚未批准适用于预防猪流感的疫苗，猪场也尚未接种疫苗。

2. 治疗

主要是保证病猪的休息和营养，同时可对发病猪场加强管理，以阻止病毒在猪场内和猪场间的传播。此外，可以使用一些抗生素提高机体的抵抗力，避免继发其他细菌性疾病。

十六、猪副伤寒

猪副伤寒又称猪沙门菌病，是由沙门菌属细菌引起仔猪的一种传染病。急性者以败血症为特征，慢性者以坏死性肠炎，有时以卡他性或干酪性肺炎为特征。

（一）诊断要点

1. 流行特点

病猪和带菌猪是主要传染源，可从粪、尿、乳汁以及流产的胎儿、胎衣和羊水排菌。本病主要经消化道感染，交配或人工授精也可感染，在子宫内也可能感染。健康畜带菌（特别是鼠伤寒沙门菌）相当普遍，当受外界不良因素影响以及动物抵抗力下降时，常导致内源性感染。本病主要侵害 6 月龄以下仔猪，尤以 1 ～ 4 月龄仔猪多发，6 月龄以上仔猪很少发病。本病一年四季均可发生，尤在阴雨潮湿季节多发。

2. 临床症状

本病潜伏期为数天或数月，与猪体抵抗力及细菌的数量、毒力有关。临床上分急性型、亚急性型和慢性型三种类型。

（1）急性型

急性型又称败血症，多发生于断乳前后的仔猪，表现为突然死亡。病程稍长者，表现为体温升高（41～42℃），腹痛、下痢、呼吸困难，耳根、胸前和腹下皮肤有紫斑，最终死亡。病程1～4天。

（2）亚急性型和慢性型

亚急性型和慢性型为常见病型。表现为体温升高，眼结膜发炎，有脓性分泌物。初便秘后腹泻，排灰白色或黄绿色恶臭粪便。病猪消瘦，皮肤有痂状湿疹。病程持续可达数周，终致死亡或成为僵猪。

3. 剖检变化

（1）急性型

急性型以败血症变化为特征。尸体膘度正常，耳、腹等皮肤有时可见淤血或出血，并有黄疸。全身浆膜（喉头、膀胱等）、黏膜有出血斑。脾肿大，坚硬似橡皮，切面呈蓝紫色。肠系膜淋巴结索状肿大，全身其他淋巴结也不同程度肿大，切面呈大理石样。肝、肾肿大、充血和出血，胃肠黏膜卡他性炎症。

（2）亚急性型和慢性型

亚急性型和慢性型以坏死性肠炎为特征，多见于盲肠、结肠，有时波及回肠后段。肠黏膜上覆有一层灰黄色腐乳状物，强行剥离则露出红色、边缘不整的溃疡面。如滤泡周围黏膜坏死，常形成同心轮状溃疡面。肠系膜淋巴索状肿，有的呈干酪样坏死。脾稍微肿大，肝可见灰黄色坏死灶。有时发生慢性卡他性炎症，并有黄色干酪样结节。

（二）防治方法

1. 综合性措施

本病是由于仔猪的饲养管理不善及卫生条件不良而引发和传播的。首先应该改善饲养管理和卫生条件，消除发病诱因，增强仔猪的抵抗力。饲养管理用具和食槽应该经常洗刷，猪圈（舍）要清洁，经常保持干燥，及时清除粪便，以降低感染概率。哺乳及培育仔猪时应防止其乱吃脏物，给予优质而易消化的饲料，避免突然更换饲料。

2. 免疫接种

在本病常发地区，可对1月龄以上哺乳或断奶仔猪用仔猪副伤寒活疫苗进行预防。

3. 治疗

病猪及时隔离和治疗；圈舍要清扫、消毒，特别是饲槽要经常刷洗干净，粪便及时清除，堆积发酵后利用；根据发病当时疫情的具体情况，可在假定健康猪的饲料中加入抗生素进行预防，连喂 3～5 天，有预防效果；死猪应深埋，切不可食用，以防人发生中毒事故。

对全群仔猪进行观察，发现病猪后立即隔离，及时治疗，并指定专人负责照料。治疗方法很多，介绍三种以供选用。

①土霉素按 0.1 克 / 公斤体重计算，口服每日 2 次，连服 3 天。

②复方新诺明每日 0.07 克 / 公斤体重，分 2 次口服，连服 3～5 天。

③喹诺酮类药物也有较好的治疗效果。恩诺沙星按 2.5 毫克 / 公斤体重肌内注射，每日 2 次，连用 2～3 天。

## 十七、猪传染性萎缩性鼻炎

猪传染性萎缩性鼻炎是由支气管败血波氏杆菌单独或与产毒性多杀性巴氏杆菌联合引起猪的一种慢性传染病。临诊上以鼻炎、鼻梁变形、鼻甲骨萎缩（以鼻甲骨下卷曲部最常见）和生产性能下降为特征。现在已把这种疾病归为两种：一种是非进行性萎缩性鼻炎，这种病主要由支气管败血波氏杆菌所致；另一种是进行性萎缩性鼻炎，主要由产毒性多杀性巴氏杆菌引起或与其他因子共同感染引起。该病的危害主要是造成病猪的生长受阻，饲料报酬降低，给不少国家和地区养猪业造成严重的经济损失。

本菌对外界环境的抵抗不强，常用消毒药均可达到消毒的目的。在液体中 58℃ 15 分钟可将其灭活。

### （一）诊断要点

1. 流行特点

各种年龄的猪都可感染，但以仔猪的易感性最大。品种不同的猪，易感性也有差异，国内土种猪较少发病。1 月龄以内仔猪感染常常在几周内出现鼻炎和鼻甲骨萎缩症状，1 月龄以上感染时通常无临诊表现。有时多杀性巴氏杆菌也可以感染人而造成与猪的病变相似的疾病。

病猪和带菌猪是主要传染源。其他动物如犬、猫、家畜、禽、兔、鼠、狐及人均可带菌，甚至引起鼻炎、支气管肺炎等，因此也可成为传染源。猫、犬和后备猪的扁桃体中普遍存在巴氏杆菌。

该病通常是通过飞沫水平传播，主要通过直接接触和气溶胶传染。感染或发病的母猪，经呼吸道感染仔猪，常使出生后仔猪发生早期感染，不同月龄猪再通过水平传播扩大到全群。

本病在猪群内传播比较缓慢，多为散发或地方流行性。各种应激因素可使发病率增加，猪舍空气中氨气、尘埃和微生物浓度在本病发生和严重程度上起重要作用，过度拥挤、通风不良和卫生条件差等促进本病的扩散和蔓延。感染通常是因为购入感染猪。猪断奶后混群时的扩散机会增高，可造成 70% ～ 80% 断奶猪被感染，通过减少饲养密度可使感染率降低。

2. 临床症状

临诊症状依疾病的发展阶段而异。早期病例的表现是 3 ～ 9 周龄仔猪出现喷嚏，少数病猪出现浆液性、黏脓性鼻卡他以及一过性的单侧或两侧鼻出血。喷嚏频率可作为衡量发病严重程度的指标。随着病程的发展，严重病例出现呼吸困难、发绀；由于受到局部炎症的刺激，鼻孔周围瘙痒，病猪不断摩擦鼻端；由于鼻炎导致鼻泪管阻塞，鼻和眼分泌物从眼角流出，从而在眼内角下面皮肤上形成半月状、因尘土黏结而呈灰黑色的斑块，俗称泪斑。病情再进一步发展，病猪在打喷嚏时会喷出黏稠分泌物；出现面部变形，鼻骨和上颌骨缩短，嘴巴向上弯曲，下切齿突出。最后，脸部变形扭曲，严重凹陷和多余皮肤形成皱纹，或者两眼间距变小，整个头部轮廓发生改变呈"哈巴狗面"，如果是鼻甲骨单侧性萎缩则上颌扭向一侧。若鼻炎蔓延到筛板，则可使大脑感染面发生脑炎症状。有时病原体可侵入肺部而引起肺炎。这些变化最常见于 8 ～ 10 周龄的仔猪，偶尔也可发生于年龄更小的仔猪。发病仔猪体温一般正常，生长发育受阻，饲料报酬降低，甚至形成僵猪。

3. 剖检变化

病变限于鼻腔和邻接组织，最有特征的变化是鼻腔软骨组织和骨组织的软化和萎缩，主要是鼻甲骨萎缩，特别是鼻甲骨的下卷曲最为常见。严重病例，鼻甲骨完全消失，鼻中隔弯曲或消失，鼻腔变成一个鼻道。鼻黏膜常附有黏脓性或干酪样渗出物。窦黏膜充血，有时窦内充满黏脓性分泌物。

对于典型的病例，可根据临诊症状、病理变化做出诊断，但在该病的早期，典型症状尚未出现之前需要依靠实验室方法确诊。

细菌分离与鉴定可采取鼻拭子或锯开鼻骨采取鼻甲骨卷曲的黏液，进行细菌分离培养、生化鉴定和药敏试验。采集时首先用 70% 乙醇溶液清洗消毒鼻盘和鼻孔周围，将灭菌拭子插入鼻腔到鼻孔与内眼角交界处，在鼻腔周壁轻轻转动几周后取出，立即将拭子头部剪下并置于含有 5% 胎牛血清、pH7.3 的 PBS 液中送检。血清学检查采集病畜血清。

（二）防治方法

1. 综合性措施

根据本病的病原学和流行病学特点，要有效地控制该病的流行及其给生产带来的损失，必须有一套综合性措施，并在生产中严格执行。

①规模化猪场在引进种猪时，应进行严格的检疫，防止带菌猪引入猪场，引进后至少观察 3 周，并放入易感仔猪，经一段时间病原学检测阴性者方可混群。

②根据经济评价的结果，在有本病严重流行的猪场，建议采用淘汰病猪、更新猪群的控制措施，并经严格消毒后，重新引进健康种猪群。而在流行范围较小，发病率不高的猪场应及时将感染、发病仔猪及其母猪淘汰出来，防止该病在猪群中扩散和蔓延。

③严格执行全进全出和隔离饲养的生产制度，加强 4 周龄内仔猪的饲养管理，创造良好的生产环境、适当通风，并采取隔离饲养，以防止不同年龄猪只的接触。

④适时进行疫苗免疫接种，降低猪群的发病率。

2. 治疗

抗生素治疗可明显降低感染猪发病的严重性和副作用。通过抗生素群体治疗能够减少繁殖猪群，断奶前后猪群的发病或病原携带状态。预防性投药一般于产前 2 周开始，并在整个哺乳期定期进行（如从 2 日龄开始每周注射 1 次长效土霉素，连用 3 次，或每隔 1 周肌肉注射 1 次增效磺胺，用量为磺胺嘧啶 12.5 毫克 / 公斤体重，加甲氧苄啶 2.5 毫克 / 公斤体重，连用 3 次），结合哺乳仔猪的鼻腔内用药（2.5% 硫酸卡那霉素喷雾，滴注 0.1% 高锰酸钾液、2% 硼酸液等），可以在一定程度上达到预防或治疗的目的。常用的药物包括庆大霉素、卡那霉素、土霉素、金霉素、恩诺沙星、环丙沙星和各种磺胺类药物，但在应用前最好先通过药敏试验选择敏感药物。

## 十八、猪支原体肺炎

猪支原体肺炎又称猪喘气病、猪地方流行性肺炎、猪霉形体肺炎，是由猪肺炎霉形体引起猪的一种慢性呼吸道传染病。该病的主要临诊症状是咳嗽和气喘，病变的特征是融合性支气管肺炎，可见肺尖叶、心叶、中间叶和膈叶前缘呈"肉样"或"虾肉"样实变。急性病例以肺水肿和肺气肿为主，亚急性和慢性病例患猪生长缓慢或停止，饲料转化率低，育肥期延长。单独感染时病死率不高，但与猪繁殖与呼吸综合征和其他病原混合感染时常引起病死率升高。

本病在世界各地广泛分布，发病率高，一般情况下病死率不高，但继发其他病原感染可造成严重死亡，所致的经济损失很大，对养猪业发展具有严重危害。

猪肺炎支原体对外界环境抵抗力较弱，存活时间一般不超过 26 小时。常用的化学消毒剂均有消毒效果，如 1% 氢氧化钠、20% 草木灰等均可数分钟内将其灭活病原。

（一）诊断要点

1. 流行特点

该病的自然病例仅见于猪，其他家畜和动物未见发病。不同年龄、性别和品种的猪均能感染，哺乳仔猪和幼猪的易感性最强，发病率和病死率也较高；其次是生产母猪，特别是怀孕后期和哺乳期的母猪有较高的易感性；育肥猪发病较少，病势也较轻。公猪和成年猪多呈慢性或隐性感染。性别与本病的易感性无关。

病猪和带菌猪是本病的传染源。当猪场从外地引进带菌猪时，常可引起本病的暴发。哺乳仔猪通常从患病的母猪受到感染。有的猪场连续不断地发病是由于病猪在临诊症状消失后仍能在相当长时间内不断排菌的缘故。一旦本病传入后，如不采取严密措施则很难彻底清除。

猪肺炎支原体主要通过呼吸道传播，也可经健康猪与病猪的直接接触传播。其他途径如给健康猪皮下、静脉、肌肉注射或胃管投入病原菌都不能发病。

本病一年四季均可发生，但在寒冷、多雨、潮湿或气候骤变时，猪群发病率上升。饲养管理和卫生条件较好时可减少发病和死亡；饲料质量差，猪舍拥挤、潮湿、通风不良易诱发本病。继发感染其他病原时，常引起临诊症状加剧和病死率升高，最常见的继发性病原体有猪繁殖与呼吸综合征病毒、多杀性巴氏杆菌、肺炎球菌、嗜血杆菌和猪鼻支原体等。

支原体和猪繁殖与呼吸综合征病毒是引起猪呼吸道疾病综合征的主要元凶，尤其是当这两种病原同时感染，将会出现严重的呼吸道症状。

2. 临床症状

潜伏期人工感染一般为 10～21 天，自然传染为 21～30 天。但潜伏期的长短与菌株毒力的强弱、感染剂量的大小、气候、个体、应激、饲养管理等因素密切相关。根据临诊经过，大致可分为急性型、慢性型和隐性型。

（1）急性型

急性型常见于新疫区的猪群，尤以妊娠后期至临产前的母猪以及断奶仔猪多见。病猪常无前驱症状，突然精神不振，头下垂，体温一般正常，呼吸次数剧增，达 60 ~ 120 次 / 分以上，呈明显腹式呼吸。咳嗽次数少，声音低沉，有时也会发生痉挛性阵咳。如有继发感染，病猪呼吸困难，严重者张口伸舌喘气，发出哮鸣声。此时，病猪前肢开张，站立或犬坐姿势，不愿卧地，体温升高可达 40℃以上，鼻流浆液性液体，食欲大减甚至废绝，饮水量减少。由于饲养管理和卫生条件的不同，疾病的严重程度及病死率差异很大，条件好则病程较短，症状较轻，病死率低；条件差则易出现并发症，病死率较高。病程一般为 1 ~ 2 周。

（2）慢性型

慢性型一般由急性病例转变而来，也有部分病猪开始时就取慢性经过。本型常见于老疫区的架子猪、肥育猪和后备母猪，主要症状是咳嗽，初期咳嗽次数少而轻，以后逐渐加剧，咳嗽时病猪站立不动，背弓起，颈伸直，头下垂至地，直至呼吸道的分泌物排出为止。当凌晨气温下降、冷空气刺激、运动及进食后，咳嗽更为明显，严重者呈连续的痉挛性咳嗽。常出现不同程度的呼吸困难，呼吸次数增加，呈腹式呼吸（喘气）。这些症状时而明显、时而缓和，食欲变化不大。病猪的眼、鼻常有分泌物，可视黏膜发绀。若继发巴氏杆菌或其他病原微生物感染则可能发生急性肺炎。病程很长，可拖延两三个月，甚至长达半年以上。

（3）隐性型

隐性型可由急性或慢性转变而来，有的猪在较好的饲养管理条件下，感染后不表现症状，但它们体内存在不同程度的肺炎病灶，用 X 线检查或剖杀时可以发现。这些隐性患猪外表看不出明显变化，无明显的临诊表现或轻度咳嗽，而呼吸、体温、食欲、大小便常无变化，该型在老疫区猪群中的比例较大。如加强饲养管理，肺炎病变可逐渐吸收消退而康复；反之则病情恶化而出现急性或慢性的症状，甚至引起死亡。

3. 剖检变化

主要病理变化部位在肺、支气管肺门淋巴结和纵隔淋巴结。急性病例见肺有不同程度的水肿和气肿，其心叶、尖叶、中间叶及膈叶前缘出现融合性支气管肺炎病灶，以心叶最为显著，尖叶和中间叶次之，然后波及膈叶。早期病变发生在心叶，出现粟粒大至绿豆大肺炎灶，逐渐扩展成为融合性支气管肺炎。初期病灶的颜色多为淡红色或灰红色，半透明状，病变部位界限明显，像鲜嫩的肌肉样，肉变明显。随着病程延长或病情加重，病灶颜色逐渐转为浅红色、灰白色或灰红色。气管和支气管内充满浆液性渗出液，并含有小气泡。支气管肺门淋巴结肿大。若继发细菌感染可导致肺和胸膜的纤维素性、化脓性和坏死性病变。

组织学变化主要是早期以间质性肺炎为主，以后则演变为支气管性肺炎。主要表现为支气管和细支气管上皮细胞纤毛数量减少，小支气管周围的肺泡扩大，肺泡间组织出现淋巴细胞浸润，肺泡腔内充满多量炎性渗出物。

对于急性型和慢性型病例，可根据流行病学、临诊症状和病理变化进行诊断；对于症状不典型或隐性感染的猪则需要依靠实验室方法或结合使用 X 线透视胸部进行诊断。

病料样品采集流行初期濒死或死亡猪的肺进行分离培养。血清学检测可采集发病及同群动物血清。

### （二）防治方法

1. 综合性措施

预防或消灭猪气喘病主要在于坚持采取综合性的防控措施，疾病的有效控制取决于猪舍的环境，包括空气质量、通风、温度及合适的饲养密度。根据该病的特点应采取的措施主要有以下几点。

（1）目前尚未发病地区和猪场的主要措施

目前尚未发病地区和猪场应坚持"自繁、自养、自育"原则，尽量不从外地引进猪只，如必须引进，应严格隔离和检疫，将引进的猪只至少隔离观察 2 个月才能混群。在一定地区内，加强种猪繁育体系建设，控制传染源，切断传播途径。搞好疫苗接种是规模化猪场疫病控制的重要措施。

（2）发病地区和养猪场的措施

如果该病新传入本地区或养殖场，发病猪只的数量不多，涉及的动物群较为局限，为了防止其蔓延和扩散，应通过严格检疫淘汰所有的感染和患病猪只，同时做好环境的严格消毒。

（3）生产措施

在感染猪群中控制这种疾病的最有效的办法是尽可能使用严格的全进全出的生产程序。如果该病在一个地区或猪场流行范围广、发病率高，严重影响猪群的生长和出栏，并且由于长期投药控制，产品质量和经济效益出现大幅度下降，此时应根据经济核算的结果考虑该病综合性控制规划的具体措施，如一次性更新猪群、逐渐更新猪群、免疫预防或药物防治等。以康复母猪培育无病后代，建立健康猪群的主要措施有：自然分娩或剖腹取胎，以人工哺乳或健康母猪带乳培育健康仔猪，配合消毒切断传播因素；仔猪按窝隔离，防止串栏；留作种用的架子猪和断奶小猪分舍单独饲养；利用各种检疫方法清除病猪和可疑病猪，逐步扩大健康猪群。

符合以下健康猪场鉴定标准之一者，可判为无气喘病猪场。

①观察 3 个月以上未发现有该病猪群，放入易感小猪 2 头同群饲养也不被感染者。

②一年内整个猪群未发现气喘病症状，所有宰杀或死亡猪的肺部无该病病变者。

③母猪连续生产两窝仔猪，在哺乳期，断奶后到架子猪，经观察无气喘病症状，一年内经 X 线检查全部哺乳仔猪和架子猪，间隔 1 个月再行复查，均未发现气喘病病变者。

2. 治疗

目前可用于猪气喘病治疗的药物很多，如泰妙菌素、泰乐菌素、林可霉素、壮观霉素、卡那霉素、环丙沙星、恩诺沙星和土霉素碱等抗生素，在治疗猪气喘病时，这些药物的使用疗程一般都是 5 ～ 7 天，必要时需要进行 2 ～ 3 个疗程的投药。在治疗过程中应及时进行药物治疗效果的评价，选择最佳的药物和治疗方案。

## 十九、猪囊尾蚴病

猪囊尾蚴病又称猪囊虫病，是猪带绦虫的中绦期（猪囊尾蚴）寄生于猪的肌肉及组织器官内所引起的危害严重的人兽共患寄生虫病。它不仅严重影响养猪事业的发展，而且会给人体健康带来严重威胁。

本病广泛流行于以猪肉为主要肉食的国家和地区。我国的东北、华北、西北、华东和广西、云南等省（自治区）发生也较多。

（一）诊断要点

1. 流行特点

猪、野猪等动物易感，人也可感染。猪囊尾蚴的唯一感染来源是猪带绦虫的患者，它们每天向外界排出节片和虫卵，而且可持续数年。

猪吃了绦虫病人粪便中的绦虫节片和虫卵，或吃了绦虫卵污染的饲料，即可发生猪囊尾蚴病。

本病流行主要是由于不合理的饲养方式和不良的卫生习惯。有些地方养猪不用圈，居民无卫生厕所，猪到处乱跑，人随处大便。我国北方某些省区有散养猪的习惯，因此猪的感染率较高。辽宁省某县猪囊尾蚴感染率曾高达 30.5%，当采取相应防控措施，实行猪有圈、人有厕后，猪的感染率很快降到 2.5%。据询查，在囊尾蚴病猪高达 10% 的地区，人体有钩绦虫感染率在 0.5% 左右。据吉林省 1980 年在猪囊尾蚴病流行区调查，有钩绦虫病患者约占该地区人口的 0.5% ～ 1%，感染猪囊尾蚴的病人约占 0.05%。人感

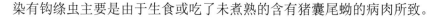

染有钩绦虫主要是由于生食或吃了未煮熟的含有猪囊尾蚴的病肉所致。

2. 临床症状

囊尾蚴进入宿主机体后，在其移行的初期能引起各部组织的创伤。其症状随虫体寄生部位和感染强度的不同而有所差异。在肌肉内寄生时不呈现明显致病作用，但在脑、眼内寄生时会引起一定的功能障碍，尤其是人的症状更为明显。在重度感染时，囊尾蚴的代谢产物对宿主有毒害作用，如引起营养不良、发育障碍、肌肉水肿等问题。

轻症囊尾蚴病猪在生前没有任何临诊表现，只有重症病猪才有症状。病猪由于肌肉水肿，表现肩部肌肉增宽，两肩显著外张，臀部隆起，显得异常肥胖宽阔。病猪前胸、后躯及四肢异常肥大，体中部窄细，整个猪体呈哑铃状或葫芦形，头呈狮子头形。病猪行走时，前肢僵硬，后肢不灵活，左右摇摆，形如醉酒。平时反应迟钝，不爱活动。视力减退，眼神痴呆，眼球转动不灵活，有的眼球稍向外突出，严重的病猪视力消失，翻开眼睑可看到豆粒大小的青白色透明隆起的囊尾蚴。病猪发育迟缓，当囊尾蚴寄生于喉头肌肉时，会出现呼吸短促或憋气等现象，常有打呼噜或喘鸣音。虫体在舌肌寄生时，可发现舌底或舌根部有带弹性的虫体结节。触摸股内侧肌肉时，有时也可触摸到带有弹性的虫体结节。

3. 剖检变化

猪囊尾蚴病的病理变化视其寄生部位、数目及发育时期而异。因六钩蚴随血液运行散布，故寄生部位极为广泛。死后剖检可在骨髓肌、心、脑等处发现黄豆粒大乳白色虫体包囊。重症者肌肉高度变性、水肿。经病理组织学检查，囊尾蚴包囊分为两层：外层为细胞浸润，在急性期主要为中性粒细胞和嗜酸性粒细胞浸润，在慢性期主要为淋巴细胞和浆细胞浸润；内层为纤维组织或玻璃样变性。此外，还可见到坏死层和肉芽肿。

猪囊尾蚴病的生前诊断比较困难，根据其临诊特点可按以下方法进行。①听病猪喘气粗，叫声嘶哑；②看病猪肩胛、颜面部肌肉宽松肥大，眼球突出，整个猪体呈哑铃形；③检查舌部，眼结膜和股内侧肌，可触摸到颗粒样硬结节。死后诊断通常比较容易，切开咬肌、腰肌、股内侧肌、肩胛外侧肌和舌肌等处，常可见到囊尾蚴结节。

（二）防治方法

1. 综合性措施

①加强宣传教育，提高人民对猪囊尾蚴危害性、感染途径与感染方式的认识，自觉防控猪囊尾蚴。

②注意个人卫生，不吃生的或半生的猪肉，以防感染猪带绦虫。

③加强肉品卫生检验，推广定点屠宰，集中检疫严禁囊虫猪肉进入市场。检出的阳性猪肉应严格按照国家规定进行无害化处理。

2. 治疗

近年来随着低毒、广谱驱虫药相继问世，在驱绦、驱囊工作方面已取得了突破性进展，使过去无药可治的囊虫病患者恢复了健康，而且在防治猪的囊虫病方面也收到良好效果。

## 二十、猪传染性胃肠炎

猪传染性胃肠炎是由猪传染性胃肠炎病毒引起猪的一种高度接触传染性肠道疾病。临诊上以病猪呕吐、严重腹泻和脱水为特征，不同品种、年龄的猪只都可感染发病，尤以 2 周龄以内仔猪、断乳仔猪易感性最强，病死率高，通常为 100%；架子猪、成年猪感染后病死率低，一般呈良性经过。近年来发现，某些猪传染性胃肠炎病毒基因缺失毒株还可导致猪只出现程度不等的呼吸道感染。

病毒不耐热，加热 56℃ 45 分钟或 65℃ 10 分钟即全部灭活。病毒对乙醚、去氧胆酸钠、次氯酸盐、氢氧化钠、甲醛、碘、碳酸以及季铵化合物等敏感；对日光照射敏感，粪便中的病毒在阳光下 6 小时即可灭活。

### （一）诊断要点

1. 流行特点

各种年龄的猪均有易感性，10 日龄以内仔猪的发病率和死亡率很高，而断奶猪、育肥猪和成年猪的症状较轻，多数能自然康复，其他动物对本病无易感性。病猪和带毒猪是本病的主要传染源，通过粪便、乳汁、鼻分泌物、呕吐物以及呼出的气体排出病毒，污染饲料、饮水、空气、土壤、用具等。猪群的传染多由于引入带毒猪或处于潜伏期的感染猪。该病主要经消化道传播，也可以通过空气经呼吸道传播。

本病的发生有明显的季节性，从每年的 11 月份至次年的 4 月份发病最多，夏季很少发病。本病的流行形式是新疫区通常呈流行性发生，几乎所有年龄的猪都存在发病风险，10 日龄以内的猪病死率很高，但断乳猪、育肥猪和成年猪发病后多取良性经过，几周后流行即可能终止。

2. 临床症状

本病的潜伏期短，一般为 18 小时至 3 天。传播迅速，能在 2～3 天内蔓延全群。但不同日龄和不同疫区猪只感染后的发病严重程度有明显差异，临诊上分为流行性和地方流行性。

（1）流行性

该型主要发生于易感猪数量较多的猪场或地区，不同年龄的猪都可很快感染发病。仔猪感染后的典型症状是短暂呕吐后，很快出现水样腹泻，粪便呈黄色、绿色或白色，常含有未消化的凝乳块，粪便恶臭；体重快速下降，严重脱水，2周龄以内仔猪发病率、病死率极高，多数7日龄以内仔猪在首次出现临诊症状后2～7天死亡，而超过3周龄哺乳仔猪多数可以存活，但生长发育不良。架子猪、育肥猪和母猪的临诊表现比较轻，可见食欲减退，偶见呕吐，腹泻1日至几日；有应激因素参与或继发感染时死亡率可能增加；哺乳母猪症状表现为体温升高、无乳、呕吐、食欲不振、腹泻，这可能是因其与感染仔猪接触过于频繁有关。

（2）地方流行性

地方流行性多见于该病的老疫区和血清学阳性的猪场，传播较为缓慢，并且母猪通常不发病。该型主要引起哺乳仔猪和断奶后1～2周的仔猪发病，临诊表现相对较轻，死亡率受管理因素的影响，常低于10%～20%；哺乳仔猪的症状与"白痢"相似，断奶仔猪的症状则易与大肠杆菌、球虫、轮状病毒感染混淆。

3. 剖检变化

眼观病变主要集中在胃肠道，胃内容物呈鲜黄色并混有大量乳白色凝乳块。整个小肠气性膨胀，肠管扩张，内容物稀薄，呈黄色，泡沫状，肠壁菲薄，呈透明状，弛缓而缺乏弹性。部分病例肠道充血、胃底黏膜潮红充血、小点状或斑状出血，并有黏液覆盖。有的日龄较大的猪胃黏膜有溃疡灶，且靠近幽门区有较大的坏死区。脾脏和淋巴结肿大，肾包膜下偶尔有出血变化。

特征性变化主要见于小肠，解剖时取一段，用生理盐水轻轻洗去肠内容物，置平皿中加入少量生理盐水，在解剖镜下观察，猪小肠绒毛变短，粗细不均，甚至大面积绒毛仅留有痕迹或消失。

根据该病的流行特点、临诊症状、病理变化等可以做出初步诊断，确诊需要依靠实验室诊断。

病料样品采集粪便或小肠。两端结扎的病变小肠是最好的样品，但要新鲜或冷藏。血清学检测可采集病猪血液分离血清。

### （二）防治方法

1. 综合性预防措施

对本病的预防主要是采取加强管理、改善卫生条件和免疫预防措施。在猪群的饲养管理过程中，应注意防止猫、犬和狐狸等动物出入猪场；冬季应避免成群麻雀在猪舍采食饲料，因为它们可以在猪群间传播病毒。严格控制外来人员进入猪场。及时进行疫苗免疫接种是控制该病的有效方法之一。

2. 治疗

本病目前尚无特效的治疗方法，唯一的对症治疗就是减轻失水、酸中毒和防止继发感染。此外，为感染仔猪提供温暖干燥的环境，供给可自由饮用的饮水或营养性流食能够有效地减少仔猪的死亡率。发现病猪应及时淘汰，病死猪应进行无害化处理，污染的场地、用具用碱性消毒剂进行彻底消毒。

# 第二节　牛病

## 一、口蹄疫

口蹄疫是由口蹄疫病毒引起的一种偶蹄动物共患的急性、热性、高度接触性传染病。偶见于人和其他动物。临诊上以口腔黏膜、蹄部及乳房皮肤发生水泡和溃烂为特征，严重时蹄壳脱落、跛行、不能站立。本病有强烈的传染性，一旦发病，传播速度很快，往往造成大流行，不易控制和消灭，带来严重的经济损失。

### （一）诊断要点

1. 流行特点

口蹄疫病毒能感染多种偶蹄动物，以牛最易感（黄牛、奶牛易感，水牛次之）。人类偶能感染，多发生于与患畜密切接触的人员，且多为亚临床感染。此病对成年动物致死率很低，唯犊牛不但易感而且致死率高。

患病动物和带毒动物是主要的传染源。病毒随分泌物和排泄物同时排出，发病初期排毒量最大、传染性最强，恢复期排毒量逐渐减少。水泡液、水泡皮含毒量最高，毒力最强，传染性也最强。愈后动物可持续排毒，仍是危险的传染源。

本病主要通过消化道、呼吸道以及损伤的皮肤和黏膜感染。空气也是重要的传播媒介，常可发生距离气源性传播，病毒在陆地可随风传播到 50 ～ 100 千米以外的地方，在水面可随风传播到 300 千米以外的地方。本病也可呈跳跃式传播流行，多系输入带毒产品和家畜所致。被污染的物品、运输工具、饲草饲料、畜产品及昆虫、飞鸟和鼠类等非易感动物也可机械性传播病毒。

该病一年四季均可发生，以冬、春季多发。其流行却有明显的季节规律，多在秋季开始，冬季加剧，春季减缓，夏季平息，常呈地方性流行或大流行。

在没有其他病继发感染的情况下，成年动物病死率低于 5%，但幼畜因心肌炎可导致病死率高达 20% ～ 50%。

**2. 临床症状**

牛口蹄疫潜伏期为 2 ～ 4 天，最长可达一周左右。病牛体温升高达 40 ～ 41℃，精神委顿，食欲减退，闭口，流涎，开口时有吸吮声，1 ～ 2 天后，在唇内面、齿龈、舌面和颊部发生蚕豆至核桃大的水泡，口温高，此时口角流涎增多，呈白色泡沫状，常挂满嘴边，采食反刍完全停止。水泡经一昼夜破裂形成浅表的红色糜烂；水泡破裂后，体温降至正常，糜烂逐渐愈合，全身症状逐渐好转。如有细菌感染，则糜烂加深，发生溃疡，愈合后形成瘢痕。有时发生纤维蛋白性坏死性口膜炎、咽炎和胃肠炎。有时在鼻咽部形成水泡，引起呼吸障碍和咳嗽。在口腔发生水泡的同时或稍后，趾间及蹄冠的柔软皮肤上出现红肿、疼痛、迅速发生水泡，并很快破溃，出现糜烂，或干燥结成硬痂，然后逐渐愈合。若病牛衰弱或饲养管理不当，糜烂部位可能发生继发性感染化脓、坏死，病畜站立不稳，行路跛拐，甚至蹄匣脱落。乳头皮肤有时也可出现水泡，很快破裂形成烂斑，如涉及乳腺引起乳房炎，泌乳量显著减少，有时乳量损失可高达 75%，甚至泌乳停止。乳房出现口蹄疫病变多见于纯种奶牛，黄牛较少发生。本病一般取良性经过，约一周即可痊愈。如果蹄部出现病变，则病期可延至 2 ～ 3 周或更久。病死率很低，一般不超过 1% ～ 3%。在某些情况下，当水泡病变逐渐痊愈，病牛趋向恢复之际有时可能突然恶化，病牛全身虚弱，肌肉发抖，特别是心跳加快，节律失调，反刍停止，食欲废绝，行走摇摆，站立不稳，因心脏麻痹而突然倒地死亡，这种病型称为恶性口蹄疫，病死率高达 20% ～ 50%，主要是由于病毒侵害心肌所致。哺乳犊牛患病时，水泡症状不明显，主要表现为出血性肠炎和心肌麻痹，死亡率很高，病愈牛可获得一年左右的免疫力，并不再排毒。

**3. 剖检变化**

口蹄疫除口腔、蹄部的水泡和烂斑外，在咽喉、气管、支气管和前胃黏膜有时可见到圆形烂斑和溃疡，真胃和肠黏膜可见出血性炎症。另具有诊断意义的是心脏病变，心包膜有弥散性及点状出血点，心肌松软似煮肉状，心肌切面有灰白色或淡黄色斑点或条纹，好似老虎皮上的斑纹，故称"虎斑心"。

（二）防治方法

1.综合性措施

多采取以检疫诊断为主的综合性防治措施，一旦发现疫情，立即进行封锁、隔离、检疫、消毒等措施，迅速通报疫情，查源灭源，对牛群进行紧急预防接种，并及时拔除疫点。

（1）实行强制普免

免疫预防是控制本病的主要措施，非疫区要根据接邻地区发生口蹄疫的血清型选择同血清型的疫苗。发生口蹄疫的地区，应当鉴定口蹄疫血清型，然后选择同血清型的疫苗。

（2）依法进行检疫

带毒活畜和畜产品的流动是口蹄疫暴发和流行的重要原因之一，因此要依法进行产地检疫和屠宰检疫，严厉打击非法经营和屠宰病畜；依法做好流通领域运输活畜和畜产品的检疫、监督和管理，防止口蹄疫传入；对进入流通领域的偶蹄动物必须具备检疫合格证明和疫苗免疫注射证明。

（3）坚持"自繁自养"

尽量不从外地引进动物，必须引进时，需了解当地近 1～3 年内有无口蹄疫发生和流行，只从非疫区、健康群中购买，并需经检疫合格。购买后，仍需隔离观察 1 个月，经临诊检查、实验室检查，确认健康无病方可混群饲养。发生口蹄疫的动物饲养场，全场动物不能留作种用。

（4）严防通过各种传染媒介和传播渠道传入疫情

严格隔离饲养，杜绝外来人员参观，加强对进场的车辆、人员、物品消毒，不从疫区购买饲料，严禁从疫区调运动物及其产品等。

2.控制扑灭措施

发生疫情采取扑杀病畜、彻底拔除疫点的方式控制疫病传播。

一旦有口蹄疫疫情发生，当地人民政府农业农村主管部门应当立即派人到现场，划定疫点、疫区、受威胁区，采集病料，调查疫源，及时报请同级人民政府决定对疫区实行封锁。

县级以上人民政府应当立即组织有关部门和单位采取隔离、扑杀、销毁、消毒、紧急免疫接种等强制性控制、扑灭措施，迅速扑灭疫病，并通报毗邻地区。

疫区范围涉及两个以上行政区域的，由有关行政区域共同的上一级人民政府决定对疫区实行封锁，或者由各有关行政区域的上一级人民政府共同决定对疫区实行封锁。

在封锁期间，禁止染疫和疑似染疫的动物、动物产品流出疫区，禁止非疫区的动物进入疫区，并根据扑灭动物疫病的需要对出入封锁区的人员、运输工具及有关物品采取消毒和其他限制性措施。

人因饲养病畜、接触病畜患部或食入病畜生乳或未经充分消毒的病畜乳及乳制品而被感染，创伤也可感染。潜伏期 2～18 天，一般为 3～8 天。常突然发病，体温升高，头晕、头痛、恶心、呕吐、精神不振；2～3 天后，口腔有干燥和灼热感，唇、齿龈、舌面、舌根及咽喉部发生水泡，咽喉疼痛，口腔黏膜潮红，皮肤上的水泡多见于指尖、指甲基部，有时也见于手掌、足趾、鼻翼和面部。持续 2～3 天后水泡破裂，形成薄痂或溃疡，但大多逐渐愈合，有的病人有咽喉痛、吞咽困难、腹泻、虚弱等症状。一般病程约一周，预后良好。重症者可并发胃肠炎、神经炎和心肌炎等。小儿有较高的易感性，感染后易发生胃肠炎。因此，预防人感染口蹄疫，一定要做好自身防护，注意消毒，防止外伤，非工作人员不与病畜接触，以防止感染和散毒。

## 二、牛传染性胸膜肺炎

牛传染性胸膜肺炎也称牛肺疫，是由丝状霉形体丝状亚种所致牛的一种特殊的传染性肺炎，以纤维素性肺炎和浆液性纤维素性胸膜肺炎为主要特征。

霉形体对外界环境因素抵抗力不强。暴露在空气中，特别在阳光直射下，几小时即失去毒力。干燥、高温都可使其迅速死亡，反之，在冰冻下却能保存很久，–20℃以下能存活数月，真空冻干低温保存可活 10 年之久。对化学消毒药抵抗力不强，常用的消毒剂都能将它彻底杀死。

### （一）诊断要点

1.流行特点

本病易感动物主要是牦牛、奶牛、黄牛、水牛等，其中奶牛最易感。各种牛对本病的易感性，依其品种、生活方式及个体抵抗力不同而有区别，发病率为60%～70%，病死率约为30%～50%；山羊、绵羊及骆驼在自然情况下不易感染，其他动物及人无易感性。

病牛、康复牛及隐性带菌牛是主要的传染源，病牛康复 15 个月甚至 2～3 年后还能感染犍牛。病原主要由呼吸道随飞沫排出，也可由尿及乳汁排出，在产犊时可由子宫分泌物中排出。

自然感染主要传播途径是呼吸道，也可经消化道传播。牛吸入污染的空气、尘埃或食入污染的饲料、饮水即可感染发病。

年龄、性别、季节和气候等因素对易感性无影响，饲养管理条件差、畜舍拥挤、转群或气温突然降低，均可促进本病的流行。引进带菌牛常引起本病的急性暴发，以后转为地方流行性。牛群中流行本病时，流行过程常拖延很久；舍饲者一般在数周后病情逐渐明显，全群患病一般经过数月。

2. 临床症状

潜伏期一般为 2～4 周，短者 8 天，长者可达 4 个月。症状发展缓慢者，常是在清晨冷空气或冷饮刺激或运动时才发生短干咳嗽（起初咳嗽次数少，进而逐渐增多），继之食欲减退，反刍迟缓，泌乳减少，此症状易被忽视；症状发展迅速者以体温升高0.5～1℃开始，随病程发展，症状逐渐明显。按其经过可分为急性和慢性两种类型。

（1）急性型

急性型症状明显而有特征性，主要呈急性胸膜肺炎的症状。体温升高到 40～42℃，呈稽留热，干咳，呼吸加快而有呻吟声，鼻孔扩张，前肢外展，呼吸极度困难，发出"吭"音，按压肋间有疼痛反应。由于胸部疼痛不愿行动或下卧，呈腹式呼吸。咳嗽逐渐频繁，呈疼痛性短咳，咳声低沉、弱而无力。有时流出浆液性或脓性鼻液，可视黏膜发绀。呼吸困难加重后，叩诊胸部，有浊音或实音区。听诊患部，可听到湿性哕音，肺泡音减弱乃至消失，代之以支气管呼吸音，无病变部分则呼吸音增强，有胸膜炎发生时，则可听到摩擦音，叩诊可引起疼痛。

病后期，心脏常衰弱，脉搏细弱而快，每分钟可达 80～120 次，有时因胸腔积液，只能听到微弱心音或不能听到。此外，还可见到胸下部及肉垂水肿，食欲丧失，泌乳停止，尿量减少而比重增加，便秘与腹泻交替出现。病畜体况迅速衰弱，眼球下陷，眼无神，呼吸更加困难，常因窒息而死。急性病程一般在症状明显后经过 5～8 天，约半数转归为死亡；有些患畜病势趋于缓和，全身状态改善，体温下降，逐渐痊愈；有些患畜则转为慢性。整个急性病程约为 15～60 天。

（2）慢性型

慢性型多数由急性型转来，少数病畜一开始即取慢性经过者。除体况消瘦，多数无明显症状。病牛食欲时好时坏，体瘦无力，偶发干性短咳，胸部听诊、叩诊变化不明显，

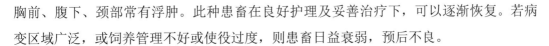

胸前、腹下、颈部常有浮肿。此种患畜在良好护理及妥善治疗下，可以逐渐恢复。若病变区域广泛，或饲养管理不好或使役过度，则患畜日益衰弱，预后不良。

3. 剖检变化

特征性病变主要在肺脏和胸腔。典型病例是大理石样肺和浆液性，纤维素性胸膜肺炎。肺和胸膜的变化，按其发生发展过程，分为初期、中期和后期三个时期。

初期病变以小叶性支气管肺炎为特征。肺炎灶充血、水肿，呈鲜红色或紫红色。

中期呈典型的浆液性纤维素性胸膜肺炎。病肺肿大、增重，灰白色，多为一侧性，以右侧较多。肺实质肝变，切面红灰相间，呈大理石样花纹。肺间质水肿。胸膜、心包股增厚，表面有纤维素性附着物，并与肺病部粘连，多数病例的胸腔内积有淡黄、透明或混浊液体，多的可达1万～2万毫升。内杂有纤维素凝块或凝片。心包内有积液，心肌脂肪变性。

后期肉眼病变有两种。一种是不完全治愈型，局部病灶形成脓腔或空洞；局部结缔组织增生，形成瘢痕。另一种是完全治愈型，病灶完全瘢痕化或钙化。

本病病变还可见腹膜炎、浆液性纤维性关节炎等。

（二）防治方法

根除传染源、坚持开展疫苗接种是控制和消灭本病的主要措施，即根据疫区的实际情况，扑杀病牛和与病牛有过接触的牛只，同时在疫区及受威胁区每年定期接种牛肺疫兔化弱毒苗或兔化绵羊化弱毒苗，连续3～5年。我国研制的牛肺疫兔化弱毒疫苗和牛肺疫兔化绵羊化弱毒疫苗免疫效果良好。

本病预防工作应注意自繁自养，不从疫区引进牛只，必须引进时，对引进牛要进行检疫，做补体结合反应两次，证明为阴性者，接种疫苗，经4周后启运，到达后隔离观察3个月，确认无病时，方能与原有牛群接触。原牛群也应事先接种疫苗。

因治愈的牛长期带菌，是危险的传染源，病牛必须扑杀并进行无害化处理。

## 三、牛海绵状脑病

牛海绵状脑病俗称"疯牛病"，是由朊病毒引起牛的一种以潜伏期长、病情逐渐加重为特征的传染病，主要表现为行为反常、颤抖、感觉过敏、体位异常、运动失调、轻瘫、有攻击行为甚至狂暴、产奶减少、体重减轻、脑灰质海绵状水肿和神经元空泡形成。病牛终归死亡。

病毒对热的抵抗力极强。100℃也不能完全使其灭活，134～138℃高压蒸汽18分钟可使大部分病原灭活，360℃干热条件下可存活 1 小时，焚烧是最可靠的杀灭办法。用 20℃含 2% 有效氨的次氨酸钠或 2N 的氢氧化钠，用于表面消毒须作用 1 小时以上，用于设备消毒则须作用 24 小时；但在干燥和有机物保护之下，或经福尔马林固定的组织中的病原，不能被上述消毒剂灭活。动物组织中的病原，在 10 ～ 12℃福尔马林中可保持感染性几个月，乙醇、过氧化氢（双氧水）、酚等均不能将其灭活，经过油脂提炼后仍有部分存活。病原在土壤中可存活 3 年，紫外线、放射线不能将其灭活。

（一）诊断要点

1. 流行特点

本病的发生与牛的品种、性别等因素无关，多发生于 3 ～ 5 岁的成年牛，最早可使 22 月龄牛发病，最晚到 17 岁才发病。

患病牛及带毒牛、患痒病的绵羊和其他感染动物是本病的传染源。

动物主要是由于摄入混有痒病病羊或病牛尸体加工成的肉骨粉面经消化道感染的。也可通过除呼吸道之外的其他途径感染，如血液、皮肤、黏膜等。经脑内和静脉注射可使小鼠、牛、绵羊、山羊、猪和水貂感染，经口感染可使绵羊和山羊发病。

发病牛年龄为 3 ～ 11 岁，但多集中于 4 ～ 6 岁青壮年牛，2 岁以下和 10 岁以上的牛很少发生。乳牛因饲养周期较肉牛长，且肉骨粉用量大，因而发病率高。发病无明显季节性，一年四季均可发生。

2. 临床症状

牛海绵状脑病的平均潜伏期约为 5 年，病程一般为 14 ～ 180 天，其症状不尽相同，多数病例表现出中枢神经系统的症状，临诊表现为精神异常、运动和感觉障碍。

3. 剖检变化

肉眼变化不明显，但组织学变化具有明显的特征性。

目前定性诊断以大脑组织病理学检查为主，但需在牛死后才能确诊，且检查需要较高的专业水平和丰富的神经病理学观察经验。

病料样品采集：组织病理学检查，在病畜死后立即取整个大脑以及脑干或延脑，经 10% 福尔马林固定后送检。

（二）防治方法

本病尚无有效治疗方法。应采取以下措施，减少病原在动物中的传播。

①建立牛海绵状脑病的持续监测和强制报告制度。

②禁止用反刍动物源性饲料饲喂反刍动物。

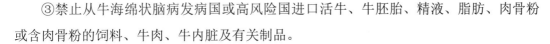

③禁止从牛海绵状脑病发病国或高风险国进口活牛、牛胚胎、精液、脂肪、肉骨粉或含肉骨粉的饲料、牛肉、牛内脏及有关制品。

④一旦发现可疑病牛，立即隔离并报告，力争尽早确诊。确诊后扑杀所有病牛和可疑病牛，甚至整个牛群，对其接触牛群也应全部处理，尸体焚毁或深埋3米以下。不能焚烧的物品及检验后的病料，应用高压蒸汽136℃处理2小时或用2%有效氯的次氯酸钠浸泡。

牛海绵状脑病的预防和控制困难极大。我国尚未发现疯牛病，但仍有从境外传入的可能。为此，提出防范牛海绵状脑病的九字方针："堵漏洞、查内源、强基础"，加强口岸检疫和邮检工作，严禁携带和邮寄牛肉及其产品入境。

## 四、牛传染性鼻气管炎

牛传染性鼻气管炎又称"坏死性鼻炎"、"红鼻病"、牛传染性脓疱性外阴—阴道炎，是由牛传染性鼻气管炎病毒引起牛的一种急性接触性传染病。其特征是鼻道及气管黏膜发炎、发热、咳嗽、呼吸困难、流鼻汁等症状，有时伴发阴道炎、结膜炎、脑膜脑炎、乳房炎，也可引发流产。

目前，该病呈世界性分布，美国、澳大利亚、新西兰以及欧洲许多国家都有本病流行。1980年，我国从新西兰进口奶牛中首次发现本病，并分离到了传染性牛鼻气管炎病毒。其危害性在于病毒侵入牛体后，可潜伏于一定部位，导致持续性感染，病牛长期乃至终生带毒，给控制和消灭本病带来极大困难。

牛传染性鼻气管炎病毒对外界环境的抵抗力较强，寒冷季节、相对湿度为90%时可存活30天；在温暖季节中，该病毒也能存活5～13天；-70℃保存的病毒可存活数年。对热敏感，在56℃条件下21分钟可灭活；对乙醚和酸敏感，对一般常用消毒药敏感。

### （一）诊断要点

1. 流行特点

本病主要感染牛，尤以肉用牛较为多见，其次是奶牛。肉用牛群的发病有时高达75%，其中又以20～60日龄的犊牛最为易感，病死率也较高。

病牛和带毒牛为主要传染源。病毒存在于病牛的鼻腔、气管、眼睛、血液、精液及流产胎儿内。当存在应激因素（如长途运输、过于拥挤、分娩和饲养环境发生剧烈变化）时，潜伏于三叉神经节和腰、荐神经节中的病毒可以活化，并出现于鼻汁与阴道分泌物中，因此隐性带毒牛往往是最危险的传染源。牛传染性鼻气管炎病毒一般需密切接触通过空气经呼吸道传染，尤其是通过交配、舔等，也可经胎盘传染。病毒可通过持续感染代代相传，此种动物周期性排毒，某些情况下也可垂直感染。

牛传染性鼻气管炎的发生无明显的季节性，但寒冷的季节易发生流行。有时呈地方流行性发生；舍饲牛过分拥挤、密切接触时更易迅速传播。通风不良、气温寒冷、饲养环境发生剧烈变化、分娩及长途运输等可诱发本病迅速传播。

2. 临诊症状

潜伏期一般为 4 ～ 6 天。有时可达 20 天以上，人工滴鼻或气管内接种可缩短到 18 ～ 72 小时。根据被侵害的不同组织，本病可有 6 种类型，但是它们往往是不同程度地同时存在，很少单独发生，其中较为多见的病型是呼吸道型，伴有结膜炎、流产和脑膜脑炎，其次是脓疱性外阴—阴道炎或龟头—包皮炎。

（1）呼吸道型

该病型在临诊上最为常见，为最重要的一种类型。通常于每年较冷的月份出现，病情有的很轻微甚至不能被觉察，也可能极严重。常见于围栏牛，极少发生于舍饲牛。急性病例可侵害整个呼吸道，病初发高热 39.5 ～ 42℃，极度沉郁，拒食，咳嗽，呼吸困难，流泪，流涎，有多量黏液脓性鼻漏，鼻黏膜高度充血，出现浅溃疡，鼻窦及鼻镜因组织高度发炎而称为"红鼻子"。常因鼻黏膜的坏死，呼气中有臭味。乳牛病初产乳量即大减，后完全停止，病程如不延长（5 ～ 7 天）则可恢复产量。重型病例数小时即死亡，大多数病程 10 天以上。严重的流行，发病率可达 75% 以上，但病死率只在 10% 以下。以犊牛症状急而重，常因窒息或继发感染而死亡。

（2）生殖道感染型（生殖器型）

在美国又称传染性脓疱性外阴—阴道炎，在欧洲国家又称交合疹。潜伏期 1 ～ 3 天。由配种传染，可发生于母牛及公牛。病初发热，沉郁，无食欲，频尿，有痛感。产乳稍降。阴户联合下流黏液线条，污染附近皮肤，阴门阴道发炎充血，阴道底面上有不等量黏稠无臭的黏液性分泌物。阴门黏膜上出现小的白色病灶，大量小脓包使阴户前庭及阴道壁形成广泛的灰色坏死膜，当擦掉或脱落后遗留发红的破损表皮，急性期消退时开始愈合，经 10 ～ 14 天痊愈。

公牛，患本病型又称传染性脓疱性包皮—龟头炎，潜伏期 2 ～ 3 天；沉郁、不食，生殖道黏膜充血。轻症 1 ～ 2 天后消退，继而恢复；严重的病例发热，龟头、包皮内侧、阴茎上充血，尤其当有细菌继发感染时更重。同时，多数病牛精囊腺变性、坏死。种公牛失去配种能力，或康复后长期带毒，一般出现临诊症状后 10 ～ 14 天开始恢复。

（3）脑膜脑炎型

脑膜脑炎型仅见于犊牛，表现为脑炎症状。体温升高达 40℃ 以上，在出现呼吸道症状的同时，伴有神经症状，视力障碍，共济失调，沉郁，随后兴奋，惊厥抽搐，角弓反张，磨牙，四肢划动，口吐白沫，最终倒地，病程短促，多归于死亡。发病率高，病死率可达 50% 以上。

（4）眼结膜炎型（结膜角膜型）

眼结膜炎型多与上呼吸道炎症合并发生。主要症状是结膜角膜炎。轻者结膜充血、眼睑水肿，大量流泪；重者眼睑外翻，结膜表面出现灰色假膜，呈颗粒状外观，角膜轻度混浊呈云雾状，但不出现溃疡，流黏液脓性分泌物，很少引起死亡。

（5）流产型（流产不孕型）

一般认为是病毒经呼吸道感染后，从血液循环进入胎膜、胎儿所致。胎儿感染为急性过程，7 ～ 10 天后以死亡告终，再经 24 ～ 48 小时排出体外。因组织自溶，难以证明有包涵体。如果是妊娠牛，可在呼吸道和生殖器症状出现后的 1 ～ 2 个月内流产，也有突然流产的。如果是非妊娠牛，则可因卵巢功能受损害导致短期内不孕。

（6）肠炎型

肠炎型见于 2 ～ 3 周龄的犊牛，在发生呼吸道症状的同时，出现腹泻，甚至排血便。病死率为 20% ～ 80%。

3. 剖检变化

呼吸型，呼吸道（咽喉、气管及大支气管）黏膜高度发炎，有浅溃疡，其上被覆腐臭黏液脓性渗出物，可能有成片的化脓性肺炎；呼吸道上皮细胞中有核内包涵体，于病程中期出现；常伴有第四胃黏膜发炎及溃疡，大小肠可有卡他性肠炎。生殖道感染性病变，见阴道出现特殊性的白色颗粒和脓包。脑膜脑炎的病灶呈非化脓性脑炎变化。流产胎儿肝、脾有局部坏死，有时皮肤有水肿。

根据该病在流行病学、临诊症状和病理变化等方面的特点，可进行初步的诊断。在新疫区要确诊本病，必须依靠病毒分离鉴定和血清学诊断。

病料样品采集：分离病毒所用的病料，可以是发热期的鼻腔洗涤物，也可以用流产胎儿的胸腔积液或胎盘子叶。

（二）防控措施

由于本病病毒可导致持续性的感染，防控本病最重要的措施是在加强饲养管理的基础上，加强冷冻精液检疫、管理制度，不从有病地区或国家引进牛只或其精液，必须引进时需经过隔离观察和严格的病原学或血清学检查，证明未被感染或精液未被污染方准使用。在生产过程中，应定期对牛群进行血清学监测，发现阳性感染牛应及时淘汰。

在流行较严重的国家，一般用疫苗预防控制，常用各种弱毒疫苗及基因缺失疫苗。疫苗虽不能防止感染，但可明显降低发病率及患病严重程度。在发病率低的欧洲国家，则采取淘汰阳性牛的严厉措施，不再允许使用疫苗。

本病尚无特效疗法，病畜应及时严格隔离，最好予以扑杀或根据具体情况逐渐将其淘汰。

关于本病的疫苗，目前有弱毒疫苗、灭活疫苗和亚单位苗（用囊膜糖蛋白制备）三类。研究表明，用疫苗免疫过的牛，并不能阻止野毒感染，也不能阻止潜伏病毒的持续性感染，只能起到防御临诊发病的效果。因此，采用敏感的检测方法（如 PCR 技术）检出阳性牛并予以扑杀可能是目前根除本病的唯一有效途径。

## 五、牛恶性卡他热

牛恶性卡他热又名恶性头卡他或坏疽性鼻卡他，是由牛恶性卡他热病毒引起的一种具有高度致死性的淋巴增生性病毒性传染病，以高热、口鼻眼黏膜的黏脓性坏死性炎症、角膜混浊并伴有脑炎为特征。

目前，本病散发于世界各地，我国也有该病的报道。

牛恶性卡他热病毒对外界环境的抵抗力不强，是疱疹病毒中最为脆弱的成员，一般消毒药均可将其灭活。

### （一）诊断要点

1. 流行特点

恶性卡他热在自然情况下主要发生于黄牛和水牛身上，其中 1～4 岁的牛较易感，老牛发病者少见。绵羊及非洲角马是本病毒的贮主，仅传播病毒，本身并不发病。

本病的传染源在非洲主要是角马，在欧洲主要是绵羊。感染牛为终末宿主。牛多经呼吸道感染。该病的发生主要是牛与绵羊、角马接触而感染，通过吸血昆虫传播病毒的可能性比较小。病牛的血液、分泌物和排泄物中含有病毒，但病毒在牛与牛之间并不传播。

本病在流行病学上的一个明显特点是牛恶性卡他热病毒不能由病牛直接传播给健康牛，其流行有三种形式。

第一种是非洲型，在非洲牛及野生反刍兽患病，主要以角马为传播媒介，鼻腔分泌液中含有大量病毒。非洲型恶性卡他热病毒已分离成功，并作为病毒分类的依据。第二种是绵羊型牛及鹿患病，通过与绵羊密切接触而感染，我国流行的属于绵羊型。第三种流行于北美，围栏养殖的牛患病，无须绵羊接触。非洲型及绵羊型均可感染兔，使之发生类似牛恶性卡他热。

一般认为绵羊无症状带毒是牛群暴发本病的主要原因。许多兽医工作者早就注意到，发病牛多与绵羊有接触史。

本病一年四季均可发生，更多见于冬季和早春，主要与角马分娩有关，并且与分娩角马、绵羊胎盘或胎儿接触的牛群最易发生本病；多呈散发，有时呈地方流行性。多数地区发病率较低，而病死率可高达 60% ～ 90%。昆虫传播此病的作用，有待进一步证实。

2. 临诊症状

自然感染的潜伏期，长短变动很大，一般 4 ～ 20 周或更长，最多见的是 28 ～ 60 天。人工感染犊牛的潜伏期通常为 10 ～ 30 天。

恶性卡他热有几种病型，即最急性型、消化道型、头眼型、良性型及慢性型等。头眼型最典型，在非洲是常见的一型。这些型可能互相重叠，并且常出现中间型。所有病例都有高热稽留（40.5 ～ 42.2℃）、肌肉震颤、寒战、食欲锐减、瘤胃弛缓、泌乳停止、呼吸及心跳加快、鼻镜干热等症状。

（1）最急性型

病程短至 1 ～ 3 天即死亡，主要表现为口腔和鼻腔黏膜的剧烈炎症和出血性胃肠炎，死于严重的病毒血症和主要器官的脉管炎。

（2）消化道型

以腹泻为主要症状的严重小肠结肠炎，常死亡。发热，并具有某种程度的黏膜损伤、眼损伤和其他器官病变。该病另一罕见的急性型为严重的出血性膀胱炎，表现为血尿、痛性尿淋漓和尿频。发生这一类型的病牛出现高热，仅能存活 1 ～ 4 天。

（3）头眼型

该型最为常见。其特征是高热稽留（40.5 ～ 42.2℃），持续至死亡之前。严重的鼻腔和口腔黏膜损伤，眼损伤和明显的沉郁。常伴发神经紊乱，预后不良。一般病程 4 ～ 14 天，症状轻微时可以恢复，但常复发，病死率很高。高热同时还伴有鼻眼少量分泌物，一般在第 2 日以后，发生各部黏膜症状，口腔与鼻腔黏膜充血、坏死及糜烂。数日后，鼻孔前端分泌物变为黏稠脓样，在典型病例中，形成黄色长线状物直垂于地面。这些分泌物干涸后，聚集在鼻腔，妨碍气体通过，引起呼吸困难。病牛的鼻镜外观干燥或"晒伤"状，随后表皮脱离。鼻黏膜脱落后可形成固膜性痂并堵塞呼吸道。口腔黏膜广泛坏死及糜烂，并流出带有臭味涎液。每一典型病例，几乎均具有眼部症状，畏光、流泪、眼睑闭合，继而虹膜睫状体炎和进行性角膜炎，角膜水肿是最常见病变，可能在 8 小时内变得完全不透明，也有发展较为迟缓的。如咽黏膜肿胀，可以引起窒息。炎症蔓延到额窦，会使头颅上部隆起；如蔓延到牛角骨床，则牛角松离，甚至脱落。体表淋巴结肿大。白细胞减少。初便秘，后拉稀，排尿频数，有时混有血液和蛋白质。母畜阴唇水肿，阴道黏膜潮红、肿胀。有些患牛发生神经症状。病程较长时，皮肤出现红疹、小疱疹等。

（4）良性型

在临诊上实际表现为亚临床感染。

水牛发病后，主要表现为持续高热、颌下及颈胸部皮下水肿，并出现全身性败血症的变化。发病率不高，但病死率可达 90% 以上。水牛发病与其接触山羊有关，水牛和水牛间不能直接传播。

（5）慢性型

牛恶性卡他热的特征是临诊病程较长，一般为数周。病牛出现高热，黏膜糜烂和溃疡，双侧性眼色素层炎。皮肤丘疹或角化过度，淋巴结病变和趾部损伤。黏膜损伤往往较严重，组织脱落，并引起流涎和厌食。某些病例恢复后仅隔数周到数月又出现复发，在间隔期间病牛表现健康，但复发后体温升高和黏膜、眼及皮肤出现病变并导致衰竭。该型病牛极少完全恢复和存活。

3. 剖检变化

病理剖检变化依临诊症状不同而异。所有病例的淋巴结出血、肿大，其体积可增大 2 ～ 10 倍，并以头、颈和腹部淋巴结最明显。

最急性病例没有或只有轻微变化，可以见到心肌变性，肝脏和肾脏浮肿，脾脏和淋巴结肿大，消化道黏膜特别是真胃黏膜有不同程度发炎。

头眼型以类白喉性坏死性变化为主，可能由骨膜波及骨组织，特别是鼻甲骨、筛骨和角床的骨组织。喉头、气管和支气管黏膜充血，有小点出血，也常覆有假膜。肺充血及水肿，也见有支气管肺炎、全眼脉管炎。

消化道型以消化道黏膜变化为主。口腔黏膜溃疡、糜烂，真胃黏膜和肠黏膜出血性炎症，有部分形成溃疡。在较长的病程中，泌尿生殖器官黏膜也呈炎症变化。脾正常或中等肿胀，肝、肾浮肿，胆囊可能充血、出血，心包和心外膜有小点出血，脑膜充血，有浆液性浸润。

根据流行特点，临诊症状及病理变化可做出初步诊断，确诊需进行实验室检查，包括病毒分离培养鉴定、动物试验和血清学诊断等。

病料样品采集：病毒分离用的血液用乙二胺四乙酸或肝素抗凝，脾、淋巴结、甲状腺等组织应无菌采集，冷藏下迅速送检。

（二）防治方法

目前本病尚无特效治疗方法。控制本病最有效的措施，是立即将绵羊等反刍动物清除出牛群，不让其与牛接触，特别是在媒介动物的分娩期，更应阻止相互接触。同时注意畜舍和用具的消毒。当动物园和养殖场必须引进媒介动物时，必须经血清中和试验证明为阴性，并隔离观察一个潜伏期后才能允许其活动。

对病牛，一旦发现应立即扑杀并无害化处理，污染的场地应用卤素类消毒药物进行彻底消毒。

## 六、牛白血病

牛白血病又称牛白血组织增生症、牛淋巴肉宿、牛恶性淋巴瘤，是牛的一种慢性肿瘤性疾病，其特征为淋巴样细胞恶性增生，进行性恶病质和高度病死率。分为地方流行型白血病和散发型白血病两大类。前者主要发生于成年牛，病原体是反转录病毒科的牛白血病病毒；后者主要见于犊牛。

目前本病分布广泛，几乎遍及全世界养牛的国家。我国自1977年以来，先后在江苏、安徽、上海、陕西、新疆等地发现本病，并有不断扩大与蔓延的趋势，对养牛业造成了严重的威胁。

病毒对外界的抵抗力低，对温度较敏感，可经巴氏消毒灭活，60℃以上迅速失去感染力。紫外线照射和反复冻融对病毒有较强的灭活作用。

（一）诊断要点

1. 流行特点

本病主要发生于成年牛，尤以4～8岁的牛最常见；也发生于绵羊、瘤牛和水牛，水豚也能感染。

病畜和带毒者是本病的传染源。健康牛群发病，往往是由于引进了感染的牲畜，但一般要经过数年（平均4年）才出现肿瘤的病例。感染后的牛群并不立即出现临诊症状，多数为隐性感染者而成为传染源。

本病可由感染牛以水平传播方式传染给健康牛。感染的母牛也可以垂直传播方式传染给胎儿或犊牛。血液水平传播通常是医源性的，即通过注射器、针头、去角器、耳号钳、去势工具、鼻环。直肠检查也会造成本病的传播。近年来证明吸血昆虫在本病传播上具有重要作用。病毒存在于淋巴细胞内，吸血昆虫吸吮带毒牛血液后，再去刺吸健康牛就可引起疾病传播。垂直传播包括子宫内传播、胚胎移植传播和饲喂感染的牛奶或初乳引起感染。

本病一般呈地方流行性发生，但3岁以下的牛多为散发性。牛群越大越密集，污染率和发病率越高。本病呈明显的垂直传播。感染母牛所生的胎儿在摄食初乳前约10%抗体阳性，而在摄食初乳后24小时则全部转阳，并且初乳在犊牛体内的维持时间也较长，故在诊断或检疫时应在犊牛6月龄以后进行。

目前尚无证据证明本病毒可以感染人，但要做出本病毒对人完全没有危险性的诊断还需进一步研究。

2. 临诊症状

各种年龄的牛都可感染牛白血病病毒，一般为亚临诊经过，表现为淋巴细胞增多症，少数病牛演变为淋巴肉瘤，但典型的淋巴肉瘤则常见于3岁以上的牛。白血病病毒阳性牛只有不到5%的牛发展成肿瘤或与淋巴肉瘤相关的疾病。许多阳性牛没有临诊症状，有免疫能力并有与血清学阴性牛一样的生产能力。即使一些病例特异性靶器官上有淋巴肉瘤，可出现一些典型的临诊症状，但多数病例需要与多种其他疾病做鉴别诊断。淋巴肉瘤可能以牛的多种炎性或虚弱性疾病的形式表现出来。本病有临床型和亚临床型两种表现。

（1）临床型

常见于3岁以上的牛，通常均取死亡转归。随瘤体生长部位的不同，可表现为消化紊乱，食欲不振、体虚乏力、产奶量降低，体重减轻。体温一般正常，有时略微升高。淋巴肉瘤可发生在所有淋巴结，从体表或经直肠可摸到某些淋巴结呈一侧或对称性增大。腮淋巴结或股前淋巴结常显著增大，触摸时可移动。如一侧肩前淋巴结增大，病牛的头颈可向对侧偏斜；眶后淋巴结增大可引起眼球突出，咽喉和纵隔淋巴结有肿瘤时可引起呼吸困难和臌气。胃肠道是淋巴肉瘤的常发部位，可引起不同程度的前胃机能障碍，以及迷走神经性消化不良，皱胃的淋巴肉瘤可引起黑粪症，病畜由于疼痛而磨牙。子宫和生殖道的肿瘤可呈局灶性、多灶性或弥散性。心脏淋巴肉瘤可引起心律不齐、心脏杂音、心包积液及心力衰竭等。脊髓硬膜外区的淋巴肉瘤肿块可引起进行性轻瘫，最后发展为完全瘫痪。泌尿系统肿瘤可引起血尿、急腹痛、里急后重、尿点滴及肾性氮血症等。弥散型脾肿瘤常导致脾破裂、致死性腹腔内出血和急性死亡。淋巴肉瘤成年牛很少发生皮肤肿瘤，一旦发生表现为皮肤肿瘤坚实，呈结节状或斑状。散发型或幼稚型、胸腺型、皮肤型淋巴肉瘤少见，常见于2岁以下的牛，似乎与白血病病毒感染无关，因为这些牛大多数都是白血病病毒血清阴性。最明显的临诊症状是弥散型淋巴结病，导致几乎全部体表淋巴结明显的或触诊可知的增大。这些犊牛常出现复发性或持续性臌气或呼吸困难。

（2）亚临床型

无肿瘤形成，其特点是淋巴细胞增生，可持续多年或终身，对健康状况没有任何扰乱。这样的牲畜有些可进一步发展为临床型。

3. 剖检变化

尸体常消瘦、贫血。最常受侵害的器官有皱胃、右心房、脾脏、肠道、肝脏、肾脏、肺、瓣胃和子宫等。脾脏结节状肿大；心脏肌肉出现界限不明显的白色斑状病灶；肾脏表面布满大小不等的白色结节；膀胱黏膜出现肿瘤块，伴有出血、溃疡；瓣胃浆膜部出现白色实体肿瘤；空肠系膜脂肪部形成肿瘤块。腮淋巴结、肩前淋巴结、股前淋巴结、乳房上淋巴结和腰下淋巴结异常肿大，被膜紧张，呈均匀灰色，柔软，切面突出。肾、肝、肌肉、神经干和其他器官也可受损，但脑的病变少见。

根据临诊症状和病理变化即可诊断，触诊肩前、股前、后淋巴结肿大，直检骨盆腔及腹腔内有肿瘤块存在，腹股沟淋巴结的肿大；血液学检查可见白细胞总数增加，淋巴细胞数量增加75%以上，并出现成淋巴细胞（瘤细胞）；活组织检查可见成淋巴细胞和幼稚淋巴细胞；尸体剖检及组织学检查具有特征性病变等。

具有特别诊断意义的是腹股沟和髂淋巴结的增大。由于淋巴细胞增多症经常是发生肿瘤的先驱变化，它的发生率远远超过肿瘤形式，因此，检查血象变化是诊断本病的重要依据。对感染淋巴结做活组织检查，发现有成淋巴细胞（瘤细胞），可以证明有肝瘤的存在。尸体剖检可以见到特殊的肿瘤病变。最好采取组织样品（包括右心房、肝、脾、肾和淋巴结）做显微镜检查以确定诊断。

亚临床型病例或症状不典型的病例则需要通过实验室方法确诊。

病料采集：淋巴结、血液、实质脏器。

（二）防治方法

本病尚无特效疗法。根据本病的发生呈慢性持续性感染的特点，防控本病应采取以严格检疫、淘汰阳性牛为中心，包括定期消毒、驱除吸血昆虫、杜绝因手术、注射可能引起的交叉感染等在内的综合性措施。

无病地区应严格防止引入病牛和带毒牛，引进新牛必须进行认真的检疫，发现阳性牛立即淘汰,但不得出售,阴性牛也必须隔离 3 ～ 6 月以上方能混群。

染疫场每年应进行 3 ～ 4 次临诊。血液和血清学检查,不断清除阳性牛;对感染不严重的牛群,可借此进行净化。当所有牛群连续 2 次以上均为琼扩阴性结果时,即可认为是白血病的净化群。如感染牛只较多或牛群长期处于感染状态,应采取全群扑杀的坚决措施。对检出的阳性牛,如因其他原因暂时不能扑杀时,应隔离饲养,控制利用;肉牛可在肥育后屠宰。阳性母牛可用来培养健康后代,犊牛出生后 6 月龄、12 月龄和 18 月龄时,各做一次血检,阳性牛必须淘汰,阴性者单独饲养,喂以健康牛乳或消毒乳,阳性牛的后代均不可作为种用。

## 七、牛出血性败血病

牛出血性败血病又名牛巴氏杆菌病,是由多杀性巴氏杆菌引起牛的一种急性、热性传染病。该病的特征是高热、肺炎、急性胃肠炎和内脏广泛出血,慢性者则表现为皮下、关节以及各脏器的局灶性化脓性炎症。本病分布于世界各地,我国各地均有此病发生,可造成巨大的经济损失。

本菌的抵抗力很低,直射阳光下数分钟死亡;一般消毒药在数分钟内均可将其杀死。

### (一)诊断要点

1. 流行特点

多杀性巴氏杆菌对多种动物均有致病性,动物中以牛发病较多,且多见于犊牛。病畜和带菌动物是本病的传染源。病原体通过病畜的分泌物和排泄物排出体外,污染外界环境、饲料与饮水而散布传染。

该病经过消化道和呼吸道传染,也可经皮肤、损伤的黏膜和吸血昆虫叮咬感染;健康带菌者在机体抵抗力降低时可发生内源性传染。多杀性巴氏杆菌通过外源性传染和内源性传染侵入动物机体后,很快通过淋巴进入血液形成菌血症,并可在 24 小时内发展为败血症而死亡。

本病一年四季均可发生,但以冷热交替、气候剧变、闷热、潮湿、多雨时期发生较多。一般为散发,有时可呈地方流行性。一些诱发因素如营养不良、寄生虫感染、长途运输、饲养管理条件不良等可促进本病发生。

2. 临诊症状

潜伏期为 2 ～ 5 天,病死率可达 80% 以上,痊愈牛可产生较强的免疫力。此病根据临诊症状和病程可分为四型。

（1）急性败血型

在热带地区呈季节性流行，发病率和病死率较高。体温突然升高到 40～42℃，精神沉郁，食欲废绝，呼吸困难，黏膜发绀，有的鼻流带血泡沫，有的腹泻，粪便带血，一般于 12～24 小时内因虚脱而死亡，甚至突然死亡。

（2）肺炎型

此型最常见。病牛呼吸困难，干咳，鼻腔流出无色或带血泡沫，后呈脓性。叩诊胸部，一侧或两侧有浊音区；听诊有支气管呼吸音和吵音，或胸膜摩擦音。严重时，呼吸极度困难，头颈前伸，张口伸舌，病牛迅速窒息死亡。2 岁以下的小牛多伴有带血的剧烈腹泻。病程较长的一般可到 3 天～1 周。

（3）水肿型

水肿型多见于水牛、牦牛。除全身症状外，病牛胸前和头颈部水肿，严重者波及腹下，肿胀硬固热痛。舌咽高度肿胀，伸出齿外，呈暗红色，高度呼吸困难，皮肤和黏膜发绀，眼红肿、流泪。病牛常因窒息而死。也可伴发血便。病程为 12～36 小时。

（4）慢性型

慢性型少见。由急性型转变而来，病牛长期咳嗽，慢性腹泻，消瘦无力。

3. 剖检变化

急性败血型，剖检时往往没有特征性病变，呈一般败血症变化。黏膜和内脏表面有广泛性的点状出血，胸腹腔内有大量渗出液，淋巴结明显肿大。

肺炎型，主要病变为纤维素性胸膜肺炎，胸腔内有大量浆液性纤维素性渗出液，似蛋花样液体；肺与胸膜、心包粘连，肺有不同肝变期的变化，切面红色、灰黄色或灰白色，散在有小坏死灶，小叶间质稍增宽，呈大理石花纹状。发生腹泻的病牛，胃肠黏膜严重出血。

水肿型，肿胀部呈出血性胶样浸润，切开水肿部流出深黄色透明液体，间或有出血。咽淋巴结和前颈淋巴结高度急性肿胀，上呼吸道黏膜卡他性潮红。

根据流行病学特点、临诊症状和病理剖检变化可做出初步诊断，但确诊需要通过实验室方法进行。

病料样品采集：采取急性病例的心、肝、脾或体腔渗出物以及其他病型的病变部位、渗出物、脓汁等病料。

（二）防治方法

本病的发生与各种应激因素有关，因此综合性的预防措施应包括加强饲养管理，增强机体抵抗力；注意通风换气和防暑防寒，避免过度拥挤，减少或消除降低机体抗病能力的应激因素，并定期进行牛舍及运动场消毒，杀灭环境中可能存在的病原体。

新引进的牛要隔离观察1个月以上，证明无病时方可混群饲养。

在经常发生本病的疫区，可按计划每年定期进行牛出血性败血症菌苗的免疫接种。

发生本病时，应立即隔离患病牛并严格消毒其污染的场所，在严格隔离的条件下对患病动物进行治疗，常用的治疗药物有青霉素、链霉素、庆大霉素、恩诺沙星、林可霉素、壮观霉素、头孢噻呋、替米考星、磺胺类、四环素类等多种抗菌药物。其中，最近应用于临床的头孢噻呋效果很好。也可选用高免或康复动物的血清进行治疗。假定健康动物应及时进行紧急预防接种或药物预防，但应注意弱毒菌苗紧急预防接种时，被接种动物应于接种前后至少1周内不得使用抗菌药物。

## 八、牛结核病

牛结核病是由牛分枝杆菌引起人和动物共患的一种慢性传染病。目前在牛群中最常见。临诊特征是病程缓慢、渐进性消瘦、咳嗽、衰竭。病理特征是在体内多种组织器官中形成特征性肉芽肿、干酪样坏死和钙化的结节性病灶。

该病是一种古老的传染病，曾广泛流行于世界各国，以奶牛业发达国家最为严重。由于各国政府都十分重视结核病的防治，一些国家已有效地控制或消灭了此病，但在有些国家和地区仍呈地区性散发和流行。

本菌对外界环境的抵抗力较强。特别是对干燥、腐败及一般消毒药耐受性强，在干燥的痰中10个月，粪便土壤中6～7个月，常水中5个月，奶中90天，在直射阳光下2小时仍可存活。对低温抵抗力强，在0℃可存活4～5个月。对湿热抵抗力弱，水中60～70℃经10～15分钟、100℃立即死亡。对紫外线敏感，波长265纳米的紫外线杀菌力最强。一般的消毒药作用不大，对4%NaOH、3%HCL、6%H$_2$SO$_4$有抵抗力，15分钟不受影响，对无机酸、有机酸、碱类和季铵盐类等也具有抵抗力。5%来苏儿48小时，5%甲醛溶液12小时方可杀死本菌，而在70%的乙醇溶液、10%漂白粉溶液中很快死亡，碘化物消毒效果最佳。

### （一）诊断要点

1.流行特点

本病主要侵害牛，也可感染人、灵长目动物、绵羊、山羊、猪及犬、猫等肉食动物，其中以奶牛的易感性最高。病人和牛互相感染的现象在结核病防治中应给予充分注意。

病牛和病人，特别是开放型患者是主要传染源，其粪尿、乳汁、生殖道分泌物及痰液中都含有病菌。

该病主要通过呼吸道和消化道感染，也可通过交配感染。饲草饲料被污染后通过消化道感染是一个重要的途径；犊牛的感染主要是吮吸带菌奶或喂了病牛奶而引起。成年牛多因与病牛、病人直接接触而感染。

牛结核病多呈散发性。无明显的季节性和地区性。各种年龄的牛均可感染发病。饲养管理不当，营养不良，使役过重，牛舍过于拥挤、通风不良、潮湿、阳光不足、卫生条件差、缺乏运动等是造成本病扩散的重要因素。

2. 临诊症状

潜伏期一般为 16 ～ 45 天，长者可达数月或数年。通常取慢性经过。根据侵害部位的不同，本病可分为以下几种类型。

（1）肺结核

肺结核以长期顽固的干咳为特点，且以清晨最明显。病初食欲、反刍无明显变化，常发生短而干的咳嗽，随着病情的发展，咳嗽逐渐加重、频繁，并有黏液性鼻涕，呼吸次数增加，严重时发生气喘。胸部听诊常有啰音和摩擦音。病牛日渐消瘦、贫血。肩前、股前、腹股沟、颈下、咽及颈部淋巴结肿大。纵隔淋巴结肿大时可压迫食道，引起慢性瘤胃臌气。病势恶化时可见病牛体温升高（达 40℃ 以上），呈驰张热或呈稽留热，呼吸更加困难，最后可因心力衰竭而死亡。

（2）淋巴结核

淋巴结核见于结核病的各个病型。常见肩前、股前、腹股沟、颈下、咽及颈淋巴结等肿大，无热痛。

（3）肠道结核

肠道结核多见于犊牛，以消瘦和持续性下痢或便秘下痢交替出现为特点。表现消化不良，食欲不振，顽固性下痢，粪便带血或带脓汁，味腥臭。

（4）生殖器官结核

生殖器官结核以性机能紊乱为特点。母牛发情频繁，且性欲亢进，慕雄狂与不孕；妊娠牛流产。公牛出现附睾及睾丸肿大，阴茎前部发生结节、糜烂等。

（5）脑与脑膜结核

脑与脑膜结核常引起神经症状，如癫痫样发作或运动障碍等。

（6）乳房结核

乳房结核一般先是乳房上淋巴结肿大，继而后两乳区患病，以发生局限性或弥散性硬结为特点，硬结无热无痛。泌乳量逐渐下降，乳汁初期无明显变化，严重时乳汁常变得稀薄如水。由于肿块形成和乳腺萎缩，两侧乳房变得不对称，乳头变形、位置异常，甚至泌乳停止。

3.剖检变化

最常见于肺、支气管肺门淋巴结、纵隔淋巴结，其次为肠系膜淋巴结，其表面或切面常有很多突起的白色或黄色结节，切开后有干酪样的坏死，有的见有钙化，刀切时有沙砾感。有的坏死组织溶解和软化，排出后形成空洞。胸腔或腹腔浆膜可发生密集的结核结节，这些结节质地坚硬，粟粒大至豌豆大，呈灰白色的半透明或不透明状，即所谓"珍珠病"。胃肠黏膜可能有大小不等的结核结节或溃疡。乳房结核多发生于进行性病例，是由血行蔓延到乳房而发生。切开乳房可见大小不等的病灶，内含干酪样物质。

当发现动物呈现不明原因的逐渐消瘦、咳嗽、肺部异常、慢性乳腺炎、顽固性下痢、体表淋巴结慢性肿胀等症状时，可怀疑为本病。通过病理剖检的特异性结核病变不难做出诊断，结核菌素变态反应试验是结核病诊断的标准方法。但由于动物个体不同，结核菌素变态反应试验尚不能检出全部结核病动物，可能会出现非特异性反应，因此必须结合流行病学、临诊症状、病理变化和微生物学等检查方法进行综合判断，才能做出可靠、准确的诊断。应按照《动物结核病诊断技术》（GB/T18645-2020）进行诊断。

病料样品采集：无菌采集患病动物的痰、尿、脑脊液、腹水、乳及其他分泌物，病变淋巴结和病变器官（肺、肝、脾等）。

## （二）防治方法

防治方法按照《牛结核病防治技术规范》实施。该病的综合性防控措施通常包括以下几方面，即加强引进动物的检疫，防止引进带菌动物；净化污染群，培育健康动物群；加强饲养管理和环境消毒，增强动物的抗病能力、消灭环境中存在的牛分枝杆菌等。

①引进动物时，应进行严格的隔离检疫，经结核菌素变态反应确认为阴性时方可解除隔离、混群饲养。

②每年对牛群进行反复多次的普检，淘汰变态反应阳性病牛。通常牛群每隔3个月进行1次检疫，连续3次检疫均为阴性者为健康牛群。检出的阳性牛应无害化处理，其所在的牛群应定期进行检疫和临诊检查，必要时进行病原学检查，以发现可能被感染的病牛。

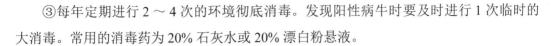

③每年定期进行 2 ～ 4 次的环境彻底消毒。发现阳性病牛时要及时进行 1 次临时的大消毒。常用的消毒药为 20% 石灰水或 20% 漂白粉悬液。

④患结核病的动物应进行无害化处理，不提倡治疗。

## 九、牛锥虫病

牛锥虫病又名苏拉病，俗名"肿脚病"，是由伊氏锥虫所引起的一种多种动物共患的血液原虫病。多发于热带和亚热带地区。临诊上以高热、黄疸、贫血、进行性消瘦以及高病死率为特征。

本病呈世界性分布，在我国主要流行于长江中下游、华南、西南和西北等地。

伊氏锥虫主要寄生在血浆（包括淋巴液）及各种脏器中，后期可侵入脑脊液，主要在动物的血液（包括淋巴液）和造血器官中以纵分裂法进行繁殖。由虻及吸血蝇类（螫蝇和血蝇）在吸血时进行传播。这种传播纯粹是机械性的，即虻等在吸家畜血液后，锥虫进入其体内并不进行任何发育，生存时间也较短暂，而当虻等再吸其他动物血时，即将虫体传入后者体内。人工抽取病畜的带虫血液，注射入健畜体内，能成功地将本病传给健畜。

伊氏锥虫在外界环境中抵抗力很弱，干燥、日光直射都能使其很快死亡，消毒药液或常水能使虫体立即崩解。锥虫对热极为敏感，50℃ 5 分钟即死亡。锥虫的保存随温度降低而时间延长。

### （一）诊断要点

1. 流行特点

伊氏锥虫具有广泛的宿主群。家畜中马、骡、驴等单蹄兽易感性最强，骆驼、水牛、黄牛等次之。

各种带虫动物，包括急性感染、隐性感染和治愈的病畜是本病的传染源。特别是隐性感染和临诊治愈的病畜，症状虽不明显，但其血液中却时常保存有活泼的锥虫，是本病最主要的带虫宿主，有的可带虫 5 年之久。此外，某些动物如猫、犬、野生动物、啮齿动物、猪等也可成为本病的保虫宿主。

吸血昆虫机械性传播是主要传播途径。传播者为虻及厩螫蝇。在这两个传播者中，厩螫蝇不论雌雄均吸血，而虻只有雌性吸血，故雄虻并不参与传播本病，其传播能力有人估算 1 只虻相当于 500 个厩螫蝇。孕畜患病还能使胎儿感染，食肉动物采食带虫动物生肉时可以通过消化道的伤口感染。在疫区给家畜采血或注射时，如不注意消毒也可能传播本病。

该病主要流行于东南亚及非洲热带和亚热带地区，各地伊氏锥虫病的发病季节和流行地区与吸血昆虫的出现时间和活动范围相一致。在我国南方各省（区），虻及厩蝥蝇的活动以夏秋季最为猖獗，一般以 6 ～ 10 月间较多，尤以 7 ～ 9 月最多，因此主要在每年 7 ～ 9 月流行。在牛和一些耐受性较强的动物，吸血昆虫传播后，常感染而不发病。待到枯草季节或劳役过度、抵抗力下降时，才引起该病发生。

2. 临诊症状

潜伏期黄牛 6 ～ 12 天，水牛 6 天左右。多为慢性经过或带虫状态，急性发病的较少。黄牛的抵抗力较水牛稍强。外周血液中常查不到虫体，只能通过接触实验动物而得到证实。个别急性病例，往往临诊上无任何症状，体温突然升高，血液中出现大量锥虫，很快死亡。有的牛可呈急性发作，表现为突然发病，食欲减少或废绝，体温升高到 41℃ 以上，持续 1 ～ 2 天，呈不定型的间歇热。体力衰弱，流泪，反应迟钝或消失，多卧地不起，经 2 ～ 4 天死亡。大多数病牛为慢性经过，表现为食欲降低，反刍缓慢、衰弱，进行性贫血，逐渐消瘦，精神迟钝，被毛粗乱，皮肤干裂、脱毛。眼结膜潮红，有时有出血点，流泪。体表淋巴结肿大。四肢下部水肿，肿胀部有轻度热痛，时间久则形成溃疡、坏死、结痂。有的尾尖部坏死脱落。有的病牛体表皮肤肌肉出现掌大或拇指大的坏死斑。有的出现神经症状，两眼直视，无目的地运动或瘫痪不能起立，终因恶病质而死亡。

3. 剖检变化

尸体消瘦，血液稀薄，黏膜呈黄白色。皮下及浆膜胶样浸润，全身性水肿、出血，淋巴结、脾、肝、肾、心等均肿大，有出血点。心肌变性呈煮肉样，心室扩张，心包液增多。胸膜、腹膜和胃肠浆膜下有出血点。

在疫区，根据流行病学及临诊症状可做出初步诊断。确诊尚需进行实验室检查。

病料样品采集：病原检查需采集血液、骨髓液、脑脊液、组织脏器等。血清学检测需采集发病动物血清。

（二）防治方法

1. 综合性措施

在预防方面应改善饲养条件，搞好环境和圈舍卫生。在疫区及早发现病畜和带虫动物，及早隔离治疗，控制传染源，同时定期喷洒杀虫药，尽量消灭吸血昆虫，对控制疫情发展有一定效果。必要时可进行药物预防。非疫区从疫区引进易感动物时，必须进行血清学检疫，防止将带虫动物引入。

2. 治疗

在治疗方面应抓住三个要点，即治疗要早（后期治疗效果不佳），药量要足（防止产生耐药性），观察时间要长（防止过早使役引起复发）。常用药物有以下几种。

①安锥赛（喹嘧胶）。每千克体重用药 3 ～ 5 毫克，用灭菌生理盐水配成 10% 的溶液，皮下或肌肉注射，隔日 1 次，连用 2 ～ 3 次，也可与拜耳 205 交替使用。

②钠嘎诺（拜耳 205）。每千克体重 12 毫克，用灭菌蒸馏水或生理盐水配成 10% 的药液，静脉注射，1 周后再注射 1 次，对严重或复发的病牛，可与"914"交替使用，"914"每千克体重 15 毫克，配成 5% 的溶液，静脉注射，第一和第十二天用拜耳 205，第四和第八天用"914"，以此为一个疗程。

③贝尼尔。每千克体重用药 5 ～ 7 毫克，配成 5% ～ 7% 的溶液，深部肌肉注射，每天 1 次，连用 3 次。

上述药物都有一定毒性，要严格按说明书使用，同时配合对症治疗，方可收到较好的疗效。

## 十、牛流行热

牛流行热又称三日热或暂时热，是由牛流行热病毒引起牛的一种急性、热性传染病，其临诊特征是突发高热，流泪，流涎，鼻漏，呼吸促迫。后躯强拘或跛行。该病多为良性经过。发病率可高达 100%，病死率低，一般只有 1% ～ 2%，2 ～ 3 天即可恢复。流行具有明显的周期性、季节性和跳跃性。由于大批牛发病，严重影响牛的产奶量、出肉率以及役用牛的使役能力，尤其对乳牛产乳量的影响最大，且流行后期部分病牛因瘫痪常被淘汰，故对养牛业的危害相当大。

该病毒对外界的抵抗力不强，对热敏感，常用消毒药均可将其灭活。

### （一）诊断要点

1. 流行特点

本病主要侵害牛，其中以奶牛和黄牛最易感，水牛的感受性较低。

病牛是该病的主要传染源。牛流行热主要通过血液传播。以库蠓、疟蚊等节肢动物为传播媒介，通过吸血昆虫（蚊、蝶、蝇）叮咬而传播。牛流行热的发生和流行具有明显的季节性，主要发生于蚊蝇滋生的夏季，北方地区于 7 ～ 10 月份，南方可在 7 月份以前发生。

2. 临诊症状

潜伏期为 2 ～ 11 天，一般为 3 ～ 7 天。

病牛突然发病，体温升高达 39.5 ～ 42.5℃，以持续 24 ～ 48 小时的单相热、双相热和三相热为特征。同时，可见精神沉郁，目光呆滞，反应迟钝，食欲减退，反刍停止，流泪，眼结膜充血，眼睑水肿；多数病牛鼻腔流出浆液性或黏液性鼻涕；口腔发炎、流涎、口角有泡沫。心跳和呼吸加快，呈明显的腹式呼吸，并在呼吸时发出"哼哼"声；病牛运动时可见四肢强拘、肌肉震颤，有的患牛四肢关节浮肿，硬，疼痛，步态僵硬（故名僵直病），有的出现跛行，常因站立困难而卧地不起。触诊病牛皮温不整，特别是牛角根、牛耳、肢端有冷感。有的病牛出现便秘或腹泻。发热期尿量减少。尿液呈暗褐色，混浊；妊娠母牛可发生流产、死胎，泌乳量下降或停止。多数病例为良性经过，病程 3 ～ 4 天，很快可恢复。病死率一般不超过 1%，但部分病牛常因跛行或瘫痪而被淘汰。

3. 剖检变化

剖检病死牛可见胸部、颈部和臀部肌肉间有出血斑点；胃肠道黏膜淤血呈暗红色，各实质器官混浊肿胀，心内膜及冠状沟脂肪有出血点；胸腔积有多量暗紫红色液体，肺充血、水肿，并有明显的肺间质气肿现象，表现为气肿肺脏的高度膨隆，压迫有捻发音，切面流出大量的暗紫红色液体，间质增宽，内有气泡和胶冻样物；气管内积有多量的泡沫状黏液，黏膜呈弥漫性红色，支气管管腔内积有絮状血凝块。淋巴结肿胀、充血和出血。

根据临诊表现、流行病学特点可做出初步诊断，确诊需要实验室检查。

病料采集：采集发病初期或高热期病牛的血液或病死牛的脾、肝、肺等。

（二）防治方法

一旦发生该病应及时采取有效的措施，即发现病牛，立即隔离，并采取严格封锁、彻底消毒的措施，杀灭场内及其周围环境中的蚊蝇等吸血昆虫，防止该病的蔓延传播。定期对牛群进行疫苗的计划免疫是控制该病的重要措施之一。

本病尚无特效的治疗药物。发现病牛时，病初可根据具体情况酌用退热药及强心药；治疗过程中可适当用抗生素类药物防止并发症和继发感染，同时用中药辨证施治。

经验证明，在该病流行期间，早发现、早隔离、早治疗，消灭蚊蝇是减少该病传染蔓延的有效措施。自然病例恢复后，病牛在一定时期内具有免疫力。

## 十一、牛病毒性腹泻 / 黏膜病

牛病毒性腹泻 / 黏膜病是由牛病毒性腹泻病毒引起牛的一种急性、热性传染病。病毒引起的急性疾病称为牛病毒性腹泻，引起的慢性持续性感染称为黏膜病。牛羊发生本病时的临诊特征是黏膜发炎、糜烂、坏死和腹泻。

该病毒对氯仿、乙醚和胰酶等敏感。对外界因素的抵抗力不强，pH3 以下或 56℃很快被灭活，对一般消毒药敏感。

（一）诊断要点

1. 流行特点

本病可感染多种动物，特别是偶蹄动物，如黄牛、水牛、牦牛等。

患病动物和带毒动物为传染源，动物感染可形成病毒血症，在急性期患病动物的分泌物、排泄物、血液和脾组织中均含有病毒，感染怀孕母羊的流产胎儿也可成为传染源；康复牛可带毒 6 个月，成为很重要的传染源；免疫耐受牛是危险的传染源。

牛病毒性腹泻病毒可通过直接接触或间接接触传播，主要传播途径是消化道和呼吸道，也可通过胎盘垂直传播，交配和人工授精也能传染。食用隐性感染动物的下脚料，病原体污染的饲料、饮水、工具等可以传播该病。

牛病毒性腹泻的发生通常无明显的季节性，牛的自然病例可常年发生，但以冬春季节多发，牛不论大小均可发病，在新疫区急性病例多，但通常不超过 5%，病死率达 90%～100%，发病牛多为 8～24 月龄。老疫区发病率和死亡率均很低。但隐性感染率在 50% 以上。

2. 临诊症状

自然感染的潜伏期 5～10 天。根据临诊症状和病程可分为急性型和慢性型，临诊上的感染牛群一般很少表现症状，多数表现为隐性感染。

（1）急性型

急性型多见于幼犊。常突然发病，最初的症状是厌食，咳嗽，呼吸急促，流涎，精神委顿，体温升高达 40～42℃，持续 4～7 天。同时白细胞少。此后体温再次升高，白细胞先减少，几天后有所增加，接着可能再次出现白细胞减少。进一步发展时，病牛鼻镜糜烂，表皮脱落。舌面上皮坏死，流涎增多，呼气恶臭。通常在口腔黏膜病变出现后，发生特征性的严重腹泻。持续 3～4 周或可间歇持续几个月之久。初时粪便稀薄如水，瓦灰色，有恶臭，混有大量黏液和无数小气泡，后期带有黏液和血液。有些病牛常有蹄叶炎及趾间皮肤糜烂、坏死，患肢跛行。犊牛病死率高于年龄较大的牛。成年奶牛的病状轻重不等，泌乳减少或停止。肉用牛群感染率为 25%～35%，患有急性病例的病牛多于 15～30 天死亡。

（2）慢性型

慢性型较少见，病程2～6个月，有的长达一年，多数病例以死亡告终。很少出现体温升高的症状，病牛被毛粗乱、消瘦和间歇性腹泻。最常见的症状是鼻镜糜烂并在鼻镜上连成一片，眼有浆液性分泌物、门齿齿龈发红。球节部皮肤红肿、蹄冠部皮肤充血、蹄壳变长而弯曲，步态蹒跚，跛行。

妊娠母牛感染本病时常发生流产或产下有先天性缺陷的犊牛，最常见的缺陷是小脑发育不全。患犊表现轻度的共济失调，完全不协调或不能站立。有些患牛失明。

3. 剖检变化

患病牛的主要病变位于消化道和淋巴组织。从口腔至直肠整个消化道黏膜出现糜烂性或溃疡性病灶。鼻镜、口腔黏膜、齿龈、舌、软腭、硬腭以及咽部黏膜有小的、不规则的浅表烂斑，尤其是食道的这种排列成纵行的糜烂斑最具有示范性。病牛偶尔可见胃黏膜有出血和糜烂，真胃黏膜炎性水肿和糜烂，小肠黏膜弥漫性发红，盲肠、结肠和直肠粘连水肿、充血和糜烂。集合淋巴结和整个消化道淋巴结水肿、出血。运动失调的新生犊牛有一侧的小脑发育不全及两侧脑室积水现象。蹄部皮肤出现糜烂、溃疡和坏死。流产胎儿的口腔、食道、气管内有出血斑及溃疡。

在本病流行地区，可根据病史、临诊症状和病理变化，特别是口腔和食道的特征性病变获得初步诊断。确诊必须进行病毒鉴定以及血清学检查。

病料样品采集：对先天性感染并有持续性病毒血症的动物，可采其血液或血清；对发病动物可取粪便、鼻液或眼分泌物，剖检时则可采骨髓或肠系膜淋巴结，也可取发病初期和后期的动物血清等。

**（二）防治方法**

1. 综合性措施

平时要加强检疫。防止引进病牛，一旦发病。立即对病牛进行隔离治疗或无害化处理，防止本病的扩散或蔓延。通过血清学监测检出阳性牛，继而再用分子生物学方法检测血清学阴性的带毒牛，淘汰持续感染的牛，逐步净化牛群。

2. 疫苗接种

免疫接种用灭活疫苗效果欠佳。弱毒疫苗已普遍使用，但对某些免疫耐受的动物可诱发严重的黏膜病。对受威胁的无病牛群可应用弱毒疫苗和灭活疫苗进行免疫接种。目前，牛群应用的弱毒疫苗多为牛病毒性腹泻/黏膜病、牛传染性鼻气管炎及钩端螺旋体病三联疫苗。

3. 治疗

本病尚无特效治疗方法。牛感染发病后，通过对症疗法和加强护理可以减轻症状，应用收敛剂和补液疗法可缩短恢复期。加强饲养管理，增强机体抵抗力，促使病牛康复，可减少损失。

## 十二、牛生殖器弯曲杆菌病

牛生殖器弯曲杆菌病是由胎儿弯曲杆菌引起的牛的一种生殖道传染病。以暂时性不孕、胚胎早期死亡和少数孕牛流产为特征。主要发生于自然交配的牛群。肠道弯曲杆菌也可引起散发性流产。本病对畜牧业发展危害较大，世界各国已将本病菌列为进出口动物和精液的检疫对象。

胎儿弯曲杆菌抵抗力不强，易被干燥、直射阳光及一般消毒药所杀死。

### （一）诊断要点

1. 流行特点

多数成年母牛和公牛有易感性，未成年者稍有抵抗力。病母牛和带菌的公牛以及康复后的母牛是传染源。病菌存在于母牛生殖道、流产胎盘和胎儿组织中，寄生于公牛的阴茎上皮和包皮的穹隆部。本病经交配和人工授精而传染。也可由于采食污染的饲料、饮水等而经消化道传染。

初次发病牛群，在开始的 1 ～ 2 年内，不孕和流产的发生率较高，以后受胎率逐渐恢复正常。但是一旦引进新牛群又可流行。

2. 临诊症状

公牛一般没有明显症状，精液也正常，但可带菌。母牛于交配感染后，病菌在阴道和子宫颈部繁殖，引起阴道卡他性炎症，表现阴道黏膜发红，黏液分泌增多。妊娠牛可因阴道卡他性炎和子宫内膜炎导致胚胎早期死亡并被吸收，或发生早期流产。病牛不断地发虚情，发情周期不规则。6 个月后，大多数母牛可再次受孕，但也有经过 8 ～ 12 个月后仍不受孕的。

有些被感染的母牛可继续妊娠。直至胎盘出现较重的病损时才发生胎儿死亡和流产。胎盘水肿、胎儿病变与布鲁氏菌病所见相似。流产率 5% ～ 10%。康复牛能获得免疫，对再感染具有一定的抵抗力，即使与带菌公牛交配，仍可受孕。

3. 剖检变化

肉眼可见子宫颈潮红，子宫内有黏液性渗出物。病理组织学变化不显著，多呈轻度弥散性细胞浸润，伴有轻度的表皮脱落。流产胎儿可见皮下组织的胶冻样浸润，胸水、腹水增量，腹腔脏器表面及心包呈纤维蛋白性粘连，肝脏浊肿，肺水肿。

根据暂时性不育、发情周期不规律以及流产等表现做出初步诊断，但与其他生殖道疾病难以区别，因此确诊有赖于实验室检查。

病料样品采集：发生流产时，可采取流产胎儿的胃内容物、肝、肺和胎盘以及母畜阴道分泌物检查。发情不规则时，采取发情期的阴道黏液，其病菌的检出率最高。公牛可采取精液检查。血清学检查时可采取病牛的血清或子宫颈阴道黏液。以试管凝集反应检查其中的抗体。

### （二）防治方法

用菌苗给小母牛接种可有效地预防和控制此病。

淘汰病种公牛和带菌种公牛，严防本病通过交配传播。牛群暴发本病时，应暂停配种 3 个月，同时用抗生素治疗病牛。流产母牛，可按子宫内膜炎治疗，向宫腔内投放链霉素或四环素、宫炎丸等，连续 5 天。

## 十三、毛滴虫病

毛滴虫病是由胎儿三毛滴虫寄生于牛生殖道引起的一种原虫病，以生殖器官发炎、早期流产和不孕为特征。本病呈世界性分布，给牛群的繁殖造成严重的威胁。

胎毛滴虫在蝇消化道内能生活数小时，在粪尿内能生存 12 天，善于耐过低温（−12℃）。

该病毒在一般室温下能生存 12 ～ 14 天，暴露于太阳直射阳光下时约 4 小时，干燥时 1 分钟以内，湿热 55℃ 以上 1 分钟以内死亡。0.1% ～ 1% 来苏儿、0.005% ～ 0.01% 升汞、0.1% 漂白粉、0.1% ～ 0.5% 高锰酸钾、1:1 甘油酒精、红汞等，可杀死虫体。

### （一）诊断要点

1. 流行特点

牛对胎儿三毛滴虫最易感。发病和带虫动物是主要的传染源。本病主要经交配传播。一般在健畜与患畜交配时感染，胎毛腐虫在阴道分泌物中增殖，并能生存数月至 1 年以上；在人工授精时，则因精液中带虫或人工授精器械的污染而造成传染。也可能由分泌物污染的褥草，护理用具以及经蝇类而传播。

本病一年四季均可发生，以配种旺季发病率高。在放牧以及全价饲料饲养的条件下，牛体对胎儿三毛滴虫的抵抗力很强，但在营养不良和管理不善时，对胎儿三毛滴虫的抵

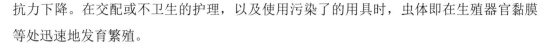

抗力下降。在交配或不卫生的护理，以及使用污染了的用具时，虫体即在生殖器官黏膜等处迅速地发育繁殖。

2. 临诊症状及剖检变化

胎毛滴虫的寄生，使患病母畜发生特异性的结节性阴道炎、子宫颈炎、子宫内膜炎。同时又往往有各种化脓菌混合感染引起化脓性的生殖器官疾患，对已妊娠的患畜，则引起胎儿死亡或流产等；公畜易引起包皮炎、阴茎黏膜炎、输精管炎等炎性疾患。

母牛在发病初期，阴道黏膜红肿，继而排出混有絮状物的黏性分泌物，并于阴道黏膜上出现小丘疹，然后变为粟粒大的结节，即所谓毛滴虫性阴道炎。由于病程的进展，则不按期发情，或不妊娠，尤以成群不发情、不妊娠为本病的特征。或于妊娠后 1 ～ 3 个月的母牛发生流产或死胎。流产特征为早期流产，其流产时间比因流产杆菌病引起的流产发生早。发生流产时无任何前驱症状，突然流出大量分泌液，这种流产又是成群发生（主要是由于同种公牛交配时感染），有时发现死胎及胎盘停滞等。在化脓性子宫内膜炎时，体温增高、泌乳量显著下降，长期不发情。

公牛在交配后 12 天，包皮显著肿胀，并有痛感，流脓性分泌物，继而于阴茎黏膜面发生红色小结节，包皮内层边缘覆有坏死性溃疡，两周后症状减轻。但由于虫体已侵袭到输精管、睾丸或前列腺等处，公牛因发生强烈的局部刺激，在交配时不射精。

根据临诊症状和病理变化、流行病学可做出初步诊断，确诊需进行实验室诊断。

（二）**防治方法**

此病在我国已基本控制，引种时应加强检疫，发现新病例时应淘汰公牛，及时进行无害化处理，如高产种公牛价格昂贵，应开展人工授精，以杜绝母牛对公牛的感染。

1. 综合性措施

在本病流行地区，配种前应对所有牛进行检疫。对患牛、疑似患牛及健康牛应分类加以适当的处置，以免疾病扩大蔓延。

患牛，指具有明显症状，并已检出虫体的母牛。经治疗后症状完全消失时，可以使用健康的公牛精液，进行人工授精。

疑似患牛虽无明显症状，但曾与病公牛配种过的母牛，也应治疗。并以健康的公牛精液，进行人工授精。

疑似感染牛既无症状，又未曾与病公牛接触过，但曾与病公牛交配过的母畜常常接触。这些牛应经过 6 个月的隔离观察，如分娩正常，阴道分泌物的镜检结果呈阴性时，方能使其与健康牛混放在一起。

已感染胎毛滴虫的公牛不得再行配种，必须立即治疗。治疗后 5 ～ 7 天，检查精液和包皮冲洗液 2 次，如为阴性时，使之与 5 ～ 10 头健康母牛进行交配，然后对母牛通过 15 天的观察（隔日镜检一次阴道分泌物），来决定其是否治愈。

在安全地区内，必须对新来的公牛和用作繁殖的牛群进行检疫。在放牧期间，禁止与来自疫情不明地区的牛只接触。

2. 治疗

对胎毛滴虫病患牛的治疗，除应施行必要的药物治疗外，还要注意加强饲养管理工作。如注意饲料的营养全价。补充必要的维生素 A、维生素 B、维生素 C 及无机盐类等。药物治疗，一般采取下述方法洗涤患部，目的是杀死虫体。

母牛应用 1% 银胶、0.2% 碘溶液、8% 鱼石脂甘油混合液、卢戈氏液与甘油等量混合液、0.1% 黄色素液、1% 血虫净等冲洗阴道，在 30 分钟内可杀死脓液中的胎毛滴虫。在 5 ～ 6 天内冲洗 2 ～ 3 次。根据患牛阴道炎症程度的轻重，可间隔 5 天进行 2 ～ 3 个疗程。10% 甲硝唑（灭滴灵）冲洗，隔日 1 次，连续冲洗 3 次为一个疗程，有良好的疗效。

公牛应用上述药品向包皮囊内注入，设法使药液停留在囊内一定时间，并按摩包皮囊，隔日治疗 1 次。应持续 2 ～ 3 周。在治疗过程中，应禁止交配，以免影响治疗效果及传播本病。对患畜的用具及被其所污染的周围环境，应进行严格消毒。

## 十四、牛皮蝇蛆病

牛皮蝇蛆病俗称"牛跳虫"或"牛翁眼"，是由皮蝇幼虫寄生于牛的皮下组织所引起的一种慢性寄生虫病。

牛皮蝇蛆病广泛分布在我国北方和西南各省。由于皮蝇蛆的寄生，患畜消瘦，泌乳量降低，幼畜的肥育不良，损伤皮肤而降低皮革和肉、乳的质量，造成经济上的巨大损失。

（一）诊断要点

1. 流行特点

牛皮蝇和纹皮蝇的发育基本相似，属完全变态，都要经过卵、幼虫、蛹及成虫四个阶段，完成其整个发育过程需要 1 年左右。皮蝇的成虫 4 月末至 5 月初开始出现，不叮咬牛体只，不采食，仅生活数天，均不超过 5 ～ 8 天。雌雄交配后，雄蝇死去，雌蝇于产卵后也死亡。幼虫在牛体内寄生 9 ～ 11 个月，进行三个发育阶段，成熟的第三期幼虫落在外界环境中变为蛹，经 1 ～ 2 个月羽化为皮蝇。

雌蝇只在夏季炎热有太阳的白天产卵（500 个以上）于牛的被毛上。幼虫寄生牛的

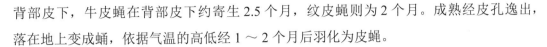

背部皮下，牛皮蝇在背部皮下约寄生 2.5 个月，纹皮蝇则为 2 个月。成熟经皮孔逸出，落在地上变成蛹，依据气温的高低经 1 ～ 2 个月后羽化为皮蝇。

2. 临诊症状及剖检变化

皮蝇雌虫飞翔产卵时，引起家畜不安、喷鼻、蹶踢、高举尾部逃跑等，并常因之使四肢受伤或绊死，孕牛可发生流产。

幼虫钻入皮肤，引起家畜的瘙痒、不安和患部疼痛。幼虫在家畜体内长期移行，损伤组织。当幼虫在食道的浆膜和肌层之间移行时，引起食道壁的炎症（急性浆液性炎，有时为浆液性出血性炎）。在移行期内，可以在内脏表面甚至在脊髓管内找到虫体。

幼虫移行于背部皮下寄生时（冬末和早春），往往在其寄生部位发生血肿和皮下蜂窝组织浸润，皮肤稍隆起而凹凸不平。幼虫被结缔组织囊包围，当继发细菌感染时，往往形成化放性瘘管，经瘘管排出脓汁或浆液，液体流到被毛上而使被毛互相黏着。背部皮肤上的瘘管一直保持到幼虫成熟逸出落到地上为止，皮肤愈合缓慢，形成瘢痕，严重影响皮革质量。幼虫分泌物的毒素作用，对牛的血液和血管有损害作用，可引起贫血。患牛消瘦，肉的品质下降，奶牛产奶量下降。个别患牛，因幼虫移行伤及延脑或大脑，可引起神经症状。严重的病牛会死亡。

当幼虫移行于背部皮下寄生期间，皮肤上有结节隆起，隆起的皮肤上有小孔与外界相通，孔内通结缔组织囊，囊内有幼虫，随着幼虫的生长，可见皮孔增大，用力挤压，挤出虫体，即可确诊，剖检时可在相关部位找到幼虫。纹皮蝇 2 期幼虫在食道壁寄生时，应与肉孢子虫相区别，其幼虫是分节的。此外，该病在当地的流行情况、患牛的症状及发病季节等有重要的参考价值。

（二）防治方法

消灭牛体寄生的幼虫，防止幼虫化蛹，有重要的预防和治疗作用。

1. 化学方法

①倍硫磷原液。牛按 5 毫克 / 公斤体重，于 11 ～ 12 月份（皮蝇停止飞翔以后）肌肉注射，可获防治的良好效果。

③伊维菌素按 0.2 毫克 / 公斤体重肌肉注射，有良好的治疗效果。

③ 2% 的敌百虫溶液等在牛背部皮肤上涂擦或泼淋，以杀死幼虫。也可用手指压迫皮孔周围，挤出并杀死幼虫。在流行区皮蝇飞翔季节，可用敌百虫、蝇毒灵等喷洒牛体，每隔 10 天用药一次，以防止成蝇在牛体上产卵或杀死由卵内孵出的 1 期幼虫。

2. 机械方法

在幼虫成熟的末期皮孔增大。通过小孔可以见到幼虫的后端，此时以手指或厚玻璃将幼虫从瘤肿内压出，收集烧掉。由于幼虫不同时成熟，应每隔 10 天压挤一次。

# 第三节　羊病

## 一、口蹄疫

口蹄疫是由口蹄疫病毒引起的一种偶蹄动物共患的急性、热性、高度接触性传染病，其临床特征是在口腔黏膜、四肢下端及乳房等处皮肤形成水泡和烂斑，也可引起急性的、长期的、无症状的持续感染，成年动物多呈良性经过，幼龄动物多因心肌受损而死亡。

### （一）诊断要点

1. 病原与流行特点

口蹄疫病毒对外界环境的抵抗力很强，耐干燥，高温和直射阳光对病毒有杀灭作用，对酸和碱敏感，在 pH3 和 pH9 以上的缓冲液中，病毒瞬间失去感染性。

发病率和致死率随羊年龄的下降呈上升趋势。患病动物和带毒动物是本病的主要传染源。病畜在临床症状出现前即开始排毒，至发病期达到最大排毒量，恢复期排毒量逐渐减少。以舌面水泡皮的含毒量最多，其次为粪、乳、尿、呼出的气体和精液。尤以发病初期排毒量大，毒力强。患病羊康复后有 4 ～ 12 个月的带毒期，成为羊群中潜在的长期传染源，并且仍有再次发病的可能性。

口蹄疫病毒传播途径多样，最主要的传播方式是通过各种患病动物的呼出物、分泌物、排泄物、脏器、血液和各种动物产品（皮毛、肉品等）及被其污染的车辆、水源、牧地、饲养用具、饲料、饲草、往来人员和非易感动物（马、候鸟）等传播媒介的间接接触传播；病毒也可经同群动物间的直接接触传播，常见于大群放牧与密集饲养条件下。如果环境气候适宜，病毒可随风远距离跳跃式传播。动物常通过呼吸道、消化道、生殖道和伤口感染。

口蹄疫流行没有明显的季节性，但气温高低、日光强弱等对口蹄疫病毒的生存有直接影响，且地区间的自然条件、交通状况、生产生活和饲养管理等条件具有差异，故在不同地区的流行存在不同的季节性特征。口蹄疫流行的周期性主要与动物群的免疫状态相关。

2.临床症状

潜伏期1周左右。绵羊多于蹄部、山羊多于口腔形成水泡。病羊体温升高达40～41℃，食欲不振，精神沉郁，闭口，流涎，卧地不起或跛行，口腔、鼻镜、趾间和蹄冠皮肤发生水泡，破溃后逐渐愈合。乳头皮肤也可出现水泡，如涉及乳腺可引起乳房炎，奶羊产奶量下降。成年动物一般多呈良性经过，约1周可痊愈，病死率低。羔羊有时出现出血性胃肠炎，常因心肌炎而死亡。孕羊可能会流产。

3.剖检病变

病羊的口腔、蹄部、乳房、咽喉、气管、支气管和前胃黏膜出现水泡、圆形烂斑和溃疡，上面覆有黑棕色的痂块。幼畜真胃和大小肠黏膜可见出血性炎症，心包膜有弥漫性及点状出血，心脏松软似煮过的肉。骨骼肌、心肌切面有灰白色或淡黄色的斑点或条纹，形似虎斑。病理组织学检查可见皮肤的棘细胞渗出明显乃至溶解，心肌细胞变性、坏死、溶解。

（二）防治

1.综合防控措施

主要采取检疫诊断结合疫苗免疫的综合性防治措施。养殖场要做好饲养管理与环境控制、消毒、免疫和监测措施。一旦发现疫情，禁止进行治疗，应立即采取封锁、隔离、检疫、消毒等措施，迅速通报疫情，查源灭源，及时拔除疫点，并对易感畜群进行预防接种。

2.疫苗接种

目前我国批准生产、使用的家畜口蹄疫疫苗有灭活疫苗和合成肽疫苗。发生疫情时，在常规免疫的基础上对疫区和受威胁区内的健康家畜进行紧急接种免疫。

3.治疗

我国口蹄疫的管理按照一类动物疫病管理，一旦发现疫情，禁止进行治疗。

## 二、绵羊痘与山羊痘

痘病是由痘病毒引起的一种急性、热性、接触性传染病，临床特征是皮肤和黏膜上发生特征性痘疹。典型病例的发展过程是初期为丘疹，后变为水泡，再变为脓疱，脓疱干燥结痂，最后痂皮脱落自愈。大多数动物取良性经过。

## （一）诊断要点

### 1. 病原与流行特点

病原是痘病毒科羊痘病毒属的绵羊痘病毒、山羊痘病毒。该病毒对温度有较强的抵抗力，对氯制剂敏感。

该病多发于春季。山羊、绵羊均易感，细毛羊、羔羊最易感，病死率高。不同地区的流行是由不同毒株所引起，本土动物的发病率和病死率较低，主要感染从外地引进的绵羊和山羊新品种。可经呼吸道、损伤的皮肤或黏膜感染。饲养管理人员、护理用具、皮毛产品、饲料、垫草、外寄生虫以及吸血昆虫等都可成为该病的传播媒介。

### 2. 临床症状

初期症状表现为精神沉郁，体温升高，食欲减少，有浆液、黏液或脓性分泌物从鼻孔流出，体温升高至 41 ～ 42℃，嘴唇、眼睛周边，乳头、睾丸及四肢内侧少毛部分出现红色丘疹，继而发展形成水泡，后期丘疹硬化形成乳头瘤状突起，毛下皮肤可摸到瘤状硬痂，严重患病羊唇部、牙床、舌头形成溃疡或糜烂，发出恶臭，不能进食，病死率可达 20% ～ 50%。羔羊感染后症状尤其严重，处理不及时会造成死亡。

### 3. 剖检变化

病羊的前胃或第四胃黏膜上常出现大小不等的结节、糜烂或溃疡，有时发现咽部和支气管黏膜也有痘疹。

## （二）防治

### 1. 综合防控措施

平时加强饲养管理，抓好秋膘，特别是冬春季适当补饲，注意防寒过冬。一旦发现疫情，禁止进行治疗，应立即采取封锁、隔离、检疫、消毒等措施，迅速通报疫情，查源灭源，及时拔除疫点，并对易感畜群进行预防接种。

### 2. 疫苗接种

疫区内羊群每年定期进行预防接种。发生疫情时，在常规免疫的基础上对疫区和受威胁区内的健康家畜进行紧急接种免疫。

### 3. 治疗

我国绵羊痘与山羊痘的管理按照一类动物疫病管理，一旦发现疫情，应进行扑杀，不得治疗。

### 三、小反刍兽疫

小反刍兽疫是由小反刍兽疫病毒引起小反刍动物的一种急性接触性传染病。该病的临床表现与牛瘟相似，故也被称为伪牛瘟，其特征是发病急剧、高热稽留、眼鼻分泌物增加、口腔糜烂、腹泻和肺炎。小反刍兽疫病毒主要感染绵羊和山羊，危害严重。我国将其列为一类动物疫病。

#### （一）诊断要点

**1. 病原与流行特点**

小反刍兽疫病毒对环境抵抗力不强。山羊、绵羊均易感，山羊最严重。牛、猪等可以感染，但通常为亚临床经过。患病动物和隐性感染者为主要传染源，处于亚临床状态的羊尤为危险，通过其分泌物和排泄物可经直接接触或呼吸道飞沫传播。被污染的饲草、粪便、水等都可以传播该病，养殖密度高的圈舍此病高发，在易感动物群中该病的发病率、致死率可达 100%。但是在该病的老疫区，常为零星发生，只有在易感动物增加时才可发生流行。潜伏期差异较大，最快 72 小时即可发病，最长可达 4 周。

**2. 临床症状**

潜伏期为 4 ～ 6 天，一般在 3 ～ 21 天之间。自然发病仅见于山羊和绵羊。患病动物发病急剧、高热 41℃ 以上，稽留 3 ～ 5 天。病羊精神沉郁，食欲减退，鼻镜干燥，口鼻处会流出大量黏液，周边皮肤组织溃烂，若患病动物尚存，这种症状可持续 14 天。在疾病后期，病羊咳嗽，呼吸困难，常排血样粪便，个别病例会有眼角病斑，多水泡、溃疡、糜烂。母羊大量流产，羔羊迅速死亡。

**3. 剖检变化**

剖检可见结膜炎、坏死性口炎等肉眼病变，在鼻甲、喉、气管等处有出血斑。严重病例可蔓延到硬腭及咽喉部。皱胃常出现糜烂病灶，其创面出血呈红色，瘤胃、网胃、瓣胃很少出现病变。肠道有糜烂或出血变化，特别在结肠和直肠结合处常常能发现特征性的线状出血或斑马样条纹。淋巴结肿大，脾有坏死性病变。

#### （二）防治

**1. 综合防控措施**

防止传染源侵入，坚持自繁自养、全进全出，若需引种，也要隔离至少 2 个月，待一切检验合格后才可以混饲。定期灭虫，严格执行消毒措施。加强检疫，全群免疫。羊场中如果发现有类似患小反刍兽疫病毒的死亡动物时，要马上对其进行无害化处理。一且发现可疑疫情，第一时间采样送检，按照相应的规定，迅速上报，依法处置，迅速启动应急响应措施。发生疫情或监测到阳性动物时，严格按照《中华人民共和国动物防疫法》的规定，按照一类动物疫病方式处置。

2.疫苗接种

建议使用小反刍兽疫活疫苗。规模场的新生羔羊1月龄后进行免疫，超过免疫保护期的进行加强免疫。散养户应在春季或秋季对本年未免疫羊和超过免疫保护期的羊进行一次集中免疫，每月定期补免。发生疫情时最近1个月内已免疫的羊可以不进行紧急免疫。

3.治疗

我国小反刍兽疫的管理按照一类动物疫病管理，一旦发现疫情，应进行扑杀，不得治疗。

## 四、蓝舌病

由蓝舌病病毒引起反刍动物的一种急性病毒性传染病，主要发生于绵羊，以舌、齿龈黏膜充血肿胀、淤血呈青紫色而得名。发病羊在临床上消瘦、羊毛及肉品质下降、怀孕母羊流产、胎儿畸形，特别是羔羊发病后长期发育不良而导致死亡。

### （一）诊断要点

1.病原与流行特点

蓝舌病病毒对含有酸、碱、次氯酸钠、吲哚的消毒剂敏感。几乎所有反刍动物都对该病易感，包括家养的和野生的，其中绵羊最易感。各种品种、性别和年龄的绵羊都可感染发病，1～1.5岁青年羊最敏感，哺乳羔羊的敏感性较低，地方性土种羊和杂交羊要比纯种羊及引进品种羊的抗病力强。

患病动物和带毒动物是本病的主要传染源。病毒存在于感染动物血液和各器官中，康复动物带毒时间长达4～5个月。牛、山羊、鹿及羚羊等反刍动物对该病的易感性相对较低，感染后可以长期携带病毒，并在流行期间作为该病的主要储存宿主。

该病主要通过吸血昆虫传播，以库蠓为主，其他昆虫如羊虱、羊蜱蝇、蚊、虻、螫蝇、蜱和其他叮咬昆虫。本病也可垂直传播。

本病的发生具有明显的地区性和季节性，这与传染媒介的分布、活动区域及季节密切相关。本病多发于湿热的晚春、夏季和早秋的多雨季节，特别多见于池塘、河流多的低洼地区。

2. 临床症状

潜伏期为 5～12 天。临床特征是发热，病初体温升高到 40.5～41.5℃，稽留 2～4 天。病羊精神委顿，消瘦，流涎，口唇水肿，舌淤血紫红，口、鼻黏膜糜烂，无法吞咽。糜烂后期形成溃疡使唾液染红。呼吸困难，有鼾声。跛行和斜卧。病羊后期消瘦，衰弱，常因继发细菌性肺炎或胃肠炎而死亡。病程为 6～14 天，幸存的绵羊，经 6～8 周后蹄部可完全恢复，但由于长期虚弱、消瘦，其羊毛和肉品质及产量明显下降。

妊娠母羊可经其胎盘感染胎儿，造成流产、死胎或胎儿先天性异常，严重时可使整个羊群的全部羔羊死亡或受损。

3. 剖检病变

舌、齿龈、硬腭、颊与上唇黏膜糜烂、深红色区域水肿，表皮脱落形成溃疡面；瘤胃黏膜有深红色区和坏死灶；心外膜有点状或斑状出血；蹄冠周围皮肤出现线状充血带；严重者消化道黏膜有坏死或溃疡，脾脏肿大，淋巴结和肾脏充血、肿大，呼吸道黏膜有出血点；偶见蹄叶炎。

（二）防治

1. 综合防控措施

严禁从有本病的国家和地区引进一切反刍动物及其胚胎、精液、卵子等，对需引进的羊进行严格检疫，阳性羊予以扑杀以杜绝传染源的引入。有本病发生的地区，可避免在昆虫活动较多的晚间和低洼带放牧，以减少感染机会。定期对羊进行药浴，每年在媒介昆虫库蠓活动之前做好灭虫工作，畜栏舍内及周围、地面经常喷洒杀虫剂，舍内定点燃置蚊香。

2. 疫苗接种

流行地区的羊可用鸡胚化弱毒蓝舌病单价和多价苗免疫接种，每年在昆虫开始活动前 1 个月注射疫苗，母羊可在配种前或妊娠 3 个月后接种，羔羊在出生后 3 个月再接种。弱毒苗的免疫期可达 1 年。

3. 治疗

我国蓝舌病的管理按照一类动物疫病管理，各类种羊场、集约化养羊场对抗体阳性或可疑病羊应立即予以扑杀，以防止疫病进一步扩散。

## 五、羊传染性脓疱

羊传染性脓疱，俗称羊口疮、传染性脓疱性皮炎，是由羊传染性脓疱病毒引起绵羊和山羊的一种急性人兽共患传染病。临床上以唇、鼻、眼睑、乳房、四肢皮肤及口腔黏膜发生丘疹、水泡、脓疱和痂皮为特征。羔羊常因继发感染而死亡。

（一）诊断要点

1. 病原与流行特点

羊传染性脓疱病毒对环境抵抗力强，尤其对干燥耐受，对温度、乙醚、氯仿、苯酚和紫外线敏感。

本病主要危害羔羊，多发于每年秋初（8、9月份）时1岁以内的育肥羔羊和早春（2、3月份）时3～4月龄的新生羔羊。在集中产羔的产房内，出生1～7天的羔羊也可发病，成年绵羊多呈散发性，发病率较低。也可感染山羊。

病羊是此病的主要传染源。通过直接与间接接触传染，病毒存在于污染的圈舍饲槽、栏杆、垫草、饲草等物品上，通过受伤的皮肤黏膜而感染。圈舍潮湿和拥挤、饲喂带芒刺或坚硬的饲草、羔羊的出牙均可促使本病的发生。

2. 临床症状

病羊唇部、口角、鼻镜或眼睑皮肤上出现散在或融合性丘疹、水泡、脓疱与痂皮。典型病例的发展过程是初期为丘疹，后变为水泡，再变为脓疱，脓疱干燥结痂，最后痂皮脱落自愈。良性的羊传染性脓疱口炎在7～14天后就会恢复正常，恶性的则会继发口疮、脓疽等，严重影响病羊的采食，病羊如果得不到有效的救治就会日趋消瘦而死亡。少数病羊会在外阴、蹄叉和蹄冠以及母羊的乳房、乳头上出现水泡、脓疱与结痂，病羊出现跛行和拒绝羔羊吮乳的现象，个别母羊则伴发乳房炎。

3. 剖检病变

剖检可见心肌坏死及出血性胃肠炎。

（二）防治

1. 综合防控措施

防止羔羊口腔等处的皮肤和黏膜出现创伤是减少本病发生的有效手段，应给羔羊提供柔软的垫草和粉细的草料，尽可能挑出带芒刺坚硬的垫草与饲草；给育羔圈内放置矿物质盐和优质苜蓿草，让羔羊自行舔食，以减少啃土啃墙，保护皮肤黏膜不被损伤。及时打扫栏舍，定期用10%石灰乳消毒。

2. 疫苗接种

在本病常发地区，可在羔羊进入育肥圈前14天用传染性脓疱弱毒疫苗进行免疫接种，10天后产生免疫力，免疫期为一年。对于新生期羔羊目前尚无有效方法。发生疫情时，给健康羊群紧急接种传染性脓疱弱毒疫苗。

3. 治疗

羊群发生本病时，应将病羊及时隔离，病羊在隔离状态下局部涂抹碘甘油或广谱抗生素软膏，必要时肌肉注射抗生素以防止继发感染。对羊只和圈舍使用三氯异氰脲酸钠溶液喷雾消毒，减少羊群密度。

## 六、羊布鲁氏菌病

本病以引起雌性动物流产、不孕等为特征，故又称为传染性流产病；雄性动物则出现睾丸炎；人也可感染，表现为长期发热、多汗、关节痛、神经痛及肝、脾肿大等症状。

### （一）诊断要点

1. 病原与流行特点

布鲁氏杆菌对环境抵抗力强，对湿热较敏感，对消毒剂抵抗力不强。

各种布鲁氏菌对相应动物具有最强的致病性，而对其他种类动物的致病性较弱或缺乏致病性。羊布鲁氏菌对绵羊、山羊、牛、鹿和人的致病性较强。

发病及带菌的羊是本病的主要传染源。患病动物的分泌物、排泄物、流产胎儿及乳汁等含有大量病菌，患睾丸肿的公畜精液中也有病菌。

传播途径包括消化道、皮肤黏膜、呼吸道以及苍蝇携带和吸血昆虫叮咬等。经口感染是本病的主要传播途径，经皮肤感染也较常见。布鲁氏菌不仅可从有轻微损伤的皮肤，并可由健康皮肤侵入机体而致病。此外，也可经配种和呼吸道感染。

一年四季都有发生，但有明显的季节性。羊种布病春季开始，夏季达高峰，秋季下降；牧区发病率明显高于农区。动物是长期带菌者，除动物间相互传染外，还能传染给人。

2. 临床症状

主要表现是流产，绵、山羊流产时，一般为无症状经过。有的在流产前2～3天长期躺卧，食欲减退，常从阴道排出黏性或黏液血样分泌物。在流产后的5～7天内，仍有黏性红色分泌物从阴道流出。母羊流产多发生在妊娠期的3～4个月，也有提前或推迟的。病母羊一生中很少出现第2次流产，胎衣不下也不多见，病母羊有时可出现子宫炎、关节炎或体温反应。公羊发病时，常见睾丸炎和附睾炎。

3. 剖检病变

病变多发生在生殖器官。子宫增大，黏膜充血和水肿，质地松弛，肉阜明显增大、出血，周围被黄褐色黏液性物质所包围，表面松软污秽。公羊出现睾丸肿大、质地坚硬的症状，附睾可见到脓肿。

### （二）防治

1. 综合防控措施

建立检疫隔离制度彻底消灭传染源。根据畜群的清净与否，每年检疫次数应有所区别。健康畜群，每年至少检疫 1 次。对污染群，每年至少检疫 2 ~ 3 次，连年检疫直至无病畜出现时再减少检疫次数。在不同畜群中，对所检出的阳性牲畜以及随时发现的病畜，均需隔离饲养管理。病畜所生的仔畜，应另设群以培育健康幼畜。所检出的阳性病畜，如数量不多，宜采取淘汰办法处理。如数量较多，应成立病畜群，严格控制与健康畜群等直接或间接接触，并制定相应的消毒制度，防止疫病外传。污染畜群及病畜群所生的仔畜，羔羊在离乳后，应分别设群培育，每隔 2 ~ 3 个月检疫 1 次，连续 1 年呈阴性反应的，即可认为健康幼畜。离乳检疫阳性的应淘汰。

切断传播途径，防止疫情扩大，杜绝污染群、病畜群与清净地区的畜群接触，人员往来、工具使用、牧区划分和水源管理等必须严加控制。购入新畜时，应选自非疫区，呈阴性反应的动物，也应隔离观察 2 ~ 3 个月，方可混群。因布鲁氏菌病流产的牲畜，除立即隔离处理外，所有流产物、胎儿等应深埋或烧毁。对所污染的环境、用具均应彻底消毒（屠宰处理病畜所造成的污染同样处理）。消毒通常用 10% 石灰乳、10% 漂白粉，或 3% ~ 5% 来苏儿。病畜的肉、乳采取加热消毒方法处理，皮、毛在自然干燥条件下存放 3 ~ 4 个月，使布鲁氏菌自然死亡。病畜的粪便，应堆放在安全地带，用泥土封盖，发酵后利用。

2. 疫苗接种

建立有效的免疫接种体系，按照免疫接种程序进行免疫工作。另外，每年的春秋季节是羊布病免疫的最佳时期，养殖人员要做好免疫，并且严格按照免疫程序，进行定期免疫。

3. 治疗

一旦发现疫情，应进行扑杀，不得治疗。

### 七、羊结核病

羊结核病是指在羊组织中，形成以结核结节性肉芽肿、干酪样坏死病灶为特征的一种人兽共患慢性传染病。

（一）诊断要点

1. 病原与流行特点

病原是结核分枝杆菌，又称结核杆菌。结核杆菌可侵害多种动物，传染源为结核病患畜的排泄物和分泌物污染的饲料和饮水。羊主要通过消化道感染本病，也可通过空气和生殖道感染。

2. 临床症状

病羊体温多为正常，有时稍升高，消瘦，被毛干燥，精神不振，多呈慢性经过。当患肺结核时，病羊咳嗽，流脓性鼻液；当乳房被感染时，乳房硬化，乳房淋巴结肿大；当患肠结核时，病羊有持续性消化机能障碍，便秘，腹泻或轻度胀气。羊结核急性病例少见。

3. 剖检变化

病羊尸体消瘦，黏膜苍白，在肺脏、肝脏和其他器官及浆膜上形成特异性结核结节和干酪样坏死灶。干酪样物质趋向软化和液化，并具明显的组织膜是山羊结核结节的特征。原发性结核病灶常见于肺脏和纵隔淋巴结，可见白色或黄色结节。在胸膜上可见灰白色半透明珍珠状结节，肠系膜淋巴结有结节病灶。

（二）防治

1. 综合防控措施

定期对羊进行临床检查，发现阳性者，应及时采取隔离消毒措施，价值不大者应扑杀，以免传染健羊。尸体做无害化处理；执行消毒制度，保证环境卫生整洁；如患羊产下羔羊，需及时消毒处理，可采用 1% 来苏儿溶液洗涤，并给予新生羔羊健康羊只的奶水喂养；禁止直接出售病羊产下的羊奶。

2. 治疗

可用异烟肼、链霉素等药物进行治疗。链霉素按每公斤体重 10 毫克，肌肉注射，1 日 2 次，连用数日。异烟肼按每公斤体重 4～8 毫克，分 3 次灌服，连用 1 个月。病羊所产乳汁，要单独存放、煮沸消毒；所产羊羔用 1% 来苏儿洗涤消毒后，隔离饲养，3 个月后进行结核菌素试验，阴性者方可与健康羊群混养。

## 八、羊快疫

羊快疫是由腐败梭菌经消化道感染引起的主要发生于绵羊的一种急性传染病。本病特征为突然发病，病程短促，并出现真胃出血性炎性损害症状。

（一）诊断要点

1. 病原与流行特点

腐败梭菌能被一般消毒药杀死，但芽孢抵抗力较强，在95℃下要2.5小时才能杀死。发病羊多为6～18月龄、营养较好的绵羊，山羊较少发病。病菌主要经消化道感染。腐败梭菌通常以芽孢体形式散布于自然界，特别是潮湿、低洼或沼泽地带。羊只采食污染的饲草或饮水，芽孢体随之进入消化道，但不一定引起发病。当存在诱发因素时，特别是秋冬或早春季节气候骤变、阴雨连绵之际，羊寒冷饥饿或采食了冰冻带霜的草料时，机体抵抗力下降，腐败梭菌即大量繁殖，产生外毒素，使消化道黏膜发炎、坏死并引起中毒性休克，使患羊迅速死亡。本病以散发性流行为主，发病率低但病死率高。

2. 临床症状

患羊往往来不及表现临床症状即突然死亡，常见在放牧时死于牧场或早晨发现死于圈舍内。病程稍缓者，表现为不愿行走，运动失调，腹痛、腹泻，磨牙抽搐，最后衰弱昏迷，口流带血泡沫，多于数分钟或几小时内死亡，病程极为短促。

3. 剖检变化

病死羊尸体迅速腐败臌胀。剖检见可视黏膜充血呈暗紫色。体腔多有积液。特征性表现为真胃出血性炎症，胃底部及幽门部黏膜可见大小不等的出血斑点及坏死区，黏膜下发生水肿。肠道内充满气体，常有充血、出血、坏死或溃疡。心内、外膜可见点状出血。胆囊多肿胀。

（二）防治

1. 综合防控措施

加强饲养管理，防止严寒袭击，严禁吃霜冻饲料。发病时应将圈舍搬迁至地势高燥之处。

2. 疫苗接种

常发区定期注射羊厌气菌病三联苗（羊快疫、羊猝疽、羊肠毒血症）或五联苗（羊快疫、羊肠毒血症、羊猝疽、羊黑疫和羔羊痢疾）或羊快疫单苗，免疫期达半年以上。

3. 治疗

病羊往往来不及治疗而死亡。对病程稍长的病羊，可治疗。青霉素肌肉注射，每次80万～160万单位，每天2次；磺胺嘧啶灌服，每次每公斤体重5～6克，连用3～4次；10%～20%石灰乳灌服，每次5～100毫升，连用1～2次；复方磺胺嘧啶钠注射液肌肉注射，每次每公斤体重0.015～0.02克（以磺胺嘧啶计），每天2次；磺胺脒按每公斤体重 8 ～ 12 克，第 1 天灌服 1 次，第 2 天分 2 次灌服。

## 九、羊猝疽

羊猝疽是由 C 型产气荚膜梭菌引起的一种毒血症，以急性死亡、腹膜炎和溃疡性肠炎为特征。

### （一）诊断要点

1.病原与流行特点

C 型产气荚膜梭菌能产生强烈的致死外毒素，具有酶活性，不耐热。

本病发生于成年绵羊身上，以 1 ～ 2 岁的绵羊发病较多。常流行于低洼、沼泽地区，发于冬春季节。主要经消化道感染，常呈地方流行性。

2.临床症状

成年绵羊突然发病死亡，病程短促，常未见到症状即突然死亡。有时发现病羊掉群、卧地，表现不安、衰弱和痉挛，在数小时内死亡。

3.剖检病变

十二指肠和空肠黏膜严重充血糜烂，个别区段可见大小不等的溃疡灶；体腔积液，暴露于空气后形成纤维素絮状；浆膜上可见有小出血点。

### （二）防治

1.综合防控措施

平时应加强饲养管理，保持环境卫生，必须加强防疫措施。

2.疫苗接种

对常发地区，每年可定期注射 1 ～ 2 次羊快疫、猝狙二联苗或羊快疫、猝狙、肠毒血症三联苗等。发生疫情时，用羊快疫、猝狙二联菌苗进行紧急接种。

3.治疗

本病的病程短促，往往来不及治疗。因此，发生本病时，将病羊隔离，对病程较长的病例进行对症治疗。当本病发生严重时转移牧地，可减少发病或停止发病。

## 十、羔羊梭菌性痢疾

羔羊梭菌性痢疾又称羊痢疾，俗名红肠子病，是以剧烈腹泻和小肠发生溃疡为特征的一种初生羔羊的毒血症，该病在初生羔羊中有较高发病率和死亡率。

## （一）诊断要点

### 1.病原与流行特点

病原为 B 型产气荚膜梭菌。本病以 1～4 日龄羔羊发病最多，7 日龄后发病较少。本病常通过接触病羊、吃奶、舔食被污染的物品而感染。病原侵入机体后，在小肠、回肠繁殖，产生毒素而引起发病。经伤口或脐部感染者较少。母羊饲养管理不善，孕期缺乏营养饲料，接羔时卫生及护理不善，羔羊吃奶饥饱过甚也可能引发本病。本病在产羔初期散发，产羔盛期群发，纯种羊的发病率和死亡率大于杂种羊和土种羊。本病可使羔羊发生大批死亡，特别是草质差的年份或气候多变的月份，发病率和死亡率均高。

### 2.临床症状

自然感染的潜伏期为 1～2 天，病初精神委顿，低头拱背，不想吃奶。不久腹泻，粪便恶臭，有的稠如面糊，有的稀薄如水，后期，有的含有血液，直到血便。病羔逐渐虚弱，卧地不起。若不及时治疗，常在 1～2 天内死亡，只有少数病轻的，可能自愈。有的羔羊，腹胀而不下痢或只排少量稀粪（也可能带血或血便），其主要表现神经症状，四肢瘫软，卧地不起，呼吸急促，口流白沫，最后昏迷，头向后仰，体温降至常温以下，常在数小时到十几小时内死亡。

### 3.剖检变化

消化道病变极为显著，真胃黏膜出血，水肿；肠黏膜充血，空肠、回肠可见豌豆至黄豆大小的黄色坏死区，外围有充血带，肠内容物可由正常乃至充血，肠系膜淋巴结肿胀或出血，大肠发炎；肝肿大；胆囊充满胆汁；心包有淡黄色积水，心内、外膜出血；脾，肺不常见明显变化。

## （二）防治

### 1.综合防控措施

加强饲养管理，加强母羊和孕羊的饲养管理，特别注意加强抓膘、保胎工作，产羔季节注意防寒保暖，增强孕羊体质，在怀孕后期，补给优质饲草、青干草、胡萝卜及矿物质等。室内保持干燥、清洁、温暖，剪除母羊阴门附近的污毛，用消毒液消毒乳房和后躯，接生羔羊时，注意消毒卫生工作，加强对羔羊的护理。产羔后立即将新生羔羊连同母羊一起放置于单独圈舍内，饲养 2～3 天随后再逐步合群，此外，也可通过实行提前产冬羔的方法来减少该病的发生。

### 2.疫苗接种

加强预防免疫，在羔羊梭菌性痢疾的多发、常发地区，对怀孕母羊注射羔羊痢疾菌苗，第 1 次于产前 30 ～ 20 天，皮下注射 2 毫升，第 2 次于分娩前 10 ～ 20 天，皮下注射 3 毫升，第 2 次注射 10 天后产生免疫力，经乳汁使羔羊获得被动免疫，免疫期为 5 个月，产前可定期对孕羊注射羊厌氧菌病五联或六联疫苗，一般皮下注射 3 毫升；母羊产羔后 12 小时内可服用土霉素，每日服用 0.15 ～ 0.2 克，连续服用 3 ～ 5 天。由大肠杆菌引起的羔羊下痢用大肠杆菌免疫血清则有一定的预防作用。

3. 治疗

发现病羊要及时治疗，可喂服土霉素 0.2 ～ 0.3 克，再将等量的胃蛋白酶调水灌服，每天 2 次，连续 3 天。也可喂服呋喃唑酮（痢特灵）或诺氟沙星（氟哌酸）。微生态制剂（促菌生、调痢生、乳康生等）可按说明拌料或喂服。治疗中要结合病情采取强心补液、解痉镇静、调理胃肠功能、保持电解质平衡等措施。

## 十一、肝片吸虫病

肝片吸虫病是由肝片吸虫寄生于羊等反刍动物的肝脏胆管中引起的人兽共患病。其他哺乳动物也可感染，对畜牧业危害很大。

（一）诊断要点

1. 病原与流行特点

肝片吸虫背腹扁平，外观呈柳叶状，新鲜时棕红色，固定后变为灰白色。该虫为雌雄同体。

肝片吸虫的繁殖力较强，一条成虫一昼夜可产 8000 ～ 13000 个虫卵。虫卵对干燥较敏感，在潮湿环境中能生存几个月，对常用消毒药抵抗力较强。

病畜和带虫患畜是重要的感染来源。

肝片吸虫病在我国普遍流行。流行地区与椎实螺孳生及外界环境条件关系密切，多发生于地势低洼的牧场、稻田地区和江河流域，因放牧时，特别在低洼或沼泽地放牧吃草时吞入囊蚴而感染。感染多发生在夏秋季节，主要与肝片吸虫在外界发育所需条件和时间、螺的生活规律以及降雨的气温等因素有关。感染季节决定发病季节，幼虫引起的疾病多在秋末冬初，成虫引起的疾病多见于冬末和春季。

2. 临床症状

轻度感染一般不表现症状。感染严重时分为急性型和慢性型两种。

（1）急性型

急性型由幼虫引起，多发生于绵羊，见于秋末冬初。一般病初表现为体温升高，精神沉郁，食欲减退，有时腹泻。触压有痛感，结膜由潮红黄染转为苍白黄染，消瘦，腹水，严重时 5 ～ 10 天死亡，或转为慢性。

（2）慢性型

慢性型最常见，由成虫引起，多见于冬末和春季。患畜表现为被毛粗乱，精神沉郁，消瘦、贫血，结膜苍白，眼睑、颌下及胸下水肿，腹水增多，反刍异常，间歇性瘤胃臌气或前胃弛缓、腹泻，绵羊产毛量下降，经 2 ～ 3 个月死亡或逐渐康复。

3.剖检变化

童虫穿过肠壁钻入肝脏，造成肠壁和肝组织损伤，由于虫体的机械性刺激的毒素作用，引起肝炎和胆管炎，病理变化主要在肝脏，先肿大后萎缩硬化，小叶间结缔组织增生，胆管增粗变厚，肝表面有纤维素沉着，切开时从胆管流出暗黄色胆汁和童虫。

（二）**防治**

1.综合防控措施

及时清理羊舍内粪便，粪便发酵处理。改善放牧环境，管控饮水饲草卫生，切断中间宿主孳生地。对草场进行改良或用硫酸铜溶液（1:50000）喷洒草地消灭椎实螺。选择在地势高干燥处放牧。饮水最好用自来水、井水或流动的河水，保持水源清洁。轮牧。

2.预防

定期驱虫。一般每年进行两次驱虫，秋末冬初 1 次，次年的春季 1 次。急性病例随时驱虫。

3.治疗

常用药物：口服硝氯酚，绵羊为 4 ～ 5 毫克 / 公斤体重；口服丙硫咪唑（阿苯达唑），绵羊为 10 ～ 15 毫克 / 公斤体重；口服三氯苯唑（肝蛭净），羊为 8 ～ 12 毫克 / 公斤体重。均为一次口服量。

# 第四节 禽病

## 一、高致病性禽流感

高致病性禽流感是禽流感病毒引起多种禽类、鸟类及人类发生感染和死亡的一种高度接触性烈性人兽共患传染病，常导致禽类突然死亡和高死亡率，严重危害养禽业，对公共卫生安全和人类健康造成巨大威胁。

（一）诊断要点

1.病原与流行特点

引起本病的病原为 A 型流感病毒，属于正黏病毒科流感病毒属。

禽类（鸡、火鸡、鸭、鹅、鸽和鹌鹑等）、鸟类及人类等多种动物对高致病性禽流感病毒易感。

病禽和带毒禽是主要传染源。野鸟是家禽感染禽流感的重要来源。水禽是禽流感病毒的天然储存宿主，其呼吸道分泌物、唾液和粪便均可带大量病毒。

高致病性禽流感传播途径为气源呼吸道传播和排泄物或分泌物污染经口传播，其中以空气传播为主。可经动物—动物传播、动物—人传播、环境—人传播、人—人传播。

该病流行无明显季节性，但常以冬、春季多发。

近年来，我国高致病性禽流感呈现以下几个特点。一是亚型和基因型多。主要是 H5N1、H5N2、H5N6、H5N8、H7N9，其中 H5N6 威胁最大。二是宿主范围广。H5N6 亚型高致病性禽流感可感染陆生家禽、水生家禽、珍禽及野鸟等多种禽类和鸟类，并引起死亡。三是疫情主要发生在小型养殖场和散养户。四是 H5N6 亚型禽流感主要发生在南方地区，H5N1 亚型禽流感主要发生在北方地区。五是野生禽类和鸟类禽流感疫情风险高。禽流感病毒在野生鸟类和家禽之间互相传播机会多。

2.临床症状

高致病性禽流感潜伏期为 21 天。因感染禽的品种、日龄、性别、环境因素、病毒的毒力不同，病禽的症状各异，轻重不一。

最急性型的病禽不出现前驱症状，发病后急剧死亡，死亡率可达 90% ～ 100%。

急性型是目前世界上最常见的一种病型。病禽肿头，眼睑周围浮肿，肉冠和肉垂肿胀、出血甚至坏死，鸡冠发紫。采食量急剧下降。病禽呼吸困难、咳嗽、打喷嚏、张口呼吸，突然尖叫。眼肿胀流泪，呈"金鱼头"状。出现抽搐、头颈后扭、运动失调、瘫痪等神经症状。

3.剖检变化

最急性死亡的病鸡常无眼观变化。

急性者可见头部和颜面浮肿，鸡冠、肉髯肿大达 3 倍以上，肝周炎、心包炎；消化道变化表现为腺胃乳头水肿、出血，肌胃角质层下出血，肌胃与腺胃交界处呈带状或环状出血；呼吸道有大量炎性分泌物或黄白色干酪样坏死；胸腺萎缩，有程度不同的点、斑状出血；法氏囊萎缩或呈黄色水肿，有充血、出血；母鸡卵泡充血、出血；胸骨内侧骨膜出血。

### （二）防治

1. 综合防控措施

我国高致病性禽流感的管理按照一类动物疫病管理，主要采取检疫诊断结合疫苗免疫的综合性防治措施。养殖场要做好饲养管理与环境控制、消毒、免疫和监测措施。一旦发现疫情，禁止进行治疗，应立即采取封锁、隔离、检疫、消毒等措施，迅速通报疫情，查源灭源，及时拔除疫点，并对易感畜群进行预防接种。

2. 疫苗接种

按照我国制定的高致病性禽流感强制免疫计划，养殖场根据当地实际情况，在科学评估的基础上选择适宜疫苗。建议使用重组禽流感病毒（H5+H7）三价灭活疫苗。规模场的种鸡与蛋鸡的雏鸡于 14 ～ 21 日龄时进行初免，间隔 3 ～ 4 周加强免疫，开产前再强化免疫，之后根据免疫抗体检测结果，每间隔 4 ～ 6 个月免疫一次；商品代肉鸡于 7 ～ 10 日龄时，免疫一次。饲养周期超过 70 日龄的，需加强免疫；种鸭、蛋鸭、种鹅、蛋鹅于 14 ～ 21 日龄时进行初免，间隔 3 ～ 4 周加强免疫，之后根据免疫抗体检测结果，每间隔 4 ～ 6 个月免疫一次；商品肉鸭、肉鹅于 7 ～ 10 日龄时，免疫一次；鹌鹑等其他禽类根据饲养用途，参考鸡的免疫程序进行免疫。散养户应于春秋两季分别进行一次集中免疫，每月定期补免。有条件的地方可参照规模场的免疫程序进行免疫。发生疫情时，对疫区、受威胁区的易感家禽进行一次紧急免疫。最近 1 个月内已免疫的家禽可以不进行紧急免疫。

3. 治疗

一旦发现疫情，应进行扑杀，不得治疗。

## 二、新城疫

新城疫，又名亚洲鸡瘟，是由新城疫病毒引起的禽类急性、热性、败血性和高度接触性传染病，以高热、呼吸困难、下痢、神经紊乱、瓣膜和浆膜出血为特征。该病可导致鸡群 100% 的发病率和死亡率，给养禽业造成巨大的经济损失。

### （一）诊断要点

1. 病原与流行特点

新城疫病毒有多种基因型，不同基因型具有一定的宿主特异性和地域分布特征，我国目前流行的新城疫病毒以基因 VI 型和 VII 型为主，其中基因 VI 型主要存在于鸽群中，在鸡群和鹅群流行的新城疫则以基因 VII 型为主。

新城疫的潜伏期为 21 天，鸡、火鸡、鹌鹑、鸽子、鸭、鹅等多种家禽及野禽均易感，各种日龄的禽类均可感染。水禽是新城疫病毒的天然储存宿主，野生水禽为无毒毒株的原始宿主，大多数水禽对强毒有极强的抵抗力，水禽在病毒散播中具有重要作用。鸡是新城疫病毒最主要的宿主，不同日龄的鸡易感性有差异，幼雏和中雏易感。非免疫易感禽群感染时，发病率、死亡率可高达 90% 以上；免疫效果不好的禽群感染时症状不典型，发病率、死亡率较低。

病禽和带毒禽是主要传染源。病鸡的排泄物、分泌物及被污染的饲料、饮水、空气和垫料等均含有病毒。健康禽通过呼吸道、眼结膜及消化道感染，也可垂直传播。

本病一年四季均可发生，但以春秋两季发生较多。

2. 临床症状

根据新城疫临床表现和病程长短分为最急性型、急性型和慢性型 3 种。

（1）最急性型

最急性型多见于新城疫的暴发初期和雏鸡，鸡群无明显异常而突然出现急性死亡病例。

（2）急性型

在突然死亡病例出现后几天，鸡群内病鸡明显增加。表现为呼吸道、消化道、生殖系统和神经系统异常。常以呼吸道症状开始，表现咳嗽，黏液增多，继而下痢。病鸡眼半闭或全闭，呈昏睡状，驱赶或惊吓不愿走动，头颈蜷缩、尾翼下垂，废食，病初体温升高，饮水增加。冠和肉髯紫蓝色或紫黑色，口腔酸臭，口角常有分泌物流出，呼吸困难，有啰音，张口伸颈，同时发出怪叫声，下痢，粪便呈黄绿色，混有多量黏液，有时混有血液、泄殖腔充血、出血、糜烂。产蛋鸡产蛋量下降或完全停止，蛋壳褪色或变成白色，软壳蛋、畸形蛋增多，种蛋受精率和孵化率明显下降，鸡群发病率和死亡率均可接近 100%。

（3）慢性型

慢性型多发生于流行后期的成年禽。在经过急性期后仍存活的鸡，陆续出现神经症状，盲目前冲、后退、转圈，啄食不准确，头颈后仰望天或扭曲在背上方等，其中一部分鸡因采食不到饲料而逐渐衰竭死亡，但也有少数神经症状的鸡能存活并基本正常生长和增重。

### 3. 剖检病变

口腔内充满黏液，嗉囊内充满硬结饲料或充满气体和液体；泄殖腔充血、出血、坏死、糜烂，带有粪污；腺胃乳头出血，腺胃与肌胃交界及腺胃与食道交界处呈带状出血，肌胃角质膜下出血，有时还见有溃疡灶；十二指肠以至整个肠道黏膜充血、出血。喉气管黏膜充血、出血；心冠沟脂肪出血；输卵管充血、水肿，其他组织器官无特征性病变。非典型新城疫剖检可见气管轻度充血，有少量黏液，鼻腔有卡他性渗出物，气囊混浊，少见腺胃乳头出血等典型症状。

### （二）防治

#### 1. 综合防控措施

我国新城疫的管理按照一类动物疫病管理，主要采取扑杀结合免疫综合性防治措施。养殖场要做好饲养管理与环境控制、消毒、免疫和监测措施。一旦发现疫情，禁止进行治疗，应立即采取封锁、隔离、检疫、消毒等措施，迅速通报疫情，查源灭源，并对易感畜群进行预防接种，以及及时拔除疫点。

#### 2. 疫苗接种

养殖场根据当地实际情况，在科学评估的基础上选择适宜疫苗。建议使用新城疫灭活疫苗或弱毒活疫苗。商品肉鸡于 7 ～ 10 日龄时，用新城疫活疫苗或灭活疫苗进行初免，2 周后，用新城疫活疫苗加强免疫一次。种鸡、商品蛋鸡于 3 ～ 7 日龄，用新城疫活疫苗进行初免；10 ～ 14 日龄，用新城疫活疫苗或灭活疫苗进行二免；12 周龄，用新城疫活疫苗或灭活疫苗进行强化免疫；17 ～ 18 周龄或开产前，再用新城疫灭活疫苗免疫一次。开产后，根据免疫抗体检测情况进行强化免疫。

#### 3. 治疗

一旦发现疫情，应进行扑杀，不得治疗。

## 三、鸡传染性支气管炎

鸡传染性支气管炎是由传染性支气管炎病毒引起的、在鸡群中传播的一种急性、高度接触性传染病。该病的主要特征是病鸡咳嗽、打喷嚏、气管啰音。

### （一）诊断要点

#### 1. 病原与流行特点

鸡传染性支气管炎病毒属于冠状病毒科、冠状病毒属、冠状病毒Ⅲ群的成员。

本病潜伏期为 36 小时或更长，病鸡带毒时间长，康复后 49 天仍可排毒。不同年龄、性别和品种的鸡均易感，以 1～4 周龄的鸡最易感。传染性支气管炎病毒的传染力极强，特别容易通过空气在鸡群中迅速传播，数日内即可波及全群。

病禽和带毒禽是主要传染源。鸡传染性支气管炎在鸡群中传播速度快，是一种高度接触性传染病。本病的主要传播方式是发病鸡通过呼吸道和泄殖腔排毒。病鸡从呼吸道排毒，经空气中的飞沫和尘埃传给鸡。病鸡泄殖腔排毒，通过饲料、饮水、器械和饲养员等媒介的交叉感染，经消化道间接传播本病。

本病一年四季流行，尤其在秋冬和冬春交替时期，寒冷多变的季节里易发病，南方高温高湿的气候下也多发。

2. 临床症状

临床症状与鸡的日龄、应激状况及鸡场管理水平有关。一般都会有不同程度的呼吸道症状，且产蛋鸡的产蛋率下降。感染的毒株不同表现的症状有所差异。

（1）呼吸型

病鸡表现出精神不振、食欲下降、羽毛蓬松、嗜睡、畏寒怕冷等症状，进而表现为张口伸颈呼吸、咳嗽、打喷嚏、气管啰音，尤以夜间较为明显，个别有怪叫声。14 日龄以内的雏鸡症状比较严重，常见鼻窦肿胀出血，流出半透明的黏性鼻液，气管有片状、环状出血，流泪，甩头等症状。3 月龄以上的鸡只感染本病而无混合或继发感染的情况下几乎不引起死亡。产蛋鸡感染本病后呼吸道症状温和，主要表现为产蛋率下降，蛋的品质下降，蛋壳增厚、褪色、表面凹凸不平，产软壳蛋、畸形蛋，蛋清稀薄如水，并黏着于壳膜表面。

（2）肾型

肾型多发于 2～4 周龄雏鸡，发病时常伴有轻微的呼吸道症状（同呼吸型，但症状表现不如呼吸型明显），表现为饮水量增加，反应迟钝，有些雏鸡眼周呈暗紫色，排白色或水样粪便，迅速消瘦，腿部干燥、无光泽，脚爪干瘪、脱水。成年产蛋鸡发病主要表现为产蛋量显著下降，蛋壳薄而易破、颜色变浅，且蛋清稀薄，粪便中出现大量白色尿酸盐，易继发其他病原微生物的感染而引起死亡。

（3）生殖道型

发病初期以呼吸道有呼噜声为主，同时出现采食量下降，排稀软或水样粪便，病鸡表现为腹部较大，触诊有明显的波动感，走路呈企鹅状。蛋鸡产蛋量减少，感染越早影响越大。康复后，也不能恢复至正常产蛋水平。

（4）肠型

病鸡主要表现为脱水、剧烈水泻，还可出现呼吸道症状。对产蛋鸡的致病力因毒株而异，有些毒株仅使蛋壳颜色变化而对产蛋量无影响，有些则使产蛋量下降 $10\% \sim 50\%$。

（5）腺胃型

腺胃型多发生于 $20 \sim 80$ 日龄的鸡群，鸡发病在早期有明显的呼吸道症状。病鸡表现为生长缓慢、精神沉郁，随着病程发展，病情加重，严重者可因呼吸困难而死亡。发病鸡高度消瘦，排白绿色稀便，发育迟缓，全群鸡整齐度差。

3.剖检变化

（1）呼吸型

主要引起呼吸器官的功能障碍，表现为鼻腔和窦内有浆液性、黏液性和干酪样渗出物，气管下部充血、出血，管腔中有黄色或黑黄色栓塞物，肺水肿或出血。病程长者可见支气管内有黄白色干酪样的阻塞物，气囊可呈现出不同程度的混浊、增厚。产蛋鸡的卵泡充血、出血、变形。18 日龄以下鸡感染本病可造成输卵管发育异常，并造成永久性损伤。

（2）肾型

肾型可引起肾肿大、呈苍白色，肾小管充满尿酸盐结晶，扩张，外形呈白线网状，为间质性肾炎变化，俗称"花斑肾"。输卵管扩张，并和直肠、泄殖腔一样有尿酸盐沉积。严重的病例在心包和腹腔脏器表面均可见白色的尿酸盐沉着。有时还可见法氏囊黏膜充血、出血，囊腔内积有黄色胶冻状物；肠黏膜呈卡他性炎变化；气管内有时呈卡他性炎症表现；全身皮肤和肌肉发绀，肌肉失水。

（3）生殖道型

患鸡初期气管内有黏液，输卵管发育受阻且变细、变短或呈囊状，形成幼稚型输卵管，狭部阻塞或形成水泡，而卵泡发育正常，成熟后排入腹腔、输卵管内，引起大量卵黄堆积在腹腔。有的产蛋鸡卵泡变形甚至破裂，恢复期输卵管充血、水肿，卵巢萎缩，蛋清稀薄如水样。

（4）肠型

肠型除引起呼吸道、肾和生殖道的病变外，还会造成某些肠道的损伤。一般表现为气管黏液增多，脱水、上皮黏膜水肿。主要是引起直肠的变化，剖解可见直肠组织以淋巴细胞、巨噬细胞等局灶性浸润为特征的炎性变化。在肠道组织可见绒毛端上皮细胞脱

落和黏膜下层充血。

（5）腺胃型

初期病变不明显，病鸡极度消瘦，气管内有黏液。中后期腺胃明显肿大，为正常时的 3 ～ 5 倍，腺胃乳头平整融合，轮廓不清，可挤出脓性分泌物，腺胃壁增厚，黏膜有出血和溃疡。十二指肠有不同程度的炎症变化及出血，盲肠、扁桃体肿大。还可见肾肿大，法氏囊、胸腺萎缩等症状。

### （二）防治

1. 综合防控措施

加强饲养管理，降低饲养密度，避免鸡群拥挤，注意温度、湿度变化，避免过冷、过热。加强通风，防止有害气体刺激呼吸道。合理配比饲料，防止维生素尤其是维生素 A 的缺乏，以增强机体的抵抗力。

2. 疫苗接种

养殖场根据当地实际情况，在科学评估的基础上选择适宜疫苗。针对感染的毒株使用疫苗。呼吸型传染性支气管炎首免可在 7 ～ 10 日龄用传染性支气管炎 H120 弱毒疫苗点眼或滴鼻，二免可于 30 日龄用传染性支气管炎 H52 弱毒疫苗点眼或滴鼻，开产前用传染性支气管炎灭活油乳疫苗肌内注射每只 0.5 毫升。肾型传染性支气管炎可于 4 ～ 5 日龄和 20 ～ 30 日龄用肾型传染性支气管炎弱毒苗进行免疫接种，或用灭活油乳疫苗于 7 ～ 9 日龄颈部皮下注射。传染性支气管炎病毒变异株可于 20 ～ 30 日龄、100 ～ 120 日龄接种 4/91 弱毒疫苗或皮下及肌内注射灭活油乳疫苗。

3. 治疗

本病目前尚无特异性治疗方法，改善饲养管理条件，降低鸡群密度，饲料或饮水中添加抗生素等，这些措施对防止继发感染具有一定的作用。对肾型传染性气管炎，发病后应降低饲料中蛋白的含量，并注意补充钾和钠，具有一定的治疗作用。


### 四、鸡传染性喉气管炎

鸡传染性喉气管炎是由鸡传染性喉气管炎病毒引起，以鸡呼吸困难、气喘、咳出血样黏液、喉部和气管黏膜水肿、出血并导致糜烂为主要临床特征的一种呼吸道传染病。

#### （一）诊断要点

1. 病原与流行特点

鸡传染性喉气管炎病毒属于疱疹病毒科。弱毒株有广东 K317 株、澳大利亚的 SA2

株等，这两种弱毒株已经作为弱毒疫苗毒株在临床使用。

鸡传染性喉气管炎自然感染的潜伏期为 6 ～ 12 天，是一种接触性传染病。主要侵害鸡类。各年龄、品种的鸡均易感，但以育成鸡和成年产蛋鸡为主要感染对象，发病症状也最典型。幼龄火鸡、野鸡、鹌鹑和孔雀也可感染。

病鸡、康复鸡或亚临床感染鸡是本病的主要传染源。感染后排毒期为 6 ～ 8 天，部分康复鸡可以长期带毒，排毒期可长达 2 年。该病主要通过呼吸道及眼感染，也可经消化道感染。呼吸器官及鼻腔分泌物污染的垫草、饲料、饮水及用具可造成本病的机械传播，人和野生动物的活动也可传播病毒。长期潜伏感染是鸡传染性喉气管炎的主要流行病学特征，野毒感染导致的潜伏感染在一定条件下，如应激，病毒会重新被激活，使鸡群呈现周期性的自然发病。

本病一年四季均能发生，由于鸡传染性喉气管炎病毒对高温的抵抗力弱，因此，夏季发病较少，冬春寒冷季节发病较多。

2. 临床症状

鸡传染性喉气管炎的病程一般为 7 ～ 15 天，时间长的可以延至 30 天。其临床表现随病毒毒力、侵害部位的不同而差别较大，可分为急性型和温和型。

（1）急性型（喉气管型）

急性型由高致病性的毒株引起，主要发生于成年鸡。发病初期，常有数只病鸡突然死亡。感染鸡鼻孔有分泌物，眼流泪，伴有结膜炎。其后表现为特征性的呼吸道症状，伸颈张口吸气，低头缩颈呼气，闭眼呈痛苦状，蹲伏地面或架上。病鸡体温可上升到 43℃，咳嗽或左右摇头时，咳出血痰，血痰常附着于墙壁、水槽、食槽或鸡笼上，个别鸡的嘴有血染。将鸡的喉头用手向上顶，令鸡张开口，可见喉头周围有泡沫状液体，喉头出血。若喉头被血液或血凝块堵塞，病鸡会窒息死亡。死亡鸡的鸡冠及肉髯呈暗紫色，体况较好，多呈仰卧姿势。急性型病鸡死亡率为 10% ～ 40%。如有继发感染时死亡率高达 50% ～ 70%。最急性病例可于 24 小时左右死亡，多数 5 ～ 10 天或更长，不死者多经 8 ～ 10 天恢复，有的可成为带毒鸡。

（2）温和型（眼结膜型）。

温和型由低致病性毒株引起，主要发生于 30 ～ 40 日龄鸡，病鸡表现为眼结膜充血，眼睑肿胀，1 ～ 2 天后流眼泪及鼻液，分泌黏性或干酪样物质，上下眼睑被分泌物粘连，眶下窦肿胀，眼结膜炎，会出现不断用爪抓眼的情况，有的病鸡失明。病鸡偶见呼吸困难，生长迟缓，温和型病症的死亡率低，大约为 5%。如果有继发感染和应激因素存在，死亡率会有所增加。蛋鸡产蛋率下降，畸形蛋增多。

3. 剖检变化

（1）急性型

典型病理变化在喉头和气管的前半部。发病初期，喉头和气管黏膜肿胀、充血、出血，甚至坏死，并可见带血的黏性分泌物或条状血凝块。中后期死亡鸡的喉头和气管黏膜附有黄白色纤维素性伪膜，并形成气管栓塞，患鸡多因窒息而死亡。严重时，炎症可扩散到支气管、肺、气囊或眶下窦。内脏器官无特征性病变。后期死亡鸡只常见继发感染的相应病理变化，如大肠杆菌病、鸡白痢和鸡慢性呼吸道病。

（2）温和型

温和型表现为浆液性结膜炎，也有的发生纤维素性结膜炎，在结膜囊内沉积纤维素性干酪样物质。

（二）防治

1. 综合防控措施

由于野毒感染或疫苗接种可引起鸡的潜伏感染，因此避免将免疫鸡或康复鸡同易感鸡混群饲养极为重要。种鸡混群饲养时一定要留下完整的记录，采取正确的生物安全措施，避免易感鸡群接触污染物。采取严格检疫和卫生措施，防止工作人员、饲料、设备和鸡的流动是成功防控的关键。

2. 疫苗接种

养殖场根据当地实际情况，在科学评估的基础上选择适宜疫苗。针对感染的毒株使用疫苗。由于目前市售商品化疫苗毒力强，从未发生过本病的地区或鸡场可不接种。发病鸡群则全群鸡紧急接种疫苗进行预防。

3. 治疗

本病目前没有特效药物能够治疗，高免血清对病毒有中和作用，可用于本病的治疗，但也仅限于发病早期。由于大部分的病鸡都是因呼吸道堵塞窒息而亡，故及时清除喉头部位的堵塞物能显著降低病死率。大群发病时，也可在饮水中加入氯化铵，以促进气管渗出，将堵塞物通过咳嗽的方式排出，呼吸通畅后，机体缺氧症状可缓解，疾病能逐渐康复。进入康复期的鸡，由于发病期间体重降低，体质虚弱，虽然未死亡，但后期生产性能需要 2～3 周的调理才能完全恢复，建议适当提高饲喂量，饮水中加入微生态制剂、酶制剂等促消化类饲料添加剂，饲料中拌入鱼肝油，以帮助受损的呼吸道黏膜修复。

### 五、传染性法氏囊病

传染性法氏囊病是由传染性法氏囊病病毒引起的一种主要危害雏鸡的免疫抑制性传染病。根据本病有肾小管变性等严重的肾脏病变，曾命名为"禽肾病"。

（一）诊断要点

1.病原与流行特点

传染性法氏囊病病毒为双 RNA 病毒科。患病鸡舍中的病毒可存活 100 天以上。病毒耐热，耐阳光及紫外线照射。于 56℃下加热 5 小时仍存活，60℃下加热可存活 0.5 小时，70℃下加热则迅速灭活。病毒耐酸不耐碱，于 pH2 环境中经 1 小时不被灭活，于 pH12 环境中则受抑制。病毒对乙醚和氯仿不敏感。3% 的煤酚皂溶液、0.2% 的过氧乙酸、2% 次氯酸钠、5% 的漂白粉、3% 的石炭酸、3% 福尔马林、0.1% 的升汞溶液可在 30 分钟内灭活病毒。

病毒的自然宿主仅为雏鸡和火鸡。3 ～ 6 周龄的鸡最易感，也有 15 周龄以上鸡发病的报道。病鸡是主要传染源。病鸡的粪便中含有大量病毒，鸡可通过直接接触感染，或接触被污染的饲料、饮水、垫料、尘埃、用具、车辆、人员、衣物等被间接感染，也可通过消化道和呼吸道感染，老鼠和甲虫等也可间接传播病毒，未有证据表明病毒可经卵传播。另外，此病毒经眼结膜也可传播。本病全年均可发生，无明显的季节性。

本病一般发病率高（可达 100%）而死亡率不高（多为 5% 左右，也可达 20% ～ 30%），卫生条件差而伴发其他疾病时死亡率可升至 40% 以上，在雏鸡中甚至可达 80% 以上。

本病的另一流行病学特点是发生本病的鸡场，常常出现新城疫、马立克病等疫苗接种的免疫失败，这种免疫抑制现象常使发病率和死亡率急剧上升。传染性法氏囊病产生的免疫抑制程度随感染鸡的日龄不同而异，初生雏鸡感染传染性法氏囊病病毒最为严重，可使法氏囊发生坏死性的不可逆病变。对于 1 周龄后或传染性法氏囊病母源抗体消失后而感染传染性法氏囊病病毒的鸡，其危害有所减轻。

2.临床症状

本病潜伏期为 2 ～ 3 天，易感鸡群感染后发病突然，病程一般为 1 周左右，典型发病鸡群的死亡曲线呈尖峰式。发病鸡群的早期症状之一是有些病鸡出现啄自己肛门的现象，随即病鸡出现腹泻，排出白色黏稠或水样稀便。随着病程的发展，病鸡食欲逐渐消失，颈和全身震颤，病鸡步态不稳，羽毛蓬松，精神委顿，卧地不动，体温常升高，泄殖腔周围的羽毛被粪便污染。此时病鸡脱水严重，趾爪干燥，眼窝凹陷，最后衰竭死亡。

急性病鸡可在出现症状 1～2 天死亡，鸡群 3～5 天达死亡高峰，以后逐渐减少。在初次发病的鸡场多呈显性感染，症状典型，死亡率高。以后发病多转入亚临床型。近年来发现部分 I 型变异株所致的病型多为亚临床型，死亡率低，但其造成的免疫抑制严重。

3. 剖检变化

病死鸡肌肉色泽发暗，大腿内外侧和胸部肌肉常见条纹状或斑块状出血。腺胃和肌胃交界处常见出血点或出血斑。法氏囊病变具有特征性水肿，比正常大 2～3 倍，囊壁增厚，外形变圆，呈土黄色，外包裹有胶冻样透明渗出物。黏膜皱褶上有出血点或出血斑，内有炎性分泌物或黄色干酪样物。随病程延长法氏囊萎缩变小，囊壁变薄，第 8 天后仅为其原质量的 1/3 左右。一些严重病例可见法氏囊严重出血，呈紫黑色，如紫葡萄状。肾脏肿大，常见尿酸盐沉积，输尿管有多量尿酸盐而扩张。盲肠、扁桃体多肿大、出血。

（二）防治

1. 综合防控措施

实行科学的饲养管理和严格的卫生措施。采用全进全出饲养体制，全价饲料。保证鸡舍换气良好，温度、湿度适宜，消除各种应激条件，提高鸡体免疫应答能力。对 60 日龄内的鸡最好实行隔离封闭饲养，杜绝传染来源。

严格卫生管理，加强消毒净化措施。鸡舍（包括周围环境）用消毒液喷洒→清扫→高压水枪冲洗→消毒液喷洒（几种消毒剂交替使用 2～3 遍）→干燥→甲醛熏蒸→封闭 1～2 周后换气再进鸡。饲养鸡期间，定期进行带鸡气雾消毒，可采用 0.3% 次氯酸钠或过氧乙酸等，按 30～50 毫升 / 立方米的规格使用。

2. 疫苗接种

目前使用的疫苗主要有灭活苗和活苗两类。灭活苗主要有组织灭活苗和油佐剂灭活苗，使用灭活苗对已接种活苗的鸡效果好，并使母源抗体保护雏鸡长达 4～5 周。疫苗接种途径有注射、滴鼻、点眼、饮水等多种免疫方法，可根据疫苗的种类、性质、鸡龄、饲养管理等情况进行具体选择。

3. 治疗

定期观察鸡群的生长状态，如果发现疑似患病鸡只，要及时隔离，并且尽早诊断。对患病鸡使用过的用具进行彻底的消毒，粪便集中堆放处理之后进行无害化处理，减少对生态环境的破坏。针对已经患病的鸡只，应该采取药物治疗的方式，可以选择解毒抗炎灵等药物，并且配合辅助使用口服补液盐饮水，防止患病鸡脱水。有些患病鸡可能出现继发感染其他疾病，必须做好紧急的防治对策，可以注射高免血清，选择肌肉注射，可以取得很好的治疗效果，或者可以在饲料中加入药物，或者使用吗啉胍和板蓝根冲剂搅拌饲料喂养，能够取得明显的治疗效果。

## 六、马立克病

马立克病是由马立克病毒引起的一种淋巴组织增生性传染病，其特征是在全身各组织器官中形成淋巴细胞性肿瘤，其中以周围神经、肝、脾、肾、性腺、皮肤、肌肉等部位多发。

### （一）诊断要点

1. 病原与流行特点

马立克病病毒属于细胞结合性疱疹病毒 B 群。病毒对外界环境抵抗力强，在本病的传播方面起重要作用。

易感动物为鸡，另外雉、鸽、鸭、鹅、金丝雀、小鹦鹉、天鹅、鹌鹑和猫头鹰等许多禽种都可观察到类似马立克病的病变。本病最易发生在 2 ～ 5 月龄的鸡。主要通过直接或间接接触经空气传播。绝大多数鸡在生命的早期吸入有传染性的皮屑、尘埃和羽毛引起鸡群的严重感染。雏鸡多是在出壳时由于蛋壳表面带毒而受到感染。带毒鸡舍的工作人员的衣服、鞋靴以及鸡笼、车辆都可成为该病的传播媒介。发病率和病死率差异很大，为 10% ～ 60%。

2. 临床症状

根据症状和病变发生的主要部位，本病在临床上分为 4 种类型：神经型（古典型）、内脏型（急性型）、眼型和皮肤型。4 种类型有时会混合发生。

（1）神经型

神经型主要侵害外周神经，侵害坐骨神经最为常见。病鸡步态不稳，发生不完全麻痹，后期则完全麻痹，不能站立，蹲伏在地上，臂神经受侵害时则被侵侧翅膀下垂，呈一腿伸向前方、另一腿伸向后方的特征性姿态；当侵害支配颈部肌肉的神经时，病鸡发生头下垂或头颈歪斜；当迷走神经受侵时则可引起失声、嗉囊扩张以及呼吸困难；腹神经受侵时则常有腹泻症状。

（2）内脏型

内脏型多呈急性暴发，常见于幼龄鸡群，开始以大批鸡精神委顿为主要特征，几天后部分病鸡出现共济失调，随后出现单侧或双侧肢体麻痹。部分病鸡死前无特征性临床症状，很多病鸡表现出脱水、消瘦和昏迷症状。

（3）眼型

眼型出现于单眼或双眼，视力减退或消失。虹膜失去正常色素，呈同心环状或斑点状以至弥漫的灰白色。瞳孔边缘不整齐，到严重阶段时瞳孔只剩下一个针头大的小孔。

（4）皮肤型

此型一般缺乏明显的临床症状，往往在宰后拔毛时发现羽毛囊增大，形成淡白色小结节或瘤状物。此种病变常见于大腿部、颈部及躯干背面生长粗大羽毛的部位。

3. 剖检变化

病鸡最常见的病变表现在外周神经、腹腔神经丛、坐骨神经丛、臂神经丛和内脏大神经，这些地方是主要的受侵害部位。受害神经增粗，呈黄白色或灰白色，横纹消失，有时呈水肿样外观。病变往往只侵害单侧神经，诊断时多与另一侧神经比较。内脏器官中以卵巢的受害最为常见，其次为肾、脾、肝、心、肺、胰、肠系膜、腺胃、肠道和肌肉等。病鸡在上述器官中长出大小不等的肿瘤块，呈灰白色，质地坚硬而致密。有时肿瘤组织在受害器官中呈弥漫性增生，整个器官变得很大。

（二）防治

1. 综合防控措施

加强饲养管理和卫生管理。坚持自繁自养，执行全进全出的饲养制度，避免不同日龄鸡混养；实行网上饲养和笼养，减少鸡只与羽毛粪便接触；严格卫生消毒制度，尤其是种蛋、出雏器和孵化室的消毒，常选用熏蒸消毒法，孵化前和孵化期间一定要做好种蛋的消毒工作，孵化前务必将蛋表面黏附的羽毛、粪污清理干净，防止有病毒污染；消除各种应激因素，注意免疫与预防；加强检疫，及时淘汰病鸡和阳性鸡。

2. 疫苗接种

疫苗接种是防治本病的关键。在进行疫苗接种的同时，鸡群要封闭饲养，尤其是育雏期间应搞好封闭隔离，可减少本病的发病率。疫苗接种应在1日龄进行，常用的疫苗有火鸡疱疹病毒疫苗、CVI988疫苗和由Ⅱ型和Ⅲ型组成的双苗。

3. 治疗

本病目前没有有效药物可以治疗，病鸡必须淘汰，以防更大面积传播。

## 七、禽白血病

禽白血病是由禽白血病病毒引起的禽类多种肿瘤性疾病的统称，主要是淋巴细胞性白血病，其次是成红细胞性白血病、成髓细胞性白血病。此外，还可引起骨髓细胞瘤、结缔组织瘤、上皮肿瘤、内皮肿瘤等。大多数肿瘤侵害造血系统，少数侵害其他组织。

（一）诊断要点

1.病原与流行特点

禽白血病病毒属于反录病毒科禽 C 型反录病毒群。禽白血病病毒与肉瘤病毒紧密相关，因此统称为禽白血病 / 肉瘤病毒。该病毒对脂溶剂和去污剂敏感，对热的抵抗力弱。

本病在自然情况下只有鸡能感染。母鸡的易感性比公鸡高，多发生在 18 周龄以上的鸡身上，呈慢性经过，病死率为 5% ～ 6%。

传染源是病鸡和带毒鸡。有病毒血症的母鸡，其整个生殖系统都有病毒繁殖，以输卵管的病毒浓度最高，特别是蛋白分泌部，因此其产出的鸡蛋常带毒，孵出的雏鸡也带毒。这种先天性感染的雏鸡常有免疫耐受现象，它不产生抗肿瘤病毒抗体，长期带毒排毒，成为重要传染源。后天接触感染的雏鸡带毒排毒现象与接触感染时雏鸡的年龄有很大关系。雏鸡在 2 周龄以内感染这种病毒，发病率和感染率很高，残存母鸡产下的蛋带毒率也很高。4 ～ 8 周龄的雏鸡感染后发病率和死亡率大大降低，其产下的蛋也不带毒。10 周龄以上的鸡感染后不发病，产下的蛋也不带毒。

在自然条件下，本病主要以垂直传播方式进行传播，也可水平传播，但比较缓慢，多数情况下接触传播被认为是不重要的。本病的感染虽很广泛，但临床病例的发生率相当低，一般多为散发。饲料中维生素缺乏、内分泌失调等因素可促进本病的发生。

2.临床症状

禽白血病由于感染的毒株不同，症状和病理特征也不同。

（1）淋巴细胞性白血病

淋巴细胞性白血病是禽白血病最常见的一种病型。在 14 周龄以下的鸡极为少见，至 14 周龄以后开始发病，在性成熟期发病率最高。病鸡精神委顿，全身衰弱，进行性消瘦和贫血，鸡冠、肉髯苍白，皱缩，偶见发绀。病鸡食欲减少或废绝，腹泻，产蛋停止。腹部常明显膨大，用手按压可摸到肿大的肝脏，最后病鸡衰竭死亡。

（2）成红细胞性白血病

此病比较少见，通常发生于 6 周龄以上的高产鸡。临床上分为两种病型，即增生型和贫血型。增生型较常见，主要特征是血液中存在大量的成红细胞，贫血型在血液中仅有少量未成熟细胞。两种病型的早期症状为全身衰弱，嗜睡，鸡冠稍苍白或发绀，病鸡消瘦、下痢，病程从 12 天到几个月。

（3）成髓细胞性白血病

此型很少自然发生，其临床表现为嗜睡、贫血、消瘦、毛囊出血，病程比成红细胞性白血病长。

（4）骨髓细胞瘤

此型自然病例极少见。其全身症状与成髓细胞性白血病相似。由于骨髓细胞的生长，头部、胸部和附骨异常突起。这些肿瘤很特别地突出于骨的表面，多见于肋骨与肋软骨连接处、胸骨后部、下颌骨以及鼻腔的软骨上。骨髓细胞瘤呈淡黄色、柔软脆弱或呈干酪状，呈弥散或结节状，且多两侧对称。

（5）骨硬化症

在骨干或骨干长骨端区存在有均一的或不规则的增厚。晚期病鸡的骨呈特征性的"长靴样"外观。病鸡发育不良、苍白、行走拘谨或跛行。

（6）其他

如血管瘤、肾瘤、肾胚细胞瘤、肝癌和结缔组织瘤等，自然病例均极少见。

3. 剖检变化

（1）淋巴细胞性白血病

剖检可见肿瘤主要发生于肝、脾、肾、法氏囊，也可侵害心肌、性腺、骨髓、肠系膜和肺。肿瘤呈结节形或弥漫形，灰白色到淡黄白色，大小不一，切面均匀一致，很少有坏死灶。

（2）成红细胞性白血病

剖检时见两种病型都表现全身性贫血，皮下、肌肉和内脏有点状出血。增生型的特征性肉眼病变是肝、脾、肾呈弥漫性肿大，呈樱桃红色到暗红色，有的剖面可见灰白色肿瘤结节。

（3）成髓细胞性白血病

剖检时见骨髓坚实，呈红灰色至灰色。在肝脏偶然也见于其他内脏发生灰色弥散性肿瘤结节。

（4）骨硬化症

脚和双翼及全身骨骼都会肿大，管状骨肥大较为明显，此系外骨膜异常性造骨再被成熟骨添加在外骨膜所致，此时骨髓腔变狭小或消失。

（二）防治

本病主要为垂直传播，病毒型间交叉免疫力很低，雏鸡免疫耐受，对疫苗不产生免疫应答。因此，到目前为止还无有效的疫苗和药物用于该病的防治。

减少种鸡群的感染率和建立无白血病的种鸡群是控制本病的最有效措施。种鸡在育成期和产蛋期各进行 2 次检测，淘汰阳性鸡。从蛋清和阴道拭子试验阴性的母鸡选择受精蛋进行孵化，在隔离条件下出雏、饲养，连续进行 4 代，建立无病鸡群。但由于费时长，成本高、技术复杂，一般种鸡场还难以实行。

鸡场的种蛋、雏鸡应来自无白血病种鸡群，同时加强鸡舍孵化、育雏等环节的消毒工作，特别是育雏期（最少 1 个月）封闭隔离饲养，并实行全进全出制。抗病育种，培育无白血病的种鸡群。生产各类疫苗的种蛋、鸡胚必须选自无特定病原鸡场。

## 八、禽霍乱

禽霍乱是一种侵害家禽和野禽的接触性疾病，又名禽巴氏杆菌病、禽出血性败血症。本病常呈现败血性症状，发病率和死亡率很高，但也常出现慢性或良性经过。

### （一）诊断要点

1. 病原与流行特点

病原为多杀性巴氏杆菌。本菌对物理和化学因素的抵抗力比较低。病禽在自然干燥的情况下很快死亡。在浅层的土壤中可存活 7～8 天，粪便中可存活 14 天。普通消毒药常用浓度对本菌有良好的消毒力，1% 石炭酸、1% 漂白粉、5% 石灰乳、0.02% 升汞液数分钟至数十分钟可致本菌死亡。日光对本菌有强烈的杀菌作用，热量对本菌的杀菌力很强。

本病对各种家禽，如鸡、鸭、鹅等都有易感性，但鹅易感性较差，各种野禽也易感。禽霍乱造成鸡的死亡损失通常发生于产蛋鸡群，因这种年龄的鸡较幼龄鸡更为易感。16 周龄以下的鸡一般具有较强的抵抗力。但临床也曾发现 10 天发病的鸡群。自然感染鸡的死亡率通常是 0%～20% 或更高，经常发生产蛋下降和持续性局部感染。断料、断水或突然改变饲料，都可使鸡对禽霍乱的易感性提高。

多杀性巴氏杆菌在禽群中的传播主要是通过病禽口腔、鼻腔和眼结膜的分泌物进行的，这些分泌物污染了环境，特别是饲料和饮水。粪便中很少含有活的多杀性巴氏杆菌。

2. 临床症状

潜伏期一般为 2～9 天，由于家禽的机体抵抗力和病菌的致病力强弱不同，所表现的病状也有差异。一般分为最急性、急性和慢性 3 种病型。

（1）最急性型

最急性型常见于流行初期，以产蛋高的鸡最常见。病鸡无前驱症状，晚间一切正常，吃得很饱，次日发病死在鸡舍内。

（2）急性型

此型最为常见，病鸡主要表现为精神沉郁，羽毛松乱，缩颈闭眼，头缩在翅下，不愿走动，离群呆立。病鸡常有腹泻，排出黄色、灰白色或绿色的稀粪。体温升高到43～44℃，减食或不食，渴欲增加。呼吸困难，口、鼻分泌物增加。鸡冠和肉髯变青紫色，有的病鸡肉髯肿胀，有热痛感。产蛋鸡停止产蛋。最后发生衰竭、昏迷而死亡，病程短的约半天，长的1～3天。

（3）慢性型

慢性型由急性不死转变而来，多见于流行后期。以慢性肺炎、慢性呼吸道炎和慢性胃肠炎较多见。病鸡鼻孔有黏性分泌物流出，鼻窦肿大，喉头积有分泌物而影响呼吸。经常腹泻。病鸡消瘦，精神委顿，冠苍白。有些病鸡一侧或两侧肉髯显著肿大，随后可能有脓性干酪样物质，或干结、坏死、脱落。有的病鸡有关节炎，常局限于脚或翼关节和腱鞘处，表现为关节肿大，疼痛、脚趾麻痹，因而发生跛行。病程可拖至1个月以上，但生长发育和产蛋长期不能恢复。

鸭发生急性霍乱的症状与鸡基本相似，成年鹅的症状与鸭相似。

3. 剖检变化

最急性型死亡的病鸡无特殊病变，有时只能看见心外膜有少许出血点。

急性病例病变有较为显著的特征，病鸡的腹膜、皮下组织及腹部脂肪常见小点出血。心包变厚，心包内积有多量不透明淡黄色液体，有的含纤维素絮状液体，心外膜、心冠脂肪出血尤为明显。肺有充血或出血点。肝脏的病变具有特征性，肝稍肿，质变脆，呈棕色或黄棕色。肝表面散布有许多灰白色、针头大的坏死点。

慢性型因侵害的器官不同而有差异。当呼吸道症状为主时，见到鼻腔和鼻窦内有多量黏性分泌物，某些病例见肺硬变。局限于关节炎和腱鞘炎的病例，主要见关节肿大变形，有炎性渗出物和干酪样坏死。公鸡的肉髯肿大，内有干酪样的渗出物，母鸡的卵巢明显出血，有时卵泡变形，似半煮熟样。

鸭的病理变化与鸡基本相似，死于禽霍乱的鸭在心包内充满透明橙黄色渗出物，心包膜、心冠脂肪有出血斑。肺呈多发性肺炎，间有气肿和出血。鼻腔黏膜充血或出血。肝略肿大，表现有针尖状出血点和灰白色坏死点。肠道以小肠前段和大肠黏膜充血和出血最严重，小肠后段和盲肠较轻。雏鸭为多发性关节炎，主要可见关节面粗糙，附着黄色的干酪样物质或红色的肉芽组织。关节囊增厚，内含有红色浆液或灰黄色混浊的黏稠液体。肝脏发生脂肪变性和局部坏死。

**（二）防治**

鸡群发病应立即采取治疗措施，磺胺类药物、红霉素、庆大霉素、环丙沙星、恩诺沙星、喹乙醇均有较好的疗效。在治疗过程中，剂量要足，疗程要合理，当鸡只死亡明显减少后，再继续投药2～3天以巩固疗效，防止复发。

## 九、鸡白痢

鸡白痢是由鸡白痢沙门菌引起的鸡的传染病。本病特征为幼雏感染后常呈急性败血症，发病率和死亡率都高，成年鸡感染后，多呈慢性或隐性带菌，可随粪便排出，因卵巢带菌，严重影响孵化率和雏鸡成活率。

**（一）诊断要点**

1. 病原与流行特点

鸡白痢沙门菌具有高度宿主适应性。在外界环境中有一定的抵抗力，常用消毒药可将其杀死。

各种品种的鸡对本病均有易感性，以2～3周龄雏鸡的发病率与病死率为最高，呈流行性。随着日龄的增加，鸡的抵抗力也增强。成年鸡感染常呈慢性或隐性经过。

火鸡对本病有易感性，但次于其他鸡。鸭、雏鹅、鹌鹑、麻雀、欧洲莺和鸽也有自然发病的报告。芙蓉鸟、红鸠、金丝雀和乌鸦则无易感性。

鸡场存在本病，雏鸡的发病率为20%～40%，但新传入发病的鸡场，其发病率显著增高，甚至有时高达100%，病死率也比老疫场高。本病可经蛋垂直传播，也可水平传播。

2. 临床症状

本病在鸡不同日龄中所表现的症状和经过有显著的差异。

（1）雏鸡

雏鸡潜伏期4～5天，故出壳后感染的雏鸡，多在孵出后几天才出现明显症状。7～10天后雏鸡群内病雏逐渐增多，在第二、三周达高峰。发病雏鸡呈最急性者，无症状迅速死亡。稍缓者表现为精神委顿，绒毛松乱，两翼下垂，缩头颈，闭眼昏睡，不愿走动，拥挤在一起。病初食欲减少，而后停食，多数出现软嗉症状。同时腹泻，排稀薄如糨糊状粪便，肛门周围绒毛被粪便污染，有的因粪便干结封住肛门周围，影响排粪。

由于肛门周围炎症引起疼痛，故病雏常发出尖锐的叫声，最后因呼吸困难及心力衰竭而死。有的病雏出现眼盲，或肢关节呈跛行症状。

（2）育成鸡

该病多发生于40～80天的鸡，发生突然，全群鸡只食欲、精神尚可，总见鸡群中不断出现精神、食欲差和下痢的鸡只，常突然死亡。死亡不见高峰而是每天都有鸡只死亡，数量不一。该病病程较长，可拖延20～30天，死亡率可达10%～20%。

3.剖检变化

日龄短、发病后很快死亡的雏鸡病变不明显。肝大，充血或有条纹状出血，其他脏器充血。卵黄囊变化不大。病期延长者卵黄吸收不良，其内容物色黄如油脂状或干酪样；心肌、肺、肝、盲肠、大肠及肌胃、肌肉中有坏死灶或结节。有些病例有心外膜炎，肝有点状出血及坏死点，胆囊肿大，脾有时肿大，肾充血或贫血，输尿管充满尿酸盐而扩张，盲肠中有干酪样物堵塞肠腔，有时还混有血液，肠壁增厚，常有腹膜炎。在上述器官病变中，以肝的病变最为常见，其次为肺、心及盲肠的病变。死于几日龄的病雏，见出血性肺炎，稍大的病雏，肺可见灰黄色结节和灰色肝变。

慢性带菌的成年母鸡，最常见的病变为卵子变形、变色、质地改变以及卵子呈囊状，有腹膜炎，伴以急性或慢性心包炎。受害的卵子常呈油脂或干酪样，卵黄膜增厚，变性的卵子或仍附在卵巢上，常有长短粗细不一的卵蒂（柄状物）与卵巢相连，脱落的卵子深藏在腹腔的脂肪性组织内。有些卵子则自输卵管逆行而坠入腹腔，有些则阻塞在输卵管内，引起广泛的腹膜炎及腹腔脏器粘连。可以发现腹水，特别见于大鸡。心脏变化稍轻，但常有心包炎，其严重程度和病程长短有关。轻者只见心包膜透明度较差，含有微混浊的心包液。重者心包膜变厚而不透明，逐渐粘连，心包液显著增多，在腹腔脂肪中或肌胃及肠壁上有时发现琥珀色干酪样小囊包。

成年公鸡的病变，常局限于睾丸及输精管。睾丸极度萎缩，同时出现小脓肿。输精管管腔增大，充满稠密的均质渗出物。

（二）防治

1.综合防控措施

防治本病发生的原则在于杜绝病原的传入，消除鸡群内的带菌者与慢性患者。同时还必须执行严格的卫生、消毒和隔离制度，其综合防治措施如下。

①挑选健康种鸡、种蛋，建立健康鸡群，坚持自繁自养，慎重地从外地引进种蛋。在健康鸡群中，每年春秋两季对种鸡定期用血清凝集试验全面检疫及不定期抽查检疫。对

40～60 天的中雏也可进行检疫，淘汰阳性鸡及可疑鸡。在有病鸡群中，应每隔 2～4 周检疫 1 次，经 3～4 次后一般可把带菌鸡全部检出淘汰，但有时也须反复多次才能检出。

②孵化时，用季胺类消毒剂喷雾消毒孵化前的种蛋，拭干后再入孵。不安全鸡群的种蛋，不得进入孵房。每次孵化前孵房及所有用具要用甲醛消毒。对引进的鸡要注意隔离及检疫。

③加强育雏饲养管理卫生，鸡舍及一切用具要注意经常清洁消毒。育雏室及运动场保持清洁干燥，饲料槽及饮水器每天清洗 1 次，并防止被鸡粪污染。育雏室温度维持恒定，采取高温育雏，并注意通风换气，避免过于拥挤。饲料配合要适当，保证含有丰富的维生素 A。不用孵化的废蛋喂鸡。防止雏鸡发生啄食癖。若发现病雏，要迅速隔离消毒。此外，在禽场范围内须防止飞禽或其他动物进入传播病原。

④药物预防。雏鸡出壳后用福尔马林 14 毫升 / 立方米或高锰酸钾 7 克 / 立方米在出雏器中熏蒸 15 分钟。用 0.01% 高锰酸钾溶液作饮水 1～2 天。在鸡白痢易感日龄期间，按 0.5% 加入磺胺类药，有利于控制鸡白痢的发生。

2. 治疗

育成鸡白痢的治疗要突出一个"早"字，一旦发现鸡群中病死鸡增多，确诊后立即全群给药，可投服恩诺沙星等药物，先投服 5 天后，间隔 2～3 天再投喂 5 天，目的是使新发病例得到有效控制，防止疫情蔓延。同时加强饲养管理，消除不良因素对鸡群的影响，可以大大缩短病程，最大限度地减少损失。

## 十、鸡球虫病

鸡球虫病是鸡常见且危害十分严重的寄生虫病，它造成的经济损失是惊人的。雏鸡的发病率和致死率均较高。病愈的雏鸡生长受阻，增重缓慢；成年鸡多为带虫者，但增重和产蛋能力降低。

### （一）诊断要点

1. 病原与流行特点

病原为原虫中的艾美耳科艾美耳属的球虫。世界各国已经记载的鸡球虫种类共有 13 种之多，我国已发现 9 种。不同种的球虫，在鸡肠道内寄生部位不一样，其致病力也不相同。柔嫩艾美耳球虫寄生于盲肠，致病力最强；毒害艾美耳球虫寄生于小肠中 1/3 段，致病力强；巨型艾美耳球虫寄生于小肠，以中段为主，有一定的致病作用；堆型艾美耳球虫寄生于十二指肠及小肠前段，有一定的致病作用，严重感染时引起肠壁增厚和肠道出血等病变；和缓艾美耳球虫、哈氏艾美耳球虫寄生在小肠前段，致病力较低，可能引起肠黏膜的卡他性炎症；早熟艾美耳球虫寄生在小肠前 1/3 段，致病力低，一般无肉眼可见的病变。布氏艾美耳球虫寄生于小肠后段，盲肠根部，有一定的致病力，能引起肠道点状出血和卡他性炎症；变位艾美耳球虫寄生于小肠、直肠和盲肠，有一定的致病力。轻度感染时肠道的浆膜和黏膜上出现单个的、包含卵囊的斑块，严重感染时可出现散在的或集中的斑点。

各个品种的鸡均有易感性，15～50 日龄的鸡发病率和致死率都较高，成年鸡对球虫有一定的抵抗力。病鸡是主要传染源，凡被带虫鸡污染过的饲料、饮水、土壤和用具等，都有卵囊存在。鸡感染球虫的途径主要是吃了感染性卵囊。人及其衣服、用具等以及某些昆虫都可成为机械传播者。

饲养管理条件不良，鸡舍潮湿、拥挤，卫生条件恶劣时，最易发病。在潮湿多雨、气温较高的梅雨季节易暴发球虫病。

球虫虫卵的抵抗力较强，在外界环境中一般的消毒剂不易破坏，在土壤中可保持生活力达 4～9 个月，在有树荫的地方可达 15～18 个月。卵囊对高温和干燥的抵抗力较弱。当相对湿度为 21%～33% 时，柔嫩艾美耳球虫的卵囊在 18～40℃下经 1～5 天就死亡。

2. 临床症状

病鸡精神沉郁，羽毛蓬松，头蜷缩，食欲减退，嗉囊内充满液体，鸡冠和可视黏膜贫血、苍白，逐渐消瘦，病鸡常排红色胡萝卜样粪便，若感染柔嫩艾美耳球虫，开始时粪便为咖啡色，以后变为完全的血粪，如不及时采取措施，致死率可达 50% 以上。若多种球虫混合感染，粪便中带血液，并含有大量脱落的肠黏膜。

3. 剖检变化

病鸡消瘦，鸡冠与黏膜苍白，内脏变化主要发生在肠管，病变部位和程度与球虫的种别有关。

柔嫩艾美耳球虫主要侵害盲肠，两支盲肠显著肿大，可为正常的 3～5 倍，肠腔中充满凝固的或新鲜的暗红色血液，盲肠上皮变厚，有严重的糜烂。艾美耳球虫损害小肠中段，使肠壁扩张、增厚，有严重的坏死。在裂殖体繁殖的部位，有明显的淡白色斑点，黏膜上有许多小出血点。肠管中有凝固的血液或有胡萝卜色胶冻状的内容物。

巨型艾美耳球虫损害小肠中段，可使肠管扩张，肠壁增厚，内容物黏稠，呈淡灰色、淡褐色或淡红色。

堆型艾美耳球虫多在上皮表层发育，并且同一发育阶段的虫体常聚集在一起，在被损害的肠段出现大量淡白色斑点。

哈氏艾美耳球虫损害小肠前段，肠壁上出现大头针头大小的出血点，黏膜有严重的出血。

若多种球虫混合感染，则肠管粗大，肠黏膜上有大量的出血点，肠管中有大量的带有脱落的肠上皮细胞的紫黑色血液。

（二）防治

1. 综合防控措施

成年鸡与雏鸡应分开喂养，以免带虫的成年鸡散播病原导致雏鸡暴发球虫病。应加强饲养管理。保持鸡舍干燥、通风和鸡场卫生，定期清除粪便，堆放、发酵以杀灭卵囊。保持饲料、饮水清洁，笼具、料槽、水槽定期消毒，一般每周 1 次，可用沸水、热蒸气或 3% ～ 5% 热碱水等处理。据报道，用球杀灵和 1:200 的农乐溶液消毒鸡场及运动场，均对球虫卵囊有强大杀灭作用。每公斤日粮中添加 0.25 ～ 0.5 毫克硒可增强鸡对球虫的抵抗力。补充足够的维生素 K 和给予 3 ～ 7 倍推荐量的维生素 A 可加速鸡患球虫病后的康复。

2. 疫苗接种

据报道，应用鸡胚传代致弱的虫株或早熟选育的致弱虫株给鸡免疫接种，可使鸡对球虫病产生较好的预防效果。也有人利用强毒株球虫采用少量多次感染的涓滴免疫法给鸡接种，可使鸡获得坚强的免疫力，但此法使用的强毒株球虫，易造成病原散播，生产中应慎用。此外，有关球虫疫苗的保存、运输、免疫时机、免疫剂量及免疫保护性和疫苗安全性等诸多问题，均有待进一步研究。

3. 治疗

迄今为止，国内外对鸡球虫病的防治主要是依靠药物。使用的药物有化学合成的和抗生素两大类，从 1936 年首次出现专用抗球虫药以来，已报道的抗球虫药达 40 多种，现今广泛使用的有 20 种。我国养鸡生产上使用的抗球虫药品种，包括氯胍，氯羟吡啶（可球粉、可爱丹），氨丙啉，硝苯酰胺（球痢灵），莫能霉素，盐霉素（球虫粉、优素精），奈良菌素，马杜拉霉素（抗球王、杜球、加福），阿波杀，常山酮（速丹）等。

# 第五节 犬猫病

## 一、狂犬病

狂犬病俗称疯狗病或恐水病，是由狂犬病病毒引起的一种人兽共患接触性传染病。其临床特征是患病动物出现极度的神经兴奋、嚎叫、狂暴和意识障碍，最后全身麻痹而亡。

### （一）诊断要点

1. 病原与流行特点

狂犬病病毒属于弹状病毒科狂犬病毒属，基因组由单股 RNA 组成。狂犬病毒对外界因素的抵抗力不强，可被各种理化因素灭活，不耐湿热，在 50℃ 下 1 小时，56℃ 下 30 分钟，100℃ 下 2 分钟死亡。反复冻融、紫外线和阳光照射以及常用的消毒剂如石炭酸、新洁尔灭、70% 乙酸溶液、0.1% 升汞溶液、5% 福尔马林、1% ～ 2% 肥皂水、43% ～ 70% 酒精、0.01% 碘溶液都能使之灭活。病毒能抵抗自溶及腐败，在自溶的脑组织中可保持活力达 7 ～ 10 天。

狂犬病几乎能感染所有的温血动物，在自然界中主要的易感动物是犬科和猫科动物，以及翼手类（蝙蝠）和某些啮齿类动物。野生动物（狼、狐、貉、臭鼬和蝙蝠等）是狂犬病病毒主要的自然贮存宿主。野生啮齿动物如野鼠、松鼠、鼬鼠等对本病易感，在一定条件下可成为本病的危险疫源而长期存在，其被肉食兽吞食则可能传播本病。

患病和带毒动物是本病的传染源，它们通过咬伤、抓伤其他动物而使其感染。患狂犬病的犬是人感染的主要传染源，其次是猫。多数患病动物唾液中带有病毒，由患病动物咬伤或伤口被含有狂犬病病毒的唾液直接污染是本病的主要传播方式。此外，还存在着非咬伤性的传播途径，健康动物的皮肤黏膜损伤时如果接触病畜的唾液则也有感染的可能性；人和动物都有经由呼吸道、消化道和胎盘感染的病例。本病有两种流行形式：一种是城市型，主要由犬传播；另一种是野生型，主要由野生动物传播。

本病多为散发，发病率受被咬伤口的部位等因素的影响。一般头面部咬伤者比躯干、四肢咬伤者发病率高，因头面部的周围神经分布相对较多，使病毒较易通过神经通路进入中枢神经系统。同样理由，伤口越深，伤处越多者发病率也越高。还有，被狼咬伤者其发病率可比被犬咬伤者高一倍以上，这是因为野生动物唾液腺中含病毒量比犬高，且含毒时间更为持久。

本病的发生有季节性，一般春夏比秋冬多发，这与犬的性活动期是一致的；没有年龄和性别的差异，只因雄犬易发生咬架，所以发病较多。

迄今尚无犬从自然感染发病后能康复的报道，但自然感染的犬却有不表现症状而存活的记录。国内外均曾发现多例犬猫咬人后使人发生狂犬病死亡，而这些犬猫却仍然健康存活，无异常表现。这些动物唾液内可间歇性地发现病毒，血清内发现中和抗体，这是因为疫区的动物经常接触狂犬病病毒而产生了一定的免疫性，这些带毒动物（疫区的犬、猫、蝙蝠、啮齿动物和野生食肉兽等）在自然界传播狂犬病方面起了重要的作用。

2. 临床症状

潜伏期长短不一，与伤口距中枢的距离、侵入病毒的毒力和数量有关。短者1周，长者数月或一年以上，一般为2～8周。咬伤头面部及伤口严重者潜伏期较短，咬伤下肢及伤口较轻者潜伏期较长。

（1）犬

潜伏期10天至2个月，有时更久。一般可分为狂暴型和麻痹型两种类型。

狂暴型有前驱期、兴奋期和麻痹期。

前驱期一般为1～2天。病犬精神沉郁，喜藏暗处，不听呼唤；反射机能亢进，稍有刺激极易兴奋；异食，好食碎石、泥土、木片等异物，不久发生吞咽障碍；瞳孔散大，反射机能亢进，轻度刺激极易兴奋。唾液增多，咬伤处发痒，常以舌舔局部。病犬兴奋狂暴，目光凝视，常主动攻击人畜，口流唾液。有的病犬表现不安，用前爪抓地，经常变换蹲卧地点，在院中或室内不安地走动。或者没有任何原因而望空吠叫。只要有轻微的外界刺激，如光线刺激、突然的声音、抚摸等即可使之高度惊恐或跳起。有的病犬搔擦被咬伤之处，甚至将组织咬伤直达骨骼。性欲亢进，嗅舔自己或其他犬的性器官。唾液分泌增多，后躯软弱。

兴奋期一般为2～4天。病犬狂躁不安，攻击人畜或咬伤自己。有的犬无目的地奔走，甚至一昼夜奔走百余里，且多半不归，到处咬伤人畜。由于咽喉肌麻痹，吠声变得嘶哑。此外，下颌下垂，吞咽困难，唾液增多。狂躁的发作往往与沉郁交替出现；病犬疲劳卧地不动，但不久又站起。病犬表现出一种特殊的斜视；见水表情惶恐，神志紧张。当再次受到外界刺激时，又可出现一次新的发作，狂乱攻击，自咬四肢、尾及阴部等。随着病程发展，陷于意识障碍，反射紊乱，狂咬，显著消瘦，吠声嘶哑，夹尾，眼球凹陷，散瞳或缩瞳。

麻痹期一般为1～2天。病犬消瘦，麻痹症状急速发展，下颌下垂，舌脱出口外，流涎显著，不久后躯及四肢麻痹，行走摇摆，卧地不起。最后因呼吸中枢麻痹或衰竭而死。整个病程约 7 ～ 10 天。

麻痹型，病犬以麻痹症状为主，一般兴奋期很短或仅见轻微表现即转入麻痹期。麻痹始见于头部肌肉，病犬表现吞咽困难，使主人疑为正在吞咽骨头，当试图加以帮助时常招致咬伤。张口流涎、恐水，随后发生四肢麻痹，进而全身麻痹以致死亡。一般病程约 5 ～ 6 天。

（2）猫

一般表现为狂暴型，症状与犬相似，但病程较短，出现症状后 2 ～ 4 天死亡。在发作时攻击其他猫、动物和人。因常接近人，且行动迅速，常从暗处忽然跳出，咬伤人的头部，因此，猫得病后可能比犬更为危险。

3. 剖检变化

常见犬尸体消瘦，体表有伤痕。本病无特征性剖检变化，口腔和咽喉黏膜充血或糜烂；胃肠道黏膜充血或出血；内脏充血、实质变性；硬脑膜充血；胃空虚或有反常的胃内容物，如石块、瓦片、泥土、木片、干草、破布、毛发等。

4. 诊断

本病的诊断比较困难，有时因潜伏期特长，查不清咬伤史，症状又易与其他脑炎相混而误诊。如患病动物出现典型的病程，每个病期的临诊表现十分明显，则结合病史可以做出初步诊断。但因带病动物在出现症状前 1 ～ 2 周即已从唾液中排出病毒，所以当被可疑病犬咬伤后，应及早对可疑病犬做出确诊，以便对被咬伤的人畜进行必要的处理。为此，应将可疑病犬拘禁观察或扑杀，进行必要的实验室检验。按照《狂犬病诊断技术》（GB/T18639-2002）进行。

（二）防治

1. 防控措施

（1）控制和消灭传染源

犬是人类狂犬病的主要传染源，因此对犬狂犬病的控制，包括对家犬进行大规模免疫接种和消灭野犬是预防人狂犬病最有效的措施。应普及防治狂犬病的知识，提高对狂犬病的识别能力。如果家犬外出数日，归时神态失常或蜷伏暗处，必须引起注意。邻近地区若已发现疯犬或狂犬病人，则本地区的犬、猫必须严加管制或扑杀。对患狂犬病死亡的动物一般不应剖检，更不允许剥皮食用，以免狂犬病病毒经破损的皮肤黏膜而使人感染，而应将病尸无害化处理。如因检验诊断需要剖检尸体时，必须做好个人防护和消毒工作。凡已出现典型症状的动物，应立即捕杀，并将尸体焚化或深埋。不能确诊为狂犬病的可疑动物，在咬人后应捕获隔离观察 10 天；捕杀或在观察期间死亡的动物，脑组织应进行实验室检验。

（2）免疫接种

在流行区给家犬和家猫进行强制性疫苗预防免疫接种并登记挂牌。对受高度感染威胁的人员，如兽医、实验室检验人员、饲养员和野外工作人员等进行咬伤前的预防性免疫。

（3）其他手段

除以上手段外还应当：①加强动物检疫，防止从国外引进带毒动物和国内转移发病或带毒动物；②建立并实施有效的疫情监测体系，及时发现并扑杀患病动物；③认真贯彻执行所有防治狂犬病的规章制度，包括扑杀野犬、野猫以及各种限养犬等动物的措施。

2. 公共卫生

人患狂犬病大都是由于被患狂犬病的动物咬伤所致。其潜伏期较长，多数为 2 ~ 6 个月，甚至几年。因此，人类在与动物的接触过程中，若被可疑动物咬后应立即用肥皂水冲洗伤口，并用 3% 碘酊处理患部，然后迅速接种狂犬病疫苗和免疫血清或免疫球蛋白。

## 二、犬瘟热

犬瘟热是由犬瘟热病毒引起的一种高度接触性的病毒性传染病，主要发生于幼犬，临床上以双相热型、急性鼻卡他、支气管炎、卡他性肺炎、严重的胃肠炎和神经症状为特征。

### （一）诊断要点

1. 病原与流行特点

犬瘟热病毒属于副黏病毒科麻疹病毒属，病毒在环境中不能稳定存在，大多数常用的清洁剂、消毒剂，以及加热等都能很容易地将病毒杀死。0.75% 福尔马林、1% 煤酚皂溶液、3% 氢氧化钠溶液能在数小时内灭活病毒。对热和干燥敏感，50 ~ 60℃，30 分钟即可失去活性。

本病对幼犬危害最为严重，成年犬感染率低，一般 2 岁以上的犬发病率低，5 ~ 10 岁的犬人工感染仅有 5% 左右发病。犬科、鼬科和浣熊科的动物，如狼、狐、貂、獾、熊猫、山狗、野狗等均能感染发病。人类或其他家畜对本病无易感性。病毒主要通过飞沫传播，病犬是本病的传染源。病毒除大量存在于鼻涕、唾液中外，还见于血液、脑脊液、淋巴结、肝、脾、脊髓、心包液及胸、腹水中，并且能通过尿液长期排毒，污染周围环境。感染门户是呼吸道，也可通过食物经消化道感染。

2. 临床症状

（1）发烧

犬病初体温升高，发热可达 40℃以上，持续两天后迅速降至常温，经 2～3 天后体温第 2 次升高，可持续数周，呈现典型双相热型。病犬在第 1 次高热后，精神不振，食欲减退，流泪和清鼻液，症状较轻微；第 2 次体温升高后，病情迅速恶化，出现病犬双眼流泪，流浆液性鼻液，以及消化系统和神经系统的典型症状。

（2）咳嗽、脓性眼鼻分泌物、肺炎

以呼吸系统症状为主的病犬鼻镜干燥，鼻腔分泌物增多，初期呈清稀浆液样，以后逐渐变为脓性鼻液，有时还混有血液，在打喷嚏和咳嗽时附着在鼻孔，病犬鼻镜干燥，有脓性眼鼻分泌物，同时出现"干咔"症状，呼吸加快，由腹式呼吸变为张口呼吸，眼结膜潮红。

（3）厌食、呕吐、腹泻、脱水

以消化系统症状为主的病犬，食欲废绝、大量饮水、呕吐，病初便秘，不久发生下痢，粪便中混有黏液，恶臭难闻，有时混有血液和气泡，口腔溃疡。

（4）抽搐、共济失调、转圈

以神经系统症状为主的病犬，癫痫、痉挛间歇性发作，多见于颜面部、唇部、眼睑，嘴巴一张一合，或者不自主地连续"咂嘴"，口流白沫。幼龄病犬大多表现为出血性腹泻，严重病例可见转圈运动，后躯麻痹甚至瘫痪不能站立。病程稍长的病例，表现出舞蹈病症状，或者出现"路牌样"特殊症状。

（5）失明、腹部有脓疱

部分病例在腹下部和股内侧皮肤上出现米粒大小的红色丘疹。在恢复期丘疹可自行消失。绝大多数病犬眼睑肿胀，有大量的脓性眼眵，附着在上下眼睑边缘，常常使上下眼睑黏合在一起而不能睁开（早晨特别明显），进而发生眼角膜溃疡，导致双目失明。慢性病例常常出现足垫增厚（角质化过度）的症状，这一型病例全身症状不明显，仅有轻度挑食和体温轻微上升的现象，病程达 1 至 2 个月之久，大部分以死亡告终，少数能康复。

本病的潜伏期为 3～6 天，急性病例常在出现症状后的 1～2 天内死亡。慢性以消化道症状为主的病例，病程长达 1 个月以上。本病死亡率达 80% 以上。

3. 剖检病变

病犬肠系膜淋巴结肿胀，扁桃体肿胀，胸腺缩小呈胶冻状，肾上腺皮质变性呼吸道病变表现为上呼吸道黏膜的卡他性炎症和非典型性，剖检可见支气管肺炎。幼犬有明显的出血性肠炎；慢性病例脚底表面角质层增生，表现为肉趾增厚。表现神经症状的病犬有脑血管袖套现象（广泛的血管周围单核细胞聚集），非化脓性软脑膜炎。

4. 诊断

本病诊断比较困难，确诊尚有赖于病毒分离鉴定及血清学诊断。

病料样品采集：血清、鼻黏膜、舌、结膜、瞬膜等。

（二）防治

1. 防控措施

犬瘟热是犬科动物最为严重的传染病，控制该病的有效措施是及时做好犬只的疫苗免疫。用于犬瘟热预防的疫苗主要是细胞培养的犬瘟热弱毒疫苗，麻疹疫苗在非常时期（疫区内幼犬断奶后 1 ～ 2 周）也可用于紧急免疫。推荐免疫程序：3 月龄以内的幼犬给 3 个剂量的免疫，第 1 个剂量应在断奶后 7 ～ 10 天内注射，以后每个剂量以 2 ～ 3 周的间隔肌内注射；3 月龄以上的幼犬，给 2 个剂量的免疫，2 个剂量的间隔时间为 2 ～ 3 周。以后每年进行 1 次加强免疫。怀孕母犬在产前 15 天进行免疫接种，小犬可以通过乳汁获得较高滴度的抗体保护，一直到断奶。

2. 治疗

病毒性疾病目前尚无理想的药物治疗。一般认为，犬瘟热高免血清、犬瘟热单克隆抗体、免疫球蛋白、干扰素和抗病毒药物联合应用，对早期病犬有一定疗效。多数情况下采取对症治疗。

（1）使用犬瘟热单克隆抗体和犬瘟热高免血清

犬瘟热单克隆抗体 0.5 ～ 1 毫升 / 公斤，皮下注射，1 次 / 天，连续 3 天；犬瘟热高免血清，0.5 ～ 1 毫升 / 公斤，肌内注射或静脉滴注，1 次 / 天，连续 3 ～ 5 天。

（2）使用抗病毒药物

使用聚肌胞，小犬 0.5 ～ 1 毫克，大犬 1 ～ 2 毫克，肌内注射 1 次 / 天，连续 3 ～ 5 天；也可用利巴韦林（病毒唑），小犬 50 毫克，大犬 100 毫克，肌内注射，2 次 / 天，连续 3 天；重组犬干扰素，20 万 ～ 40 万 IU/ 公斤，1 次 / 天，2 ～ 4 周为 1 个疗程。

（3）强心补液

肠炎症状明显的病例，可用林格氏液 30 ～ 50 毫克 / 公斤，10% 葡萄糖酸钙 2 ～ 5 毫升，维生素 $B_6$ 50 ～ 100 毫克，混合静脉滴注。

（4）控制继发感染

氨苄西林（氨苄青霉素）、阿莫西林（羟氨苄青霉素）、头孢氨苄或者头孢菌素（先锋霉素）按 20 ～ 25 毫克 / 公斤，同时配合卡那霉素、阿米卡星（丁胺卡那霉素）或者阿奇霉素肌内注射，2 次 / 天，连续 3 ～ 5 天。

（5）调整心律

心律不齐者，用生脉注射液 2 ～ 4 毫升，肌苷 50 ～ 100 毫克，维生素 B$_{12}$0.5 ～ 1 毫克混合肌内注射，2 次 / 天，连续 3 天。心律失常的病例，用普罗帕酮（心律平）口服，小犬每次 75 毫克，大犬每次 150 毫克，2 ～ 3 次 / 天，连续 2 ～ 3 天。

（6）治疗鼻炎

脓性鼻炎或严重鼻塞的病例，可用麻黄素、地塞米松和卡那霉素滴鼻液混合滴鼻。

（7）止咳化痰

对干咳或者痉挛性咳嗽的病例可用以下药物治疗：苯丙哌林（咳快好），小犬 10 毫克，大犬 20 毫克；氨茶碱，小犬 30 毫克，大犬 50 ～ 100 毫克；氯苯那敏（扑尔敏），小犬 2 毫克，大犬 4 毫克；甘草片，小犬 1 片，大犬 2 ～ 3 片；地塞米松 0.75 毫克，混合口服，3 次 / 天，连续 2 天。

### 三、犬细小病毒病

犬细小病毒病是由犬细小病毒引起的犬的一种接触性、急性致死性传染病。本病的特征是剧烈呕吐、出血性腹泻、血液白细胞显著减少，或非化脓性心肌炎。常发生于幼犬。

#### （一）诊断要点

1. 病原与流行特点

犬细小病毒（CPV）属于细小病毒科细小病毒属的 DNA 型病毒。CPV 病毒对各种理化因素有较强的抵抗力，对乙醚、氯仿等脂溶性溶剂不敏感，但对福尔马林、β - 丙内酯、氧化物（漂白粉、PP 粉）、紫外线等较为敏感。0.5% 的福尔马林液能很快使其灭活。

犬是本病的主要感染者，特别是断奶前后的幼犬最易感，其他犬科动物如狼、狐、浣熊等动物也能感染。患病动物是本病的主要传染源。病毒随粪便、尿液、呕吐物及唾液排出体外，污染食物、垫料、食具和周围环境。康复犬的粪便可长期带毒，健康犬主要是摄入污染的食物和饮水或与病犬直接接触而经消化道感染。不同年龄、性别、品种的犬均可感染，一年四季均可发生。

2. 临床症状

（1）肠炎型

肠炎型又称出血性肠炎型，潜伏期 7 ～ 14 天，主要表现为急性出血性腹泻、呕吐、沉郁等症状。病犬精神沉郁，食欲废绝，呕吐，体质迅速衰弱。不久，发生腹泻，呈喷射状排出，粪便呈黄色或灰黄色，覆盖有黏液和伪膜，随后粪便呈番茄汁样，带有血液，带腥臭味，病犬迅速脱水，眼窝深陷，皮肤弹性减退，最后因水、电解质平衡失调，并发酸中毒，常在腹泻后 1～3 天死亡，体温升高到 40～41℃，但也有体温始终不升高的；有的病犬腹泻可持续 1 周左右，触诊病犬腹部，有疼痛躲避反应；血液学检查，白细胞总数明显减少，尤其是在发病的第 5～6 天最为明显，常在 3000/mm$^3$ 以下，每 100 毫升血清中总蛋白量下降至 4.2～6.6 毫克，红细胞压容为 45～71，平均 50，转氨酶指数升高。发病率为 20%～100%，死亡率为 10%～50%。

（2）心肌炎型

此型多见于 4 周龄左右的幼犬。发病的特征是临床症状尚未出现就突然死亡，或者是出现严重的呼吸困难之后死亡。病程稍长的病例，发病初期精神尚好，或仅有轻度腹泻、常突然病情加重，可视黏膜苍白，病犬迅速衰竭，呼吸极度困难，心区听诊有明显的心内杂音，心律不齐，常因急性心力衰竭而突然死亡。死亡率为 60%～100%。

3. 剖检变化

小肠中段和后段肠腔扩张，浆膜血管明显充血，浆膜下出血变为暗红色，肠内容物水样暗红色，肠系膜淋巴结肿胀、充血。部分病例，整个小肠充血出血。肺水肿，由于局灶性充血和出血，肺表面色彩斑驳。心脏扩张，两侧心房、心室有界限不明显的苍白区，心肌或心内膜有非化脓性坏死灶，心肌纤维严重损伤，出现出血性斑纹。

4. 诊断

根据流行病学、临床症状、血液学、病理解剖和病毒学检查，可以初步诊断。确诊则需要进行病毒的分离鉴定或血清学检查。

病料样品采集：大便、血清、实质脏器。

（二）防治

1. 防控措施

犬细小病毒可用犬源细胞灭活苗或弱毒苗免疫，目前普遍使用的是犬用五联苗或犬用六联苗。免疫程序：小犬 2 月龄时免疫第 1 次，间隔 2～3 周免疫第 2 次，再间隔 2～3 周免疫第 3 次；成年犬每年免疫 2 次。

2. 治疗

（1）特异疗法

早期可用细小病毒单克隆抗体和高免血清皮下或肌内注射，0.5～1 毫升 / 公斤，1

次 / 天，连续 3 ～ 5 天。

（2）支持疗法

肠炎型病例，用林格氏液按 50 毫升 / 公斤，肌苷 5 ～ 10 毫克，维生素 C0.25 ～ 0.5 克，静脉滴注。注意心肌炎病犬不能输得太多、太快，以免因发生急性心衰而死亡。

（3）对症治疗

心功能不全者，用生脉针 1 ～ 2 毫克 / 公斤，维生素 $B_{12}$ 0.5 毫克，肌苷 100 毫克，混合肌内注射。肠道出血严重者，用维生素 $K_3$ 4 毫克，维生素 $K_1$ 10 毫克，卡巴克洛（安络血）5 ～ 10 毫克，混合肌内注射。酸中毒者，用 5% 碳酸氢钠 10 ～ 30 毫升静脉注射。

（4）控制继发感染

可用氨苄西林（氨苄青霉素）15 ～ 20 毫克 / 公斤，卡那霉素 15 万～ 50 万 IU，庆大霉素 2 ～ 4 毫克 / 公斤，肌内注射；也可用敌菌净，诺氟沙星（氟哌酸）口服；还可用犬病克 0.2 毫升 / 公斤，肌内注射，或按 0.4 毫升 / 公斤口服。

（5）中药疗法

可用黄连 20 克、黄柏 30 克、黄芩 35 克、木香 35 克、白芍 40 克、葛根 20 克、地榆 30 克、板蓝根 40 克、郁金 30 克、诃子 20 克、千里光 30 克、大蓟 25 克、甘草 15 克，煎汤内服，3 次 / 天，2 天 1 剂。若呕吐严重时，可直肠深部给药。

## 四、犬传染性肝炎

犬传染性肝炎是由 I 型腺病毒引起的一种急性、接触性消化道传染病。其特征是肝小叶中心坏死，肝细胞和内皮细胞出现核内包涵体。根据犬腺病毒感染不同动物的临床表现，可分为 3 种类型：犬肝炎型、狐脑炎型和犬呼吸型。其中以犬肝炎型分布最广，遍及世界各养狗地区，是犬的一种常见传染病，常常与犬瘟热混合感染，死亡率相当高。

### （一）诊断要点

1. 病原与流行特点

属于腺病毒属的犬 I 型腺病毒，基因组由双股 DNA 组成。病毒抵抗力很强，冻干后能长期存活，在 0.2% 福尔马林液体中 24 小时灭活，在 50℃下 150 分钟或 60℃下 3 ～ 5 分钟灭活，对氯仿有耐受性。在室温下 pH3 ～ 9 的环境中可存活。对 95% 的乙醇有很强的抵抗力，如果针头和注射器仅依赖于酒精消毒，仍可能传播本病。

犬是主要的自然宿主，犬科其他动物如狐、狼、山狗也能感染发病。犬感染病毒后发病急，死亡率高，常呈暴发流行。不同年龄、性别、品种的犬均可感染，最易感染幼犬及年老的狗，病犬死亡率高。但以刚断乳至 90 日龄的犬多发，新生幼犬有时呈现非化脓性心肌炎而突然死亡。纯种犬比杂种犬和土种犬易感性高。

病犬和带毒犬是主要的传染源，感染后 7 ～ 14 天以粪便向外排毒，病愈犬，最长的经过 6 个月，尿液里面仍然有病毒存在。病毒随病犬的粪便、呕吐物、唾液、尿排出，病毒经由口、鼻接触感染。

本病一年四季均可发生，但以冬春季多发。

2. 临床症状

病犬精神沉郁，食欲不振，喜欢饮水。体温升高到 40 ～ 41℃，持续 1 ～ 3 天，然后降至常温，稳定 1 天左右第 2 次升高，呈现马鞍型体温曲线。同时出现呕吐、经常性腹泻、粪便有时带血，大多数病犬剑状软骨和右季肋部有压痛感。体温升高初期，部分病例出现黄疸症状。在急性症状消失后的 7 ～ 10 天，约有 60% 的康复犬一侧或双侧眼发生暂时性淡蓝色角膜混浊（眼色素层炎），俗称"蓝眼病"，病犬可视黏膜苍白，部分幼犬乳齿周围出血，扁桃体肿大，呼吸加快，出现蛋白尿。病犬血凝时间延长，如果出血后流血不止，此病例预后不良。

潜伏期短，人工感染 2 ～ 6 天，自然感染 6 ～ 9 天发病，幼犬感染时常在 1 ～ 2 天突然死亡；成年犬症状轻微，多数病例 7 ～ 10 天后康复。如果与犬瘟热混合感染，其死亡率大大升高。

3. 剖检变化

肝脏肿大，呈淡棕色或血红色，肝小叶明显，表面呈颗粒状。腹腔积液，液体中含有大量血液和纤维蛋白，暴露空气后常发生凝固。肝脏变性坏死，脾脏出血坏死，扁桃体、肠系膜淋巴结、胸腺等出血，发生退行性变化。

4. 诊断

根据流行病学、临床症状和病理解剖做出初步诊断。突然发病和出血时间延长是犬传染性肝炎的预兆，确诊尚依赖于特异性诊断。实验室检查在发热期血项检验呈白细胞减少，红细胞沉降率加快，血凝时间延长。当肝实质损伤严重时，血液生化检查血清中丙氨酸氨基转移酶（ALT）、天门冬氨酸氨基转移酶（AST）、碱性磷酸酶（ALP）、乳酸脱氢酶（LD）的指数升高。

（1）皮内变态反应

将感染的脏器制成乳剂，进行离心沉淀，取其上清液用福尔马林处理后作为变态反应原。将这种变态反应原接种于（可疑病犬）皮内，然后观察接种部位有无红、肿、热、

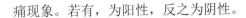

痛现象。若有，为阳性，反之为阴性。

（2）与犬瘟热的鉴别诊断

肝炎病例易出血，且出血后凝血时间延长，而犬瘟热没有这种现象；肝炎型病例解剖时有特征性的肝和胆囊病变以及腹腔中的血样渗出液，而犬瘟热无此现象；肝炎病毒人工感染能使犬、狐发病，而不能使雪貂发病，而犬瘟热极易使雪貂发病，且死亡率高达 100%。

### （二）防治

1. 防控措施

平时搞好犬舍卫生，做好消毒，自繁自养，严禁与其他犬混养。除此之外，做好犬传染性肝炎灭活疫苗或弱毒疫苗的免疫接种，可以单独使用，也可与犬瘟热疫苗联合使用。推荐方法：9 周龄时进行第 1 次接种，15 周龄时再进行第 2 次接种。现在发现减弱的犬传染性肝炎病毒可从免疫接种的犬尿中排出，易感犬与此减弱的病毒接触后可获得免疫而不表现症状。

2. 治疗

病毒性传染病没有特效疗法，一般在对症治疗的基础上采用保肝、解毒、控制继发感染和纠正水电解质平衡紊乱的方法。

（1）高免血清治疗

在发病早期及时使用犬传染性肝炎高免血清，小犬每次 5 毫升，大犬每次 10 ～ 15 毫升，1 次 / 天，肌内注射，连续 3 天。

（2）免疫增强剂

可用以下免疫增强剂：胸腺肽，小犬 5 毫克，大犬 10 毫克，肌内注射，隔天 1 次，连续 3 次；犬干扰素，小犬 50 万 IU，大犬 100 万 IU，肌内注射 1 次 / 天，连续 5 ～ 7 天；转移因子，大犬 10 万 IU，小犬 5 万 IU，1 次 / 天，连续 3 天。上述药物与高免血清同时使用效果更好。

（3）输糖保肝

静脉滴注 10% 的葡萄糖液，按 30 ～ 50 毫升 / 公斤的剂量补给，同时加入 ATP5 ～ 10 毫克，肌苷 50 ～ 100 毫克，维生素 C0.5 克，1 次 / 天，连续 5 ～ 7 天。

（4）抗病毒药

可用以下抗病毒药物：聚肌胞，小犬 0.5 毫克，大犬 1 ～ 2 毫克，肌内注射，1 次 / 天，连续 3 ～ 5 天；利巴韦林（三氮唑核苷），小犬 50 毫克，大犬 50 ～ 100 毫克，肌内注射，1次/天，连续3天；也可口服盐酸吗啉胍（病毒灵）。

## 五、弓形虫病

弓形虫病又称弓形体病或弓浆虫病，是由刚地弓形虫寄生于多种动物的细胞内引起的一种人兽共患原虫病。该病以患病动物的高热、呼吸困难及出现神经系统症状，动物死亡，妊娠动物的流产、产死胎、胎儿畸形为特征。该病传染性强，发病率和病死率较高，对人畜危害严重。

### （一）诊断要点

1. 病原与流行特点

弓形虫是一种多宿主原虫，对中间宿主的选择不严，包括猪、猫、人等200多种哺乳动物、70种鸟类、5种冷血动物及爬虫类等。终末宿主为猫科的家猫、野猫、美洲豹、亚洲豹等，其中家猫在本病的传播上起重要作用。

病畜和带虫动物是传染源。其脏器、肉、血液、乳汁、粪、尿及其他分泌物、排泄物、流产胎儿体内、胎盘及其他流产物中都含有大量的滋养体、速殖子、缓殖子，尤其是随猫粪排出的卵囊污染的饲料、饮水和土壤，都可作为传染来源。

本病主要经消化道传染，也可通过黏膜和受损的皮肤而感染，还可通过胎盘垂直感染。经口吃入被卵囊或带虫动物肉、内脏、分泌物等污染的饲料和饮水是主要感染途径。速殖子可通过受损的皮肤、呼吸道、消化道黏膜及眼、鼻等途径侵入体内造成感染；虫体污染的采血、注射器械、手术器械及其他用具可机械性传播；多种昆虫，如食粪甲虫、蟑螂、污蝇等和蚯蚓也可机械性传播卵囊。人主要是因吃入含虫肉、乳及污染蔬菜的卵囊或玩猫时吃入卵囊而感染。

弓形虫属兼性二宿主寄生虫，在无终末宿主参与情况下，可在猪、人等中间宿主之间循环，在中间宿主体内，弓形虫可在其全身各组织脏器的有核细胞内进行无性繁殖。在无中间宿主存在时，可在猫等终末宿主之间传播。

弓形虫病的发生和流行无严格的季节性，但在5～10月的温暖季节发病较多。各品种、年龄和性别的动物均可感染和发病。

2. 临床症状

病犬表现为中枢神经紊乱、运动失调、精神萎靡、发热、食欲减退或拒食、眼和鼻有分泌物、黏膜苍白或有黄染，还排出浓茶色的尿液，还有出血性腹泻。少数病犬有剧烈呕吐；妊娠母犬发生流产、早产、产死胎，呼吸困难，咳嗽，呆立不动，最后衰竭死亡。

3. 诊断

根据流行特点、临诊症状和病理变化及磺胺类药的良好疗效而抗生素类药无效等可做初步诊断。实验室诊断包括血常规检查、细菌学检验。病原学诊断包括脏器涂片检查、集虫法检查、皮内变态反应诊断。在犬病诊断中，仅依靠临床症状很容易与犬瘟热，特别是神经型犬瘟热相混淆。应采取犬瘟热试纸快速诊断做出排除，再结合以上方法，检出病原体或证实血清中抗体滴度升高予以确诊。

（二）防治

1. 防控措施

（1）加强饲养管理

犬舍应保持清洁，定期进行消毒，禁喂生肉，并防止犬捕食啮齿类动物。防止饲料、饮水等被猫粪污染。加强灭鼠工作，犬、猫不宜同时饲养。环境及用具用3%氢氧化钠溶液进行喷洒消毒。

（2）药物和疫苗预防

在严重流行区，应对犬、猫进行药物预防，定期给犬服用磺胺类药物。选择性注射犬、猫弓形虫重组疫苗预防本病。

2. 治疗

绝大多数抗生素对弓形虫病无效，仅螺旋霉素有一定效果。磺胺类药物和抗菌增效剂联合使用效果最好，单独使用磺胺类药物也有很好效果，但所有药物均不能杀死包囊内的慢殖子。使用磺胺类药物时，首次剂量必须加倍。一般应连续用药3～4天。目前常用的治疗药物与用法如下。

（1）磺胺嘧啶和乙胺嘧啶

磺胺嘧啶和乙胺嘧啶分别按70毫克/公斤体重和6毫克/公斤体重，一次内服，2次/天，连用3～5天。

（2）磺胺嘧啶和甲氧氨苄嘧啶

前者70毫克/公斤体重，后者14毫克/公斤体重，一次内服，2次/天，连用3～5天。

（3）10%磺胺嘧啶钠注射液或10%磺胺-6-甲氧嘧啶注射液

50～100毫克/公斤体重，肌肉注射，1～2次/天，连用3～5天。

（4）磺胺-6-甲氧嘧啶和甲氧氨苄嘧啶

每公斤体重前者70毫克，后者14毫克，2次/天，连用3～5天。

其他磺胺类药，如磺胺 –5– 甲氧嘧啶、磺胺甲氧嗪、磺胺甲基嘧啶、磺胺二甲基嘧啶等也有较好疗效。此外，还应注意对症治疗。

（三）公共卫生学

先天性弓形虫病发生于感染弓形虫的怀孕妇女，虫体经胎盘感染胎儿。母体很少出现临床症状。妊娠头 3 个月胎儿受感染时，可发生流产、死胎或生出有严重先天性缺陷或畸形的婴儿，而且往往死亡。轻度感染的婴儿主要表现为视力减弱，重症者可呈现四联症的全部症状，包括视网膜炎、脑积水、痉挛和脑钙化灶等变化，其中以脑积水最为常见。能存活的婴儿常因脑部先天性疾患而遗留智力发育不全或癫痫。有些患儿可表现足及下肢浮肿，口唇发绀，呼吸促迫，体温升高到 38.5℃，并出现黄疸、皮疹、淋巴结肿大、肝脾肿大、中性粒细胞增加等变化，甚至引起死亡。

获得性弓形虫病可表现为长时间低热，疲倦，肌肉不适。部分患者有暂时性脾肿大，偶尔可出现咽喉肿痛、头痛、皮肤斑疹或丘疹，很少出现脉络膜视网膜炎。最常见的为淋巴结硬肿，受害最多的为颈深淋巴结，疼痛不明显，于感染后数周或数月内自行恢复。根据临床表现常分为急性淋巴结炎型、急性脑膜炎型和肺炎型。

为了避免人体感染，在接触牲畜、屠肉、病畜尸体后，应注意消毒，肉类或肉制品应充分煮熟或冷冻处理（–10℃ 15 天，–15℃ 3 天）后方可出售。儿童与孕妇不要逗猫玩狗。

## 六、猫泛白细胞减少症

猫泛白细胞减少症又称猫全白细胞减少症、猫瘟热或猫传染性肠炎，是由猫泛白细胞减少症病毒引起猫及猫科动物的一种急性、高度接触性传染病。临诊以突发高热、呕吐、腹泻、脱水及循环血流中白细胞减少为特征。本病遍及全世界所有养猫的地区，是猫科动物的最重要的传染病。

（一）诊断要点

1.病原与流行特点

猫泛白细胞减少症病毒属细小病毒科细小病毒属，仅有 1 个血清型，且与水貂肠炎病毒、犬细小病毒具有抗原相关性。对热敏感，对乙醚、氯仿、胰蛋白酶、0.5% 石炭酸溶液及 pH3 的酸性环境具有一定抵抗力。0.2% 甲醛溶液处理 24 小时即可失活。次氯酸对其有杀灭作用。

猫泛白细胞减少症病毒除能感染家猫外，还可感染其他猫科动物（虎、猎豹和豹）及鼬科（貂、雪貂）和浣熊科（长吻浣熊、浣熊）动物。各种年龄的猫均可感染。多数情况下，1岁以下的幼猫较易感，感染率可达70%，病死率为50%～60%，最高达90%。成年猫也可感染，但常无临诊症状。

感染猫、貂是主要的传染源。被感染动物处于病毒血症期排出的粪、尿、呕吐物及各种分泌物含有大量病毒，被其污染的饮食、器具及周围环境也是主要的传染源；病毒具有极高的传染性，自然条件下可通过直接或通过用具、垫料、人间接接触而传播。除水平传播外，妊娠母猫还可通过胎盘垂直传播给胎儿。

本病在冬末至春季多发，尤以3月份发病率最高。1岁以内的幼猫多发，随年龄增长发病率降低，因饲养条件急剧改变、长途运输或来源不同的猫混杂饲养等不良因素影响，可能导致急性暴发性流行。由于病毒极其稳定，排毒量又相当大（每克粪大于$10^9 ID_{50}$），因此，环境受到严重污染，难以完全消灭。

2. 临床症状

本病潜伏期2～9天，根据发病情况可分为三型：最急性型、急性型、亚急性型。

最急性型动物不显临诊症状而立即倒毙，往往被误认为中毒。

急性型动物发病后，24小时内死亡。

亚急性型病程7天左右。第1次发热体温40℃左右，24小时左右降至常温，2～3天后体温再次升高，呈双相热型，体温达40℃，病猫精神不振，被毛粗乱，厌食，持续呕吐，呕吐物常常带有胆汁。腹泻，粪便为水样、黏液性或带血等出血性肠炎和脱水症状比较明显。眼鼻流出脓性分泌物。妊娠母猫感染可造成流产和死胎。在怀孕末期或出生后头2周感染可对中枢神经系统造成永久性损伤，引起小脑发育不全。感染幼犬出现进行性运动失调、伸展过度、侧摔、趴卧等。可严重侵害胎猫脑组织，因此所生胎儿可能小脑发育不全。

3. 剖检变化

以出血性肠炎为特征。胃肠道空虚，整个胃肠道的黏膜面均有程度不同的充血、出血、水肿及被纤维蛋白性渗出物覆盖，其中空肠和回肠的病变尤为突出，肠壁严重充血、出血、水肿，致肠壁增厚似乳胶管样，肠腔内有灰红或黄绿色的纤维蛋白性坏死性假膜或纤维蛋白条索。肠系膜淋巴结肿大，切面湿润，呈红、灰、白相间的大理石样花纹，或呈一致的鲜红或暗红色。肝肿大呈红褐色。胆囊充盈，胆汁黏稠。脾脏出血。肺充血、出血、水肿。长骨骨髓变成液状，完全失去正常硬度。

4. 诊断

临诊上表现严重的胃肠炎症状，顽固性呕吐（用止吐药无效），呕吐物黄绿色，双相体温，白细胞数明显减少，可初步诊断。白细胞减少程度与临诊症状的严重程度有关。确诊则需要进行病毒的分离鉴定或血清学检查。

### （二）防治

#### 1. 防控措施

疫苗接种可产生长期有效的免疫力，采用猫瘟热弱毒苗（猫三联）进行免疫接种，猫3月龄后进行首免，隔4周再注射1次，以后每年1次。怀孕猫不宜进行免疫接种。平时应搞好猫舍卫生，对于新引进的猫，必须经免疫接种并观察60天后，方可混群饲养。

#### 2. 治疗

猫泛白细胞减少症的治疗与犬细小病毒性肠炎相似，主要采取支持性疗法，如补液、非肠道途径给予抗生素和止吐药，精心护理并限制饲喂。针对性地给予猫瘟热高免血清进行特异性治疗，同时配合对症治疗可取得较好的治疗效果。

# 第八章　法律法规和政策性文件

## 中华人民共和国动物防疫法

### 第一章　总则

第一条　为了加强对动物防疫活动的管理，预防、控制、净化、消灭动物疫病，促进养殖业发展，防控人畜共患传染病，保障公共卫生安全和人体健康，制定本法。

第二条　本法适用于在中华人民共和国领域内的动物防疫及其监督管理活动。

进出境动物、动物产品的检疫，适用《中华人民共和国进出境动植物检疫法》。

第三条　本法所称动物，是指家畜家禽和人工饲养、捕获的其他动物。

本法所称动物产品，是指动物的肉、生皮、原毛、绒、脏器、脂、血液、精液、卵、胚胎、骨、蹄、头、角、筋以及可能传播动物疫病的奶、蛋等。

本法所称动物疫病，是指动物传染病，包括寄生虫病。

本法所称动物防疫，是指动物疫病的预防、控制、诊疗、净化、消灭和动物、动物产品的检疫，以及病死动物、病害动物产品的无害化处理。

第四条　根据动物疫病对养殖业生产和人体健康的危害程度，本法规定的动物疫病分为下列三类：

（一）一类疫病，是指口蹄疫、非洲猪瘟、高致病性禽流感等对人、动物构成特别严重危害，可能造成重大经济损失和社会影响，需要采取紧急、严厉的强制预防、控制等措施的；

（二）二类疫病，是指狂犬病、布鲁氏菌病、草鱼出血病等对人、动物构成严重危害，可能造成较大经济损失和社会影响，需要采取严格预防、控制等措施的；

（三）三类疫病，是指大肠杆菌病、禽结核病、鳖腮腺炎病等常见多发，对人、动物构成危害，可能造成一定程度的经济损失和社会影响，需要及时预防、控制的。

前款一、二、三类动物疫病具体病种名录由国务院农业农村主管部门制定并公布。国务院农业农村主管部门应当根据动物疫病发生、流行情况和危害程度，及时增加、减少或者调整一、二、三类动物疫病具体病种并予以公布。

人畜共患传染病名录由国务院农业农村主管部门会同国务院卫生健康、野生动物保护等主管部门制定并公布。

第五条　动物防疫实行预防为主，预防与控制、净化、消灭相结合的方针。

第六条　国家鼓励社会力量参与动物防疫工作。各级人民政府采取措施，支持单位和个人参与动物防疫的宣传教育、疫情报告、志愿服务和捐赠等活动。

第七条　从事动物饲养、屠宰、经营、隔离、运输以及动物产品生产、经营、加工、贮藏等活动的单位和个人，依照本法和国务院农业农村主管部门的规定，做好免疫、消毒、检测、隔离、净化、消灭、无害化处理等动物防疫工作，承担动物防疫相关责任。

第八条　县级以上人民政府对动物防疫工作实行统一领导，采取有效措施稳定基层机构队伍，加强动物防疫队伍建设，建立健全动物防疫体系，制定并组织实施动物疫病防治规划。

乡级人民政府、街道办事处组织群众做好本辖区的动物疫病预防与控制工作，村民委员会、居民委员会予以协助。

第九条　国务院农业农村主管部门主管全国的动物防疫工作。

县级以上地方人民政府农业农村主管部门主管本行政区域的动物防疫工作。

县级以上人民政府其他有关部门在各自职责范围内做好动物防疫工作。

军队动物卫生监督职能部门负责军队现役动物和饲养自用动物的防疫工作。

第十条　县级以上人民政府卫生健康主管部门和本级人民政府农业农村、野生动物保护等主管部门应当建立人畜共患传染病防治的协作机制。

国务院农业农村主管部门和海关总署等部门应当建立防止境外动物疫病输入的协作机制。

第十一条　县级以上地方人民政府的动物卫生监督机构依照本法规定，负责动物、动物产品的检疫工作。

第十二条　县级以上人民政府按照国务院的规定，根据统筹规划、合理布局、综合设置的原则建立动物疫病预防控制机构。

动物疫病预防控制机构承担动物疫病的监测、检测、诊断、流行病学调查、疫情报告以及其他预防、控制等技术工作；承担动物疫病净化、消灭的技术工作。

第十三条　国家鼓励和支持开展动物疫病的科学研究以及国际合作与交流，推广先进适用的科学研究成果，提高动物疫病防治的科学技术水平。

各级人民政府和有关部门、新闻媒体，应当加强对动物防疫法律法规和动物防疫知识的宣传。

第十四条　对在动物防疫工作、相关科学研究、动物疫情扑灭中做出贡献的单位和个人，各级人民政府和有关部门按照国家有关规定给予表彰、奖励。

有关单位应当依法为动物防疫人员缴纳工伤保险费。对因参与动物防疫工作致病、致残、死亡的人员，按照国家有关规定给予补助或者抚恤。

## 第二章　动物疫病的预防

第十五条　国家建立动物疫病风险评估制度。

国务院农业农村主管部门根据国内外动物疫情以及保护养殖业生产和人体健康的需要，及时会同国务院卫生健康等有关部门对动物疫病进行风险评估，并制定、公布动物疫病预防、控制、净化、消灭措施和技术规范。

省、自治区、直辖市人民政府农业农村主管部门会同本级人民政府卫生健康等有关部门开展本行政区域的动物疫病风险评估，并落实动物疫病预防、控制、净化、消灭措施。

第十六条　国家对严重危害养殖业生产和人体健康的动物疫病实施强制免疫。

国务院农业农村主管部门确定强制免疫的动物疫病病种和区域。

省、自治区、直辖市人民政府农业农村主管部门制定本行政区域的强制免疫计划；根据本行政区域动物疫病流行情况增加实施强制免疫的动物疫病病种和区域，报本级人民政府批准后执行，并报国务院农业农村主管部门备案。

第十七条　饲养动物的单位和个人应当履行动物疫病强制免疫义务，按照强制免疫计划和技术规范，对动物实施免疫接种，并按照国家有关规定建立免疫档案、加施畜禽标识，保证可追溯。

实施强制免疫接种的动物未达到免疫质量要求，实施补充免疫接种后仍不符合免疫质量要求的，有关单位和个人应当按照国家有关规定处理。

用于预防接种的疫苗应当符合国家质量标准。

第十八条　县级以上地方人民政府农业农村主管部门负责组织实施动物疫病强制免疫计划，并对饲养动物的单位和个人履行强制免疫义务的情况进行监督检查。

乡级人民政府、街道办事处组织本辖区饲养动物的单位和个人做好强制免疫，协助做好监督检查；村民委员会、居民委员会协助做好相关工作。

县级以上地方人民政府农业农村主管部门应当定期对本行政区域的强制免疫计划实施情况和效果进行评估，并向社会公布评估结果。

第十九条　国家实行动物疫病监测和疫情预警制度。

县级以上人民政府建立健全动物疫病监测网络，加强动物疫病监测。

国务院农业农村主管部门会同国务院有关部门制定国家动物疫病监测计划。省、自治区、直辖市人民政府农业农村主管部门根据国家动物疫病监测计划，制定本行政区域的动物疫病监测计划。

动物疫病预防控制机构按照国务院农业农村主管部门的规定和动物疫病监测计划，对动物疫病的发生、流行等情况进行监测；从事动物饲养、屠宰、经营、隔离、运输以及动物产品生产、经营、加工、贮藏、无害化处理等活动的单位和个人不得拒绝或者阻碍。

国务院农业农村主管部门和省、自治区、直辖市人民政府农业农村主管部门根据对动物疫病发生、流行趋势的预测，及时发出动物疫情预警。地方各级人民政府接到动物疫情预警后，应当及时采取预防、控制措施。

第二十条　陆路边境省、自治区人民政府根据动物疫病防控需要，合理设置动物疫病监测站点，健全监测工作机制，防范境外动物疫病传入。

科技、海关等部门按照本法和有关法律法规的规定做好动物疫病监测预警工作，并定期与农业农村主管部门互通情况，紧急情况及时通报。

县级以上人民政府应当完善野生动物疫源疫病监测体系和工作机制，根据需要合理布局监测站点；野生动物保护、农业农村主管部门按照职责分工做好野生动物疫源疫病监测等工作，并定期互通情况，紧急情况及时通报。

第二十一条　国家支持地方建立无规定动物疫病区，鼓励动物饲养场建设无规定动物疫病生物安全隔离区。对符合国务院农业农村主管部门规定标准的无规定动物疫病区和无规定动物疫病生物安全隔离区，国务院农业农村主管部门验收合格予以公布，并对其维持情况进行监督检查。

省、自治区、直辖市人民政府制定并组织实施本行政区域的无规定动物疫病区建设方案。国务院农业农村主管部门指导跨省、自治区、直辖市无规定动物疫病区建设。

国务院农业农村主管部门根据行政区划、养殖屠宰产业布局、风险评估情况等对动物疫病实施分区防控，可以采取禁止或者限制特定动物、动物产品跨区域调运等措施。

第二十二条　国务院农业农村主管部门制定并组织实施动物疫病净化、消灭规划。

县级以上地方人民政府根据动物疫病净化、消灭规划，制定并组织实施本行政区域的动物疫病净化、消灭计划。

动物疫病预防控制机构按照动物疫病净化、消灭规划、计划，开展动物疫病净化技术指导、培训，对动物疫病净化效果进行监测、评估。

国家推进动物疫病净化，鼓励和支持饲养动物的单位和个人开展动物疫病净化。饲养动物的单位和个人达到国务院农业农村主管部门规定的净化标准的，由省级以上人民政府农业农村主管部门予以公布。

第二十三条　种用、乳用动物应当符合国务院农业农村主管部门规定的健康标准。

饲养种用、乳用动物的单位和个人，应当按照国务院农业农村主管部门的要求，定期开展动物疫病检测；检测不合格的，应当按照国家有关规定处理。

第二十四条　动物饲养场和隔离场所、动物屠宰加工场所以及动物和动物产品无害化处理场所，应当符合下列动物防疫条件：

（一）场所的位置与居民生活区、生活饮用水水源地、学校、医院等公共场所的距离符合国务院农业农村主管部门的规定；

（二）生产经营区域封闭隔离，工程设计和有关流程符合动物防疫要求；

（三）有与其规模相适应的污水、污物处理设施，病死动物、病害动物产品无害化处理设施设备或者冷藏冷冻设施设备，以及清洗消毒设施设备；

（四）有与其规模相适应的执业兽医或者动物防疫技术人员；

（五）有完善的隔离消毒、购销台账、日常巡查等动物防疫制度；

（六）具备国务院农业农村主管部门规定的其他动物防疫条件。

动物和动物产品无害化处理场所除应当符合前款规定的条件外，还应当具有病原检测设备、检测能力和符合动物防疫要求的专用运输车辆。

第二十五条　国家实行动物防疫条件审查制度。

开办动物饲养场和隔离场所、动物屠宰加工场所以及动物和动物产品无害化处理场所，应当向县级以上地方人民政府农业农村主管部门提出申请，并附具相关材料。受理申请的农业农村主管部门应当依照本法和《中华人民共和国行政许可法》的规定进行审查。经审查合格的，发给动物防疫条件合格证；不合格的，应当通知申请人并说明理由。

动物防疫条件合格证应当载明申请人的名称（姓名）、场（厂）址、动物（动物产品）种类等事项。

第二十六条　经营动物、动物产品的集贸市场应当具备国务院农业农村主管部门规定的动物防疫条件，并接受农业农村主管部门的监督检查。具体办法由国务院农业农村主管部门制定。

县级以上地方人民政府应当根据本地情况，决定在城市特定区域禁止家畜家禽活体交易。

第二十七条　动物、动物产品的运载工具、垫料、包装物、容器等应当符合国务院农业农村主管部门规定的动物防疫要求。

染疫动物及其排泄物、染疫动物产品，运载工具中的动物排泄物以及垫料、包装物、容器等被污染的物品，应当按照国家有关规定处理，不得随意处置。

第二十八条　采集、保存、运输动物病料或者病原微生物以及从事病原微生物研究、教学、检测、诊断等活动，应当遵守国家有关病原微生物实验室管理的规定。

第二十九条　禁止屠宰、经营、运输下列动物和生产、经营、加工、贮藏、运输下列动物产品：

（一）封锁疫区内与所发生动物疫病有关的；

（二）疫区内易感染的；

（三）依法应当检疫而未经检疫或者检疫不合格的；

（四）染疫或者疑似染疫的；

（五）病死或者死因不明的；

（六）其他不符合国务院农业农村主管部门有关动物防疫规定的。

因实施集中无害化处理需要暂存、运输动物和动物产品并按照规定采取防疫措施的，不适用前款规定。

第三十条　单位和个人饲养犬只，应当按照规定定期免疫接种狂犬病疫苗，凭动物诊疗机构出具的免疫证明向所在地养犬登记机关申请登记。

携带犬只出户的，应当按照规定佩戴犬牌并采取系犬绳等措施，防止犬只伤人、疫病传播。

街道办事处、乡级人民政府组织协调居民委员会、村民委员会，做好本辖区流浪犬、猫的控制和处置，防止疫病传播。

县级人民政府和乡级人民政府、街道办事处应当结合本地实际，做好农村地区饲养犬只的防疫管理工作。

饲养犬只防疫管理的具体办法，由省、自治区、直辖市制定。

## 第三章 动物疫情的报告、通报和公布

第三十一条 从事动物疫病监测、检测、检验检疫、研究、诊疗以及动物饲养、屠宰、经营、隔离、运输等活动的单位和个人，发现动物染疫或者疑似染疫的，应当立即向所在地农业农村主管部门或者动物疫病预防控制机构报告，并迅速采取隔离等控制措施，防止动物疫情扩散。其他单位和个人发现动物染疫或者疑似染疫的，应当及时报告。

接到动物疫情报告的单位，应当及时采取临时隔离控制等必要措施，防止延误防控时机，并及时按照国家规定的程序上报。

第三十二条 动物疫情由县级以上人民政府农业农村主管部门认定；其中重大动物疫情由省、自治区、直辖市人民政府农业农村主管部门认定，必要时报国务院农业农村主管部门认定。

本法所称重大动物疫情，是指一、二、三类动物疫病突然发生，迅速传播，给养殖业生产安全造成严重威胁、危害，以及可能对公众身体健康与生命安全造成危害的情形。

在重大动物疫情报告期间，必要时，所在地县级以上地方人民政府可以做出封锁决定并采取扑杀、销毁等措施。

第三十三条 国家实行动物疫情通报制度。

国务院农业农村主管部门应当及时向国务院卫生健康等有关部门和军队有关部门以及省、自治区、直辖市人民政府农业农村主管部门通报重大动物疫情的发生和处置情况。

海关发现进出境动物和动物产品染疫或者疑似染疫的，应当及时处置并向农业农村主管部门通报。

县级以上地方人民政府野生动物保护主管部门发现野生动物染疫或者疑似染疫的，应当及时处置并向本级人民政府农业农村主管部门通报。

国务院农业农村主管部门应当依照我国缔结或者参加的条约、协定，及时向有关国际组织或者贸易方通报重大动物疫情的发生和处置情况。

第三十四条 发生人畜共患传染病疫情时，县级以上人民政府农业农村主管部门与本级人民政府卫生健康、野生动物保护等主管部门应当及时相互通报。

发生人畜共患传染病时，卫生健康主管部门应当对疫区易感染的人群进行监测，并应当依照《中华人民共和国传染病防治法》的规定及时公布疫情，采取相应的预防、控制措施。

第三十五条 患有人畜共患传染病的人员不得直接从事动物疫病监测、检测、检验检疫、诊疗以及易感染动物的饲养、屠宰、经营、隔离、运输等活动。

第三十六条 国务院农业农村主管部门向社会及时公布全国动物疫情，也可以根据需要授权省、自治区、直辖市人民政府农业农村主管部门公布本行政区域的动物疫情。其他单位和个人不得发布动物疫情。

第三十七条 任何单位和个人不得瞒报、谎报、迟报、漏报动物疫情，不得授意他人瞒报、谎报、迟报动物疫情，不得阻碍他人报告动物疫情。

## 第四章 动物疫病的控制

第三十八条 发生一类动物疫病时，应当采取下列控制措施：

（一）所在地县级以上地方人民政府农业农村主管部门应当立即派人到现场，划定疫点、疫区、受威胁区，调查疫源，及时报请本级人民政府对疫区实行封锁。疫区范围涉及两个以上行政区域的，由有关行政区域共同的上一级人民政府对疫区实行封锁，或者由各有关行政区域的上一级人民政府共同对疫区实行封锁。必要时，上级人民政府可以责成下级人民政府对疫区实行封锁；

（二）县级以上地方人民政府应当立即组织有关部门和单位采取封锁、隔离、扑杀、销毁、消毒、无害化处理、紧急免疫接种等强制性措施；

（三）在封锁期间，禁止染疫、疑似染疫和易感染的动物、动物产品流出疫区，禁止非疫区的易感染动物进入疫区，并根据需要对出入疫区的人员、运输工具及有关物品采取消毒和其他限制性措施。

第三十九条 发生二类动物疫病时，应当采取下列控制措施：

（一）所在地县级以上地方人民政府农业农村主管部门应当划定疫点、疫区、受威胁区；

（二）县级以上地方人民政府根据需要组织有关部门和单位采取隔离、扑杀、销毁、消毒、无害化处理、紧急免疫接种、限制易感染的动物和动物产品及有关物品出入等措施。

第四十条 疫点、疫区、受威胁区的撤销和疫区封锁的解除，按照国务院农业农村主管部门规定的标准和程序评估后，由原决定机关决定并宣布。

第四十一条 发生三类动物疫病时，所在地县级、乡级人民政府应当按照国务院农业农村主管部门的规定组织防治。

第四十二条 二、三类动物疫病呈暴发性流行时，按照一类动物疫病处理。

第四十三条 疫区内有关单位和个人，应当遵守县级以上人民政府及其农业农村主管部门依法做出的有关控制动物疫病的规定。

任何单位和个人不得藏匿、转移、盗掘已被依法隔离、封存、处理的动物和动物产品。

第四十四条 发生动物疫情时，航空、铁路、道路、水路运输企业应当优先组织运送防疫人员和物资。

第四十五条 国务院农业农村主管部门根据动物疫病的性质、特点和可能造成的社会危害，制定国家重大动物疫情应急预案报国务院批准，并按照不同动物疫病病种、流行特点和危害程度，分别制定实施方案。

县级以上地方人民政府根据上级重大动物疫情应急预案和本地区的实际情况，制定本行政区域的重大动物疫情应急预案，报上一级人民政府农业农村主管部门备案，并抄送上一级人民政府应急管理部门。县级以上地方人民政府农业农村主管部门按照不同动物疫病病种、流行特点和危害程度，分别制定实施方案。

重大动物疫情应急预案和实施方案根据疫情状况及时调整。

第四十六条 发生重大动物疫情时，国务院农业农村主管部门负责划定动物疫病风险区，禁止或者限制特定动物、动物产品由高风险区向低风险区调运。

第四十七条 发生重大动物疫情时，依照法律和国务院的规定以及应急预案采取应急处置措施。

## 第五章 动物和动物产品的检疫

第四十八条 动物卫生监督机构依照本法和国务院农业农村主管部门的规定对动物、动物产品实施检疫。

动物卫生监督机构的官方兽医具体实施动物、动物产品检疫。

第四十九条 屠宰、出售或者运输动物以及出售或者运输动物产品前，货主应当按照国务院农业农村主管部门的规定向所在地动物卫生监督机构申报检疫。

动物卫生监督机构接到检疫申报后，应当及时指派官方兽医对动物、动物产品实施检疫；检疫合格的，出具检疫证明、加施检疫标志。实施检疫的官方兽医应当在检疫证明、检疫标志上签字或者盖章，并对检疫结论负责。

动物饲养场、屠宰企业的执业兽医或者动物防疫技术人员，应当协助官方兽医实施检疫。

第五十条 因科研、药用、展示等特殊情形需要非食用性利用的野生动物，应当按照国家有关规定报动物卫生监督机构检疫，检疫合格的，方可利用。

人工捕获的野生动物，应当按照国家有关规定报捕获地动物卫生监督机构检疫，检疫合格的，方可饲养、经营和运输。

国务院农业农村主管部门会同国务院野生动物保护主管部门制定野生动物检疫办法。

第五十一条　屠宰、经营、运输的动物，以及用于科研、展示、演出和比赛等非食用性利用的动物，应当附有检疫证明；经营和运输的动物产品，应当附有检疫证明、检疫标志。

第五十二条　经航空、铁路、道路、水路运输动物和动物产品的，托运人托运时应当提供检疫证明；没有检疫证明的，承运人不得承运。

进出口动物和动物产品，承运人凭进口报关单证或者海关签发的检疫单证运递。

从事动物运输的单位、个人以及车辆，应当向所在地县级人民政府农业农村主管部门备案，妥善保存行程路线和托运人提供的动物名称、检疫证明编号、数量等信息。具体办法由国务院农业农村主管部门制定。

运载工具在装载前和卸载后应当及时清洗、消毒。

第五十三条　省、自治区、直辖市人民政府确定并公布道路运输的动物进入本行政区域的指定通道，设置引导标志。跨省、自治区、直辖市通过道路运输动物的，应当经省、自治区、直辖市人民政府设立的指定通道入省境或者过省境。

第五十四条　输入到无规定动物疫病区的动物、动物产品，货主应当按照国务院农业农村主管部门的规定向无规定动物疫病区所在地动物卫生监督机构申报检疫，经检疫合格的，方可进入。

第五十五条　跨省、自治区、直辖市引进的种用、乳用动物到达输入地后，货主应当按照国务院农业农村主管部门的规定对引进的种用、乳用动物进行隔离观察。

第五十六条　经检疫不合格的动物、动物产品，货主应当在农业农村主管部门的监督下按照国家有关规定处理，处理费用由货主承担。

## 第六章　病死动物和病害动物产品的无害化处理

第五十七条　从事动物饲养、屠宰、经营、隔离以及动物产品生产、经营、加工、贮藏等活动的单位和个人，应当按照国家有关规定做好病死动物、病害动物产品的无害化处理，或者委托动物和动物产品无害化处理场所处理。

从事动物、动物产品运输的单位和个人，应当配合做好病死动物和病害动物产品的无害化处理，不得在途中擅自弃置和处理有关动物和动物产品。

任何单位和个人不得买卖、加工、随意弃置病死动物和病害动物产品。

动物和动物产品无害化处理管理办法由国务院农业农村、野生动物保护主管部门按照职责制定。

第五十八条 在江河、湖泊、水库等水域发现的死亡畜禽，由所在地县级人民政府组织收集、处理并溯源。

在城市公共场所和乡村发现的死亡畜禽，由所在地街道办事处、乡级人民政府组织收集、处理并溯源。

在野外环境发现的死亡野生动物，由所在地野生动物保护主管部门收集、处理。

第五十九条 省、自治区、直辖市人民政府制定动物和动物产品集中无害化处理场所建设规划，建立政府主导、市场运作的无害化处理机制。

第六十条 各级财政对病死动物无害化处理提供补助。具体补助标准和办法由县级以上人民政府财政部门会同本级人民政府农业农村、野生动物保护等有关部门制定。

## 第七章 动物诊疗

第六十一条 从事动物诊疗活动的机构，应当具备下列条件：

（一）有与动物诊疗活动相适应并符合动物防疫条件的场所；

（二）有与动物诊疗活动相适应的执业兽医；

（三）有与动物诊疗活动相适应的兽医器械和设备；

（四）有完善的管理制度。

动物诊疗机构包括动物医院、动物诊所以及其他提供动物诊疗服务的机构。

第六十二条 从事动物诊疗活动的机构，应当向县级以上地方人民政府农业农村主管部门申请动物诊疗许可证。受理申请的农业农村主管部门应当依照本法和《中华人民共和国行政许可法》的规定进行审查。经审查合格的，发给动物诊疗许可证；不合格的，应当通知申请人并说明理由。

第六十三条 动物诊疗许可证应当载明诊疗机构名称、诊疗活动范围、从业地点和法定代表人（负责人）等事项。

动物诊疗许可证载明事项变更的，应当申请变更或者换发动物诊疗许可证。

第六十四条 动物诊疗机构应当按照国务院农业农村主管部门的规定，做好诊疗活动中的卫生安全防护、消毒、隔离和诊疗废弃物处置等工作。

第六十五条  从事动物诊疗活动，应当遵守有关动物诊疗的操作技术规范，使用符合规定的兽药和兽医器械。

兽药和兽医器械的管理办法由国务院规定。

## 第八章  兽医管理

第六十六条  国家实行官方兽医任命制度。

官方兽医应当具备国务院农业农村主管部门规定的条件，由省、自治区、直辖市人民政府农业农村主管部门按照程序确认，由所在地县级以上人民政府农业农村主管部门任命。具体办法由国务院农业农村主管部门制定。

海关的官方兽医应当具备规定的条件，由海关总署任命。具体办法由海关总署会同国务院农业农村主管部门制定。

第六十七条  官方兽医依法履行动物、动物产品检疫职责，任何单位和个人不得拒绝或者阻碍。

第六十八条  县级以上人民政府农业农村主管部门制定官方兽医培训计划，提供培训条件，定期对官方兽医进行培训和考核。

第六十九条  国家实行执业兽医资格考试制度。具有兽医相关专业大学专科以上学历的人员或者符合条件的乡村兽医，通过执业兽医资格考试的，由省、自治区、直辖市人民政府农业农村主管部门颁发执业兽医资格证书；从事动物诊疗等经营活动的，还应当向所在地县级人民政府农业农村主管部门备案。

执业兽医资格考试办法由国务院农业农村主管部门商国务院人力资源主管部门制定。

第七十条  执业兽医开具兽医处方应当亲自诊断，并对诊断结论负责。

国家鼓励执业兽医接受继续教育。执业兽医所在机构应当支持执业兽医参加继续教育。

第七十一条  乡村兽医可以在乡村从事动物诊疗活动。具体管理办法由国务院农业农村主管部门制定。

第七十二条  执业兽医、乡村兽医应当按照所在地人民政府和农业农村主管部门的要求，参加动物疫病预防、控制和动物疫情扑灭等活动。

第七十三条  兽医行业协会提供兽医信息、技术、培训等服务，维护成员合法权益，按照章程建立健全行业规范和奖惩机制，加强行业自律，推动行业诚信建设，宣传动物防疫和兽医知识。

## 第九章　监督管理

第七十四条　县级以上地方人民政府农业农村主管部门依照本法规定，对动物饲养、屠宰、经营、隔离、运输以及动物产品生产、经营、加工、贮藏、运输等活动中的动物防疫实施监督管理。

第七十五条　为控制动物疫病，县级人民政府农业农村主管部门应当派人在所在地依法设立的现有检查站执行监督检查任务；必要时，经省、自治区、直辖市人民政府批准，可以设立临时性的动物防疫检查站，执行监督检查任务。

第七十六条　县级以上地方人民政府农业农村主管部门执行监督检查任务，可以采取下列措施，有关单位和个人不得拒绝或者阻碍：

（一）对动物、动物产品按照规定采样、留验、抽检；

（二）对染疫或者疑似染疫的动物、动物产品及相关物品进行隔离、查封、扣押和处理；

（三）对依法应当检疫而未经检疫的动物和动物产品，具备补检条件的实施补检，不具备补检条件的予以收缴销毁；

（四）查验检疫证明、检疫标志和畜禽标识；

（五）进入有关场所调查取证，查阅、复制与动物防疫有关的资料。

县级以上地方人民政府农业农村主管部门根据动物疫病预防、控制需要，经所在地县级以上地方人民政府批准，可以在车站、港口、机场等相关场所派驻官方兽医或者工作人员。

第七十七条　执法人员执行动物防疫监督检查任务，应当出示行政执法证件，佩戴统一标志。

县级以上人民政府农业农村主管部门及其工作人员不得从事与动物防疫有关的经营性活动，进行监督检查不得收取任何费用。

第七十八条　禁止转让、伪造或者变造检疫证明、检疫标志或者畜禽标识。

禁止持有、使用伪造或者变造的检疫证明、检疫标志或者畜禽标识。

检疫证明、检疫标志的管理办法由国务院农业农村主管部门制定。

## 第十章　保障措施

第七十九条　县级以上人民政府应当将动物防疫工作纳入本级国民经济和社会发展

规划及年度计划。

第八十条　国家鼓励和支持动物防疫领域新技术、新设备、新产品等科学技术研究开发。

第八十一条　县级人民政府应当为动物卫生监督机构配备与动物、动物产品检疫工作相适应的官方兽医，保障检疫工作条件。

县级人民政府农业农村主管部门可以根据动物防疫工作需要，向乡、镇或者特定区域派驻兽医机构或者工作人员。

第八十二条　国家鼓励和支持执业兽医、乡村兽医和动物诊疗机构开展动物防疫和疫病诊疗活动；鼓励养殖企业、兽药及饲料生产企业组建动物防疫服务团队，提供防疫服务。地方人民政府组织村级防疫员参加动物疫病防治工作的，应当保障村级防疫员合理劳务报酬。

第八十三条　县级以上人民政府按照本级政府职责，将动物疫病的监测、预防、控制、净化、消灭，动物、动物产品的检疫和病死动物的无害化处理，以及监督管理所需经费纳入本级预算。

第八十四条　县级以上人民政府应当储备动物疫情应急处置所需的防疫物资。

第八十五条　对在动物疫病预防、控制、净化、消灭过程中强制扑杀的动物、销毁的动物产品和相关物品，县级以上人民政府给予补偿。具体补偿标准和办法由国务院财政部门会同有关部门制定。

第八十六条　对从事动物疫病预防、检疫、监督检查、现场处理疫情以及在工作中接触动物疫病病原体的人员，有关单位按照国家规定，采取有效的卫生防护、医疗保健措施，给予畜牧兽医医疗卫生津贴等相关待遇。

## 第十一章　法律责任

第八十七条　地方各级人民政府及其工作人员未依照本法规定履行职责的，对直接负责的主管人员和其他直接责任人员依法给予处分。

第八十八条　县级以上人民政府农业农村主管部门及其工作人员违反本法规定，有下列行为之一的，由本级人民政府责令改正，通报批评；对直接负责的主管人员和其他直接责任人员依法给予处分：

（一）未及时采取预防、控制、扑灭等措施的；

（二）对不符合条件的颁发动物防疫条件合格证、动物诊疗许可证，或者对符合条件的拒不颁发动物防疫条件合格证、动物诊疗许可证的；

（三）从事与动物防疫有关的经营性活动，或者违法收取费用的；

（四）其他未依照本法规定履行职责的行为。

第八十九条 动物卫生监督机构及其工作人员违反本法规定，有下列行为之一的，由本级人民政府或者农业农村主管部门责令改正，通报批评；对直接负责的主管人员和其他直接责任人员依法给予处分：

（一）对未经检疫或者检疫不合格的动物、动物产品出具检疫证明、加施检疫标志，或者对检疫合格的动物、动物产品拒不出具检疫证明、加施检疫标志的；

（二）对附有检疫证明、检疫标志的动物、动物产品重复检疫的；

（三）从事与动物防疫有关的经营性活动，或者违法收取费用的；

（四）其他未依照本法规定履行职责的行为。

第九十条 动物疫病预防控制机构及其工作人员违反本法规定，有下列行为之一的，由本级人民政府或者农业农村主管部门责令改正，通报批评；对直接负责的主管人员和其他直接责任人员依法给予处分：

（一）未履行动物疫病监测、检测、评估职责或者伪造监测、检测、评估结果的；

（二）发生动物疫情时未及时进行诊断、调查的；

（三）接到染疫或者疑似染疫报告后，未及时按照国家规定采取措施、上报的；

（四）其他未依照本法规定履行职责的行为。

第九十一条 地方各级人民政府、有关部门及其工作人员瞒报、谎报、迟报、漏报或者授意他人瞒报、谎报、迟报动物疫情，或者阻碍他人报告动物疫情的，由上级人民政府或者有关部门责令改正，通报批评；对直接负责的主管人员和其他直接责任人员依法给予处分。

第九十二条 违反本法规定，有下列行为之一的，由县级以上地方人民政府农业农村主管部门责令限期改正，可以处一千元以下罚款；逾期不改正的，处一千元以上五千元以下罚款，由县级以上地方人民政府农业农村主管部门委托动物诊疗机构、无害化处理场所等代为处理，所需费用由违法行为人承担：

（一）对饲养的动物未按照动物疫病强制免疫计划或者免疫技术规范实施免疫接种的；

（二）对饲养的种用、乳用动物未按照国务院农业农村主管部门的要求定期开展疫病检测，或者经检测不合格而未按照规定处理的；

（三）对饲养的犬只未按照规定定期进行狂犬病免疫接种的；

（四）动物、动物产品的运载工具在装载前和卸载后未按照规定及时清洗、消毒的。

第九十三条　违反本法规定，对经强制免疫的动物未按照规定建立免疫档案，或者未按照规定加施畜禽标识的，依照《中华人民共和国畜牧法》的有关规定处罚。

第九十四条　违反本法规定，动物、动物产品的运载工具、垫料、包装物、容器等不符合国务院农业农村主管部门规定的动物防疫要求的，由县级以上地方人民政府农业农村主管部门责令改正，可以处五千元以下罚款；情节严重的，处五千元以上五万元以下罚款。

第九十五条　违反本法规定，对染疫动物及其排泄物、染疫动物产品或者被染疫动物、动物产品污染的运载工具、垫料、包装物、容器等未按照规定处置的，由县级以上地方人民政府农业农村主管部门责令限期处理；逾期不处理的，由县级以上地方人民政府农业农村主管部门委托有关单位代为处理，所需费用由违法行为人承担，处五千元以上五万元以下罚款。

造成环境污染或者生态破坏的，依照环境保护有关法律法规进行处罚。

第九十六条　违反本法规定，患有人畜共患传染病的人员，直接从事动物疫病监测、检测、检验检疫，动物诊疗以及易感染动物的饲养、屠宰、经营、隔离、运输等活动的，由县级以上地方人民政府农业农村或者野生动物保护主管部门责令改正；拒不改正的，处一千元以上一万元以下罚款；情节严重的，处一万元以上五万元以下罚款。

第九十七条　违反本法第二十九条规定，屠宰、经营、运输动物或者生产、经营、加工、贮藏、运输动物产品的，由县级以上地方人民政府农业农村主管部门责令改正、采取补救措施，没收违法所得、动物和动物产品，并处同类检疫合格动物、动物产品货值金额十五倍以上三十倍以下罚款；同类检疫合格动物、动物产品货值金额不足一万元的，并处五万元以上十五万元以下罚款；其中依法应当检疫而未检疫的，依照本法第一百条的规定处罚。

前款规定的违法行为人及其法定代表人（负责人）、直接负责的主管人员和其他直接责任人员，自处罚决定做出之日起五年内不得从事相关活动；构成犯罪的，终身不得从事屠宰、经营、运输动物或者生产、经营、加工、贮藏、运输动物产品等相关活动。

第九十八条　违反本法规定，有下列行为之一的，由县级以上地方人民政府农业农村主管部门责令改正，处三千元以上三万元以下罚款；情节严重的，责令停业整顿，并处三万元以上十万元以下罚款：

（一）开办动物饲养场和隔离场所、动物屠宰加工场所以及动物和动物产品无害化处理场所，未取得动物防疫条件合格证的；

（二）经营动物、动物产品的集贸市场不具备国务院农业农村主管部门规定的防疫条件的；

（三）未经备案从事动物运输的；

（四）未按照规定保存行程路线和托运人提供的动物名称、检疫证明编号、数量等信息的；

（五）未经检疫合格，向无规定动物疫病区输入动物、动物产品的；

（六）跨省、自治区、直辖市引进种用、乳用动物到达输入地后未按照规定进行隔离观察的；

（七）未按照规定处理或者随意弃置病死动物、病害动物产品的；

（八）饲养种用、乳用动物的单位和个人，未按照国务院农业农村主管部门的要求定期开展动物疫病检测的。

第九十九条　动物饲养场和隔离场所、动物屠宰加工场所以及动物和动物产品无害化处理场所，生产经营条件发生变化，不再符合本法第二十四条规定的动物防疫条件继续从事相关活动的，由县级以上地方人民政府农业农村主管部门给予警告，责令限期改正；逾期仍达不到规定条件的，吊销动物防疫条件合格证，并通报市场监督管理部门依法处理。

第一百条　违反本法规定，屠宰、经营、运输的动物未附有检疫证明，经营和运输的动物产品未附有检疫证明、检疫标志的，由县级以上地方人民政府农业农村主管部门责令改正，处同类检疫合格动物、动物产品货值金额一倍以下罚款；对货主以外的承运人处运输费用三倍以上五倍以下罚款，情节严重的，处五倍以上十倍以下罚款。

违反本法规定，用于科研、展示、演出和比赛等非食用性利用的动物未附有检疫证明的，由县级以上地方人民政府农业农村主管部门责令改正，处三千元以上一万元以下罚款。

第一百〇一条　违反本法规定，将禁止或者限制调运的特定动物、动物产品由动物疫病高风险区调入低风险区的，由县级以上地方人民政府农业农村主管部门没收运输费用、违法运输的动物和动物产品，并处运输费用一倍以上五倍以下罚款。

第一百〇二条　违反本法规定，通过道路跨省、自治区、直辖市运输动物，未经省、自治区、直辖市人民政府设立的指定通道入省境或者过省境的，由县级以上地方人民政府农业农村主管部门对运输人处五千元以上一万元以下罚款；情节严重的，处一万元以上五万元以下罚款。

第一百〇三条　违反本法规定，转让、伪造或者变造检疫证明、检疫标志或者畜禽标识的，由县级以上地方人民政府农业农村主管部门没收违法所得和检疫证明、检疫标志、畜禽标识，并处五千元以上五万元以下罚款。

持有、使用伪造或者变造的检疫证明、检疫标志或者畜禽标识的，由县级以上人民政府农业农村主管部门没收检疫证明、检疫标志、畜禽标识和对应的动物、动物产品，并处三千元以上三万元以下罚款。

第一百〇四条　违反本法规定，有下列行为之一的，由县级以上地方人民政府农业农村主管部门责令改正，处三千元以上三万元以下罚款：

（一）擅自发布动物疫情的；

（二）不遵守县级以上人民政府及其农业农村主管部门依法做出的有关控制动物疫病规定的；

（三）藏匿、转移、盗掘已被依法隔离、封存、处理的动物和动物产品的。

第一百〇五条　违反本法规定，未取得动物诊疗许可证从事动物诊疗活动的，由县级以上地方人民政府农业农村主管部门责令停止诊疗活动，没收违法所得，并处违法所得一倍以上三倍以下罚款；违法所得不足三万元的，并处三千元以上三万元以下罚款。

动物诊疗机构违反本法规定，未按照规定实施卫生安全防护、消毒、隔离和处置诊疗废弃物的，由县级以上地方人民政府农业农村主管部门责令改正，处一千元以上一万元以下罚款；造成动物疫病扩散的，处一万元以上五万元以下罚款；情节严重的，吊销动物诊疗许可证。

第一百〇六条　违反本法规定，未经执业兽医备案从事经营性动物诊疗活动的，由县级以上地方人民政府农业农村主管部门责令停止动物诊疗活动，没收违法所得，并处三千元以上三万元以下罚款；对其所在的动物诊疗机构处一万元以上五万元以下罚款。

执业兽医有下列行为之一的，由县级以上地方人民政府农业农村主管部门给予警告，责令暂停六个月以上一年以下动物诊疗活动；情节严重的，吊销执业兽医资格证书：

（一）违反有关动物诊疗的操作技术规范，造成或者可能造成动物疫病传播、流行的；

（二）使用不符合规定的兽药和兽医器械的；

（三）未按照当地人民政府或者农业农村主管部门要求参加动物疫病预防、控制和动物疫情扑灭活动的。

第一百〇七条　违反本法规定，生产经营兽医器械，产品质量不符合要求的，由县级以上地方人民政府农业农村主管部门责令限期整改；情节严重的，责令停业整顿，并处二万元以上十万元以下罚款。

第一百〇八条　违反本法规定，从事动物疫病研究、诊疗和动物饲养、屠宰、经营、隔离、运输，以及动物产品生产、经营、加工、贮藏、无害化处理等活动的单位和个人，有下列行为之一的，由县级以上地方人民政府农业农村主管部门责令改正，可以处一万元以下罚款；拒不改正的，处一万元以上五万元以下罚款，并可以责令停业整顿：

（一）发现动物染疫、疑似染疫未报告，或者未采取隔离等控制措施的；

（二）不如实提供与动物防疫有关的资料的；

（三）拒绝或者阻碍农业农村主管部门进行监督检查的；

（四）拒绝或者阻碍动物疫病预防控制机构进行动物疫病监测、检测、评估的；

（五）拒绝或者阻碍官方兽医依法履行职责的。

第一百〇九条　违反本法规定，造成人畜共患传染病传播、流行的，依法从重给予处分、处罚。

违反本法规定，构成违反治安管理行为的，依法给予治安管理处罚；构成犯罪的，依法追究刑事责任。

违反本法规定，给他人人身、财产造成损害的，依法承担民事责任。

## 第十二章　附则

第一百一十条　本法下列用语的含义：

（一）无规定动物疫病区，是指具有天然屏障或者采取人工措施，在一定期限内没有发生规定的一种或者几种动物疫病，并经验收合格的区域；

（二）无规定动物疫病生物安全隔离区，是指处于同一生物安全管理体系下，在一定期限内没有发生规定的一种或者几种动物疫病的若干动物饲养场及其辅助生产场所构成的，并经验收合格的特定小型区域；

（三）病死动物，是指染疫死亡、因病死亡、死因不明或者经检验检疫可能危害人体或者动物健康的死亡动物；

（四）病害动物产品，是指来源于病死动物的产品，或者经检验检疫可能危害人体或者动物健康的动物产品。

第一百一十一条　境外无规定动物疫病区和无规定动物疫病生物安全隔离区的无疫等效性评估，参照本法有关规定执行。

第一百一十二条　实验动物防疫有特殊要求的，按照实验动物管理的有关规定执行。

第一百一十三条　本法自 2021 年 5 月 1 日起施行。

# 贵州省动物防疫条例

## 第一章　总则

第一条　为了预防、控制、净化和消灭动物疫病，促进养殖业健康发展，防控人畜共患传染病，保护人体健康，维护公共卫生安全，根据《中华人民共和国动物防疫法》和有关法律、法规的规定，结合本省实际，制定本条例。

第二条　本条例适用于本省行政区域内的动物防疫及其监督管理活动。

第三条　本条例所称动物，是指家畜家禽和人工饲养、捕获的其他动物。

本条例所称动物产品，是指动物的肉、生皮、原毛、绒、脏器、脂、血液、精液、卵、胚胎、骨、蹄、头、角、筋以及可能传播动物疫病的奶、蛋等。

本条例所称动物疫病，是指动物传染病，包括寄生虫病。

本条例所称动物防疫，是指动物疫病的预防、控制、诊疗、净化、消灭和动物、动物产品的检疫，以及病死动物、病害动物产品的无害化处理。

第四条　县级以上人民政府应当将动物防疫工作纳入国民经济和社会发展规划，制定并组织实施动物疫病防治规划，将动物防疫经费纳入同级财政预算。加强动物防疫机构队伍和基础设施建设，完善动物疫情应急预案，做好动物防疫物资的应急储备和保障供给工作。

第五条　乡镇人民政府、街道办事处根据动物防疫工作需要配备专职动物防疫管理人员，主要承担以下动物疫病预防与控制职责：

（一）组织本辖区内饲养动物的单位和个人做好强制免疫，协助县级以上人民政府农业农村主管部门做好监督检查工作；

（二）组织协调居民委员会、村民委员会，做好本辖区流浪犬、猫的控制和处置，防止疫病传播；

（三）结合本地实际，做好农村地区饲养犬只的防疫管理工作；

（四）发生三类动物疫病时，按照国务院农业农村主管部门的规定组织防治；

（五）对在城市公共场所和乡村发现的死亡畜禽，负责组织收集、处理并溯源；

（六）动物防疫相关法律法规规定的其他职责。

村民委员会、居民委员会应当协助做好本辖区内的动物防疫工作，引导村民、居民依法履行动物防疫义务。

第六条　县级以上人民政府农业农村主管部门负责本行政区域内的动物防疫工作。

县级以上人民政府发展改革、财政、公安、卫生健康、林业、市场监管、交通运输、生态环境、商务、城市管理等有关部门在各自职责范围内做好动物防疫工作。

第七条　县级以上人民政府动物卫生监督机构负责本行政区域内的动物、动物产品检疫工作，并承担动物防疫监督相关事务性、技术性工作。

县级以上人民政府动物疫病预防控制机构承担动物疫病的监测、检测、诊断、流行病学调查、疫情报告、重大疫情风险评估以及其他预防、控制等技术工作；承担动物疫病净化、消灭的技术工作。

县级人民政府农业农村主管部门可以根据动物防疫工作需要，向乡镇或者特定区域派驻兽医机构或者工作人员。

第八条　省人民政府组织制定基层动物防疫人才引进、培养以及生活待遇保障等制度，对长期在基层服务的动物防疫人员在聘用以及职称评审、晋升中予以政策倾斜。

第九条　鼓励和引导相关科研院校、动物诊疗机构以及其他企事业单位、社会组织等开展动物防疫社会化服务。

鼓励和支持社会资本参与动物防疫基础设施建设。

鼓励和支持大型的动物饲养场建立生物安全隔离区。

鼓励和支持饲养动物的单位和个人参加养殖业保险。

## 第二章　动物疫病的预防、控制、净化和消灭

第十条　对严重危害养殖业生产和人体健康的动物疫病实施强制免疫。

省人民政府农业农村主管部门根据国家动物疫病强制免疫计划，制定全省动物疫病强制免疫计划，报省人民政府批准后执行，并报国务院农业农村主管部门备案。

市州、县级人民政府农业农村主管部门根据省动物疫病强制免疫计划，制定和实施本行政区域的强制免疫实施方案。

乡镇人民政府、街道办事处组织本辖区内饲养动物的单位和个人做好强制免疫、消

毒、畜禽标识加施等工作，协助做好监督检查；村民委员会、居民委员会协助做好相关工作。

第十一条　省人民政府农业农村主管部门制定全省动物疫病监测和流行病学调查计划。

市州、县级人民政府农业农村主管部门根据省动物疫病监测和流行病学调查计划，制定和实施本行政区域的动物疫病监测和流行病学调查方案。

动物疫病预防控制机构按照规定和动物疫病监测计划对动物疫病的发生、流行等情况进行监测和调查，从事动物饲养、屠宰、经营、隔离、运输以及动物产品生产、经营、加工、贮藏、无害化处理等活动的单位和个人不得拒绝或者阻碍。

第十二条　动物饲养场应当按照规定自行实施免疫、疫病检测等动物疫病预防工作，并定期向所在地县级人民政府动物疫病预防控制机构报告。

饲养动物的个人，不具备自行实施动物免疫条件的，应当主动配合乡镇人民政府、街道办事处做好集中强制免疫措施和疫病检测等动物疫病预防工作。

第十三条　种用、乳用动物应当符合国家规定的健康标准。

饲养种用、乳用动物的单位和个人，应当定期开展动物疫病和人畜共患传染病检测；不具备检测条件的，应当委托具备资质的机构进行检测。饲养种用、乳用动物的单位和个人应当定期向所在地县级人民政府动物疫病预防控制机构报告检测情况。

经监测或者检测的种用、乳用动物不合格的，应当按照国家有关规定予以处理。

第十四条　对饲养的犬只实行狂犬病强制免疫。饲养人应当定期携带犬只到所在地的动物疫病预防控制机构、动物诊疗机构或者乡镇人民政府指定的地点注射兽用狂犬疫苗，领取免疫证明。免疫证明由省人民政府农业农村主管部门监制。

饲养人凭免疫证明向所在地养犬登记机关申请登记，并领取犬牌。养犬登记机关由县级人民政府指定。

动物疫病预防控制机构、动物诊疗机构应当建立犬只免疫档案，鼓励有条件的市州运用大数据对免疫档案进行管理。

携带犬只出户的，应当按照规定为犬只佩戴犬牌并采取系犬绳等措施，防止犬只伤人、疫病传播。

第十五条　动物饲养场、活畜禽交易市场、动物隔离场、动物诊疗机构、屠宰厂（场、点）以及动物产品加工场所等应当建立健全动物防疫制度，配备清洗消毒设施设备，对场地、设施设备以及交通工具进行清洗、消毒。

活畜禽交易市场的开办者应当制定并实行定期清洗、消毒制度，按照有关规定对市场进行每日清洗、每周消毒。

活畜禽交易市场的开办者应当建立清洗、消毒档案，保存期限不得少于 1 年。

第十六条　县级以上人民政府农业农村、卫生健康和野生动物保护等主管部门应当建立人畜共患传染病联防联控机制，对易感动物和易感人群进行人畜共患传染病监测，定期通报监测结果；发生人畜共患传染病时，应当及时通报相关信息，并按照各自职责采取相应防控措施。

野生动物保护主管部门按照职责分工做好野生动物疫源疫病监测等工作，并定期互通情况，紧急情况及时上报。

第十七条　发生重大动物疫情时，县级以上人民政府应当依照法律和国务院的规定以及应急预案，采取封锁、扑杀、消毒、隔离、销毁、紧急免疫接种、无害化处理等措施，并做好动物产品市场监管等工作。

乡镇人民政府、街道办事处应当协助做好疫情处置工作。

重大动物疫情处置完毕后，县级以上人民政府农业农村主管部门应当组织有关专家进行疫情风险评估和损失评估，生态环境主管部门应当进行环境风险评估。对在动物疫病预防、控制、净化、消灭过程中强制扑杀的动物、销毁的动物产品和相关物品，县级以上人民政府按照国家有关规定给予合理补偿。

第十八条　省人民政府农业农村主管部门统一管理本省动物疫情信息，并根据国务院农业农村主管部门授权，公布本省动物疫情。其他单位和个人不得发布动物疫情。

第十九条　强制免疫后的动物，因发生疫情被强制扑杀的，按照国家有关规定给予补偿；因饲养者逃避、拒绝强制免疫或者未按照规定调运动物引发动物疫情的，动物被强制扑杀的损失以及处理费用，由饲养者承担。

## 第三章　动物和动物产品的检疫监督

第二十条　动物卫生监督机构负责对动物和动物产品实施检疫，实施检疫的人员应当为官方兽医。

动物卫生监督机构的官方兽医在执行动物防疫、检查任务时，应当出示工作证件。

第二十一条　屠宰、出售、运输动物以及出售、运输动物产品前，货主应当按照规定向所在地动物卫生监督机构或者其派驻机构申报检疫。

第二十二条　屠宰、经营、运输的动物，以及用于科研、教学、药用、展示、演出和比赛等非食用性利用的动物，应当附有检疫证明；经营、运输的动物产品，应当附有检疫证明和检疫标志。

第二十三条　禁止屠宰、经营、运输应当加施而未加施畜禽标识的动物。

第二十四条　省人民政府确定并公布道路运输的动物进入本省的指定通道，设置符合道路交通安全相关技术规范的引导标志。跨省通过道路运输动物的，应当经省人民政府设立的指定通道入省境或者过省境，并向指定通道所在地依法设立的检查站申报检查。

从事动物饲养、屠宰、经营、隔离、运输等活动的单位和个人，不得接收未按照前款规定经过检查或者检查不合格的动物。

第二十五条　跨省引进的种用、乳用动物到达输入地后，货主应当按照规定对引进的种用、乳用动物进行隔离观察，并在 24 小时内向所在地县级人民政府动物卫生监督机构报告。

第二十六条　县级人民政府动物卫生监督机构对定点屠宰厂（场、点）派驻官方兽医，监督屠宰厂（场、点）做好动物防疫、无害化处理等工作。

屠宰厂（场、点）屠宰的动物应当经官方兽医查验合格。

除国家另有规定外，禁止将运达屠宰厂（场、点）内的动物外运出场。

第二十七条　屠宰厂（场、点）、交易市场、冷冻动物产品贮藏场所等的经营者，应当对入场动物、动物产品查验检疫证明、畜禽标识或者检疫标志。未经查验或者经查验不符合规定的动物、动物产品不得入场。

第二十八条　销售动物以及动物产品实行检疫证明明示制度，经营者应当将销售的动物以及动物产品检疫证明明示，接受社会监督。

## 第四章　病死动物和病害动物产品的无害化处理

第二十九条　市州、县级人民政府应当依据省人民政府制定的动物和动物产品集中无害化处理场所建设规划，按照统筹规划、合理布局的原则，制定无害化处理场所建设方案，建立健全无害化处理体系和机制，保障运行经费。

第三十条　实行病死动物集中无害化处理制度。动物饲养场、活畜禽交易市场、屠宰厂（场、点）、动物隔离场所应当配备与其规模相适应且符合环保要求的无害化处理设施设备，或者病死动物暂贮的冷藏冷冻设施设备。

第三十一条　从事动物饲养、屠宰、经营、隔离以及动物产品生产、经营、加工、贮藏等活动的单位和个人，应当按照国家有关规定做好病死动物、病害动物产品的无害化处理，或者委托动物和动物产品无害化处理场所处理。不具备无害化处理能力的，应当委托动物和动物产品无害化处理场所处理，处理费用由委托人按照规定承担。

任何单位和个人不得买卖、加工、随意弃置病死动物和病害动物产品。

从事无害化处理的单位和个人应当建立处理情况档案。

第三十二条　禁止藏匿、转移、盗挖已被依法隔离、封存、扣押、处理的动物和动物产品。

禁止为染疫、疑似染疫、病死、死因不明的动物或者动物产品提供加工设备、运载工具、贮藏场所。

## 第五章　法律责任

第三十三条　违反本条例第十五条第一款规定，未对场地、设施设备以及交通工具进行清洗、消毒的，由县级以上人民政府农业农村主管部门、市场监督管理部门依据各自职责责令限期改正，可处以 200 元以上 1000 元以下罚款；逾期不改正的，处以 1000 元以上 5000 元以下罚款。

第三十四条　违反本条例第十五条第二款、第三款规定，有下列行为之一的，由县级以上人民政府农业农村主管部门、市场监督管理部门依据各自职责责令改正，处以 3000 元以上 3 万元以下罚款；情节严重的，责令停业整顿，并处以 3 万元以上 10 万元以下罚款：

（一）未按照规定对市场进行清洗、消毒的；

（二）未建立清洗、消毒档案或者建立虚假清洗、消毒档案的。

第三十五条　违反本条例第二十三条规定的，由县级以上人民政府农业农村主管部门责令改正，可处以 200 元以上 2000 元以下罚款。

第三十六条　违反本条例第二十四条第一款规定，未经省人民政府设立的指定通道入省境或者过省境的，由县级以上人民政府农业农村主管部门对运输人处以 5000 元以上 1 万元以下罚款，情节严重的，处以 1 万元以上 5 万元以下罚款；未向指定通道所在地依法设立的检查站申报检查的，由县级以上人民政府农业农村主管部门责令改正，处以 3000 元以上 3 万元以下罚款。

第三十七条　违反本条例第二十四条第二款规定的，由县级以上人民政府农业农村主管部门责令改正，处以 5000 元以上 3 万元以下罚款。

第三十八条　违反本条例第二十五条规定，跨省引进的种用、乳用动物到达输入地后，未按照规定对跨省引进的种用、乳用动物进行隔离观察的，由县级以上人民政府农业农村主管部门责令改正，处以 3000 元以上 3 万元以下罚款；情节严重的，责令停业整顿，并处以 3 万元以上 10 万元以下罚款。

第三十九条　违反本条例第二十六条第三款规定，擅自将屠宰厂（场、点）内的动物外运出场的，由县级以上人民政府农业农村主管部门责令改正，处以 2000 元以上 2 万元以下罚款。

第四十条　违反本条例第二十七条规定的，由县级以上人民政府农业农村主管部门、市场监督管理部门依据各自职责，责令改正；拒不改正的，处以 5000 元以上 2 万元以下罚款。

第四十一条　违反本条例第三十二条规定的，由县级以上人民政府农业农村主管部门责令改正，处以 3000 元以上 3 万元以下罚款。

第四十二条　各级人民政府及其工作人员未依照本条例规定履行职责的，对直接负责的主管人员和其他直接责任人员依法给予处分。

第四十三条　违反本条例规定的其他行为，法律、法规有处罚规定的，从其规定。

## 第六章　附则

第四十四条　进出境动物、动物产品的检疫，依照有关进出境动物检疫法律、法规的规定执行。

水生动物防疫工作由县级以上人民政府渔业主管部门按照国家有关规定执行。

第四十五条　本条例自 2022 年 9 月 1 日起施行。

# 动物检疫管理办法

## 第一章　总则

第一条　为了加强动物检疫活动管理，预防、控制、净化、消灭动物疫病，防控人畜共患传染病，保障公共卫生安全和人体健康，根据《中华人民共和国动物防疫法》，制定本办法。

第二条　本办法适用于中华人民共和国领域内的动物、动物产品的检疫及其监督管理活动。

陆生野生动物检疫办法，由农业农村部会同国家林业和草原局另行制定。

第三条　动物检疫遵循过程监管、风险控制、区域化和可追溯管理相结合的原则。

第四条　农业农村部主管全国动物检疫工作。

县级以上地方人民政府农业农村主管部门主管本行政区域内的动物检疫工作，负责动物检疫监督管理工作。

县级人民政府农业农村主管部门可以根据动物检疫工作需要，向乡、镇或者特定区域派驻动物卫生监督机构或者官方兽医。

县级以上人民政府建立的动物疫病预防控制机构应当为动物检疫及其监督管理工作提供技术支撑。

第五条　农业农村部制定、调整并公布检疫规程，明确动物检疫的范围、对象和程序。

第六条　农业农村部加强信息化建设，建立全国统一的动物检疫管理信息化系统，实现动物检疫信息的可追溯。

县级以上动物卫生监督机构应当做好本行政区域内的动物检疫信息数据管理工作。

从事动物饲养、屠宰、经营、运输、隔离等活动的单位和个人，应当按照要求在动物检疫管理信息化系统填报动物检疫相关信息。

第七条　县级以上地方人民政府的动物卫生监督机构负责本行政区域内动物检疫工作，依照《中华人民共和国动物防疫法》、本办法以及检疫规程等规定实施检疫。

动物卫生监督机构的官方兽医实施检疫，出具动物检疫证明、加施检疫标志，并对检疫结论负责。

## 第二章　检疫申报

第八条　国家实行动物检疫申报制度。

出售或者运输动物、动物产品的，货主应当提前三天向所在地动物卫生监督机构申报检疫。

屠宰动物的，应当提前六小时向所在地动物卫生监督机构申报检疫；急宰动物的，可以随时申报。

第九条　向无规定动物疫病区输入相关易感动物、易感动物产品的，货主除按本办法第八条规定向输出地动物卫生监督机构申报检疫外，还应当在启运三天前向输入地动物卫生监督机构申报检疫。输入易感动物的，向输入地隔离场所在地动物卫生监督机构申报；输入易感动物产品的，在输入地省级动物卫生监督机构指定的地点申报。

第十条　动物卫生监督机构应当根据动物检疫工作需要，合理设置动物检疫申报点，并向社会公布。

县级以上地方人民政府农业农村主管部门应当采取有力措施，加强动物检疫申报点建设。

第十一条　申报检疫的，应当提交检疫申报单以及农业农村部规定的其他材料，并对申报材料的真实性负责。

申报检疫采取在申报点填报或者通过传真、电子数据交换等方式申报。

第十二条　动物卫生监督机构接到申报后，应当及时对申报材料进行审查。申报材料齐全的，予以受理；有下列情形之一的，不予受理，并说明理由：

（一）申报材料不齐全的，动物卫生监督机构当场或在三日内已经一次性告知申报人需要补正的内容，但申报人拒不补正的；

（二）申报的动物、动物产品不属于本行政区域的；

（三）申报的动物、动物产品不属于动物检疫范围的；

（四）农业农村部规定不应当检疫的动物、动物产品；

（五）法律法规规定的其他不予受理的情形。

第十三条　受理申报后，动物卫生监督机构应当指派官方兽医实施检疫，可以安排协检人员协助官方兽医到现场或指定地点核实信息，开展临床健康检查。

## 第三章　产地检疫

第十四条　出售或者运输的动物，经检疫符合下列条件的，出具动物检疫证明：

（一）来自非封锁区及未发生相关动物疫情的饲养场（户）；

（二）来自符合风险分级管理有关规定的饲养场（户）；

（三）申报材料符合检疫规程规定；

（四）畜禽标识符合规定；

（五）按照规定进行了强制免疫，并在有效保护期内；

（六）临床检查健康；

（七）需要进行实验室疫病检测的，检测结果合格。

出售、运输的种用动物精液、卵、胚胎、种蛋，经检疫其种用动物饲养场符合第一款第一项规定，申报材料符合第一款第三项规定，供体动物符合第一款第四项、第五项、第六项、第七项规定的，出具动物检疫证明。

出售、运输的生皮、原毛、绒、血液、角等产品，经检疫其饲养场（户）符合第一款第一项规定，申报材料符合第一款第三项规定，供体动物符合第一款第四、第五项、第六项、第七项规定，且按规定消毒合格的，出具动物检疫证明。

第十五条　出售或者运输水生动物的亲本、稚体、幼体、受精卵、发眼卵及其他遗传育种材料等水产苗种的，经检疫符合下列条件的，出具动物检疫证明：

（一）来自未发生相关水生动物疫情的苗种生产场；

（二）申报材料符合检疫规程规定；

（三）临床检查健康；

（四）需要进行实验室疫病检测的，检测结果合格。

水产苗种以外的其他水生动物及其产品不实施检疫。

第十六条　已经取得产地检疫证明的动物，从专门经营动物的集贸市场继续出售或者运输的，或者动物展示、演出、比赛后需要继续运输的，经检疫符合下列条件的，出具动物检疫证明：

（一）有原始动物检疫证明和完整的进出场记录；

（二）畜禽标识符合规定；

（三）临床检查健康；

（四）原始动物检疫证明超过调运有效期，按规定需要进行实验室疫病检测的，检测结果合格。

第十七条　跨省、自治区、直辖市引进的乳用、种用动物到达输入地后，应当在隔离场或者饲养场内的隔离舍进行隔离观察，隔离期为三十天。经隔离观察合格的，方可混群饲养；不合格的，按照有关规定进行处理。隔离观察合格后需要继续运输的，货主应当申报检疫，并取得动物检疫证明。

跨省、自治区、直辖市输入到无规定动物疫病区的乳用、种用动物的隔离按照本办法第二十六条规定执行。

第十八条　出售或者运输的动物、动物产品取得动物检疫证明后，方可离开产地。

## 第四章　屠宰检疫

第十九条　动物卫生监督机构向依法设立的屠宰加工场所派驻（出）官方兽医实施检疫。屠宰加工场所应当提供与检疫工作相适应的官方兽医驻场检疫室、工作室和检疫操作台等设施。

第二十条　进入屠宰加工场所的待宰动物应当附有动物检疫证明并加施有符合规定的畜禽标识。

第二十一条　屠宰加工场所应当严格执行动物入场查验登记、待宰巡查等制度，查验进场待宰动物的动物检疫证明和畜禽标识，发现动物染疫或者疑似染疫的，应当立即向所在地农业农村主管部门或者动物疫病预防控制机构报告。

第二十二条　官方兽医应当检查待宰动物健康状况，在屠宰过程中开展同步检疫和必要的实验室疫病检测，并填写屠宰检疫记录。

第二十三条　经检疫符合下列条件的，对动物的胴体及生皮、原毛、绒、脏器、血液、蹄、头、角出具动物检疫证明，加盖检疫验讫印章或者加施其他检疫标志：

（一）申报材料符合检疫规程规定；

（二）待宰动物临床检查健康；

（三）同步检疫合格；

（四）需要进行实验室疫病检测的，检测结果合格。

第二十四条　官方兽医应当回收进入屠宰加工场所待宰动物附有的动物检疫证明，并将有关信息上传至动物检疫管理信息化系统。回收的动物检疫证明保存期限不得少于十二个月。

## 第五章　进入无规定动物疫病区的动物检疫

第二十五条　向无规定动物疫病区运输相关易感动物、动物产品的，除附有输出地动物卫生监督机构出具的动物检疫证明外，还应当按照本办法第二十六条、第二十七条规定取得动物检疫证明。

第二十六条　输入到无规定动物疫病区的相关易感动物，应当在输入地省级动物卫生监督机构指定的隔离场所进行隔离，隔离检疫期为三十天。隔离检疫合格的，由隔离场所在地县级动物卫生监督机构的官方兽医出具动物检疫证明。

第二十七条　输入到无规定动物疫病区的相关易感动物产品，应当在输入地省级动物卫生监督机构指定的地点，按照无规定动物疫病区有关检疫要求进行检疫。检疫合格的，由当地县级动物卫生监督机构的官方兽医出具动物检疫证明。

## 第六章　官方兽医

第二十八条　国家实行官方兽医任命制度。官方兽医应当符合以下条件：

（一）动物卫生监督机构的在编人员，或者接受动物卫生监督机构业务指导的其他机构在编人员；

（二）从事动物检疫工作；

（三）具有畜牧兽医水产初级以上职称或者相关专业大专以上学历或者从事动物防疫等相关工作满三年以上；

（四）接受岗前培训，并经考核合格；

（五）符合农业农村部规定的其他条件。

第二十九条　县级以上动物卫生监督机构提出官方兽医任命建议，报同级农业农村主管部门审核。审核通过的，由省级农业农村主管部门按程序确认、统一编号，并报农业农村部备案。

经省级农业农村主管部门确认的官方兽医，由其所在的农业农村主管部门任命，颁发官方兽医证，公布人员名单。

官方兽医证的格式由农业农村部统一规定。

第三十条　官方兽医实施动物检疫工作时，应当持有官方兽医证。禁止伪造、变造、转借或者以其他方式违法使用官方兽医证。

第三十一条　农业农村部制定全国官方兽医培训计划。

县级以上地方人民政府农业农村主管部门制定本行政区域官方兽医培训计划，提供必要的培训条件，设立考核指标，定期对官方兽医进行培训和考核。

第三十二条　官方兽医实施动物检疫的，可以由协检人员进行协助。协检人员不得出具动物检疫证明。

协检人员的条件和管理要求由省级农业农村主管部门规定。

第三十三条　动物饲养场、屠宰加工场所的执业兽医或者动物防疫技术人员，应当协助官方兽医实施动物检疫。

第三十四条　对从事动物检疫工作的人员，有关单位按照国家规定，采取有效的卫生防护、医疗保健措施，全面落实畜牧兽医医疗卫生津贴等相关待遇。

对在动物检疫工作中做出贡献的动物卫生监督机构、官方兽医，按照国家有关规定给予表彰、奖励。

## 第七章　动物检疫证章标志管理

第三十五条　动物检疫证章标志包括：

（一）动物检疫证明；

（二）动物检疫印章、动物检疫标志；

（三）农业农村部规定的其他动物检疫证章标志。

第三十六条　动物检疫证章标志的内容、格式、规格、编码和制作等要求，由农业农村部统一规定。

第三十七条　县级以上动物卫生监督机构负责本行政区域内动物检疫证章标志的管理工作，建立动物检疫证章标志管理制度，严格按照程序订购、保管、发放。

第三十八条　任何单位和个人不得伪造、变造、转让动物检疫证章标志，不得持有或者使用伪造、变造、转让的动物检疫证章标志。

## 第八章　监督管理

第三十九条　禁止屠宰、经营、运输依法应当检疫而未经检疫或者检疫不合格的动物。

禁止生产、经营、加工、贮藏、运输依法应当检疫而未经检疫或者检疫不合格的动物产品。

第四十条　经检疫不合格的动物、动物产品，由官方兽医出具检疫处理通知单，货主或者屠宰加工场所应当在农业农村主管部门的监督下按照国家有关规定处理。

动物卫生监督机构应当及时向同级农业农村主管部门报告检疫不合格情况。

第四十一条　有下列情形之一的，出具动物检疫证明的动物卫生监督机构或者其上级动物卫生监督机构，根据利害关系人的请求或者依据职权，撤销动物检疫证明，并及时通告有关单位和个人：

（一）官方兽医滥用职权、玩忽职守出具动物检疫证明的；

（二）以欺骗、贿赂等不正当手段取得动物检疫证明的；

（三）超出动物检疫范围实施检疫，出具动物检疫证明的；

（四）对不符合检疫申报条件或者不符合检疫合格标准的动物、动物产品，出具动物检疫证明的；

（五）其他未按照《中华人民共和国动物防疫法》、本办法和检疫规程的规定实施检疫，出具动物检疫证明的。

第四十二条　有下列情形之一的，按照依法应当检疫而未经检疫处罚：

（一）动物种类、动物产品名称、畜禽标识号与动物检疫证明不符的；

（二）动物、动物产品数量超出动物检疫证明载明部分的；

（三）使用转让的动物检疫证明的。

第四十三条　依法应当检疫而未经检疫的动物、动物产品，由县级以上地方人民政府农业农村主管部门依照《中华人民共和国动物防疫法》处理处罚，不具备补检条件的，予以收缴销毁；具备补检条件的，由动物卫生监督机构补检。

依法应当检疫而未经检疫的胴体、肉、脏器、脂、血液、精液、卵、胚胎、骨、蹄、头、筋、种蛋等动物产品，不予补检，予以收缴销毁。

第四十四条　补检的动物具备下列条件的，补检合格，出具动物检疫证明：

（一）畜禽标识符合规定；

（二）检疫申报需要提供的材料齐全、符合要求；

（三）临床检查健康；

（四）不符合第一项或者第二项规定条件，货主于七日内提供检疫规程规定的实验室疫病检测报告，检测结果合格。

第四十五条　补检的生皮、原毛、绒、角等动物产品具备下列条件的，补检合格，出具动物检疫证明：

（一）经外观检查无腐烂变质；

（二）按照规定进行消毒；

（三）货主于七日内提供检疫规程规定的实验室疫病检测报告，检测结果合格。

第四十六条　经检疫合格的动物应当按照动物检疫证明载明的目的地运输，并在规定时间内到达，运输途中发生疫情的应当按有关规定报告并处置。

跨省、自治区、直辖市通过道路运输动物的，应当经省级人民政府设立的指定通道入省境或者过省境。

饲养场（户）或者屠宰加工场所不得接收未附有有效动物检疫证明的动物。

第四十七条　运输用于继续饲养或屠宰的畜禽到达目的地后，货主或者承运人应当在三日内向启运地县级动物卫生监督机构报告；目的地饲养场（户）或者屠宰加工场所应当在接收畜禽后三日内向所在地县级动物卫生监督机构报告。

## 第九章　法律责任

第四十八条　申报动物检疫隐瞒有关情况或者提供虚假材料的，或者以欺骗、贿赂等不正当手段取得动物检疫证明的，依照《中华人民共和国行政许可法》有关规定予以处罚。

第四十九条　违反本办法规定运输畜禽，有下列行为之一的，由县级以上地方人民政府农业农村主管部门处一千元以上三千元以下罚款；情节严重的，处三千元以上三万元以下罚款：

（一）运输用于继续饲养或者屠宰的畜禽到达目的地后，未向启运地动物卫生监督机构报告的；

（二）未按照动物检疫证明载明的目的地运输的；

（三）未按照动物检疫证明规定时间运达且无正当理由的；

（四）实际运输的数量少于动物检疫证明载明数量且无正当理由的。

第五十条　其他违反本办法规定的行为，依照《中华人民共和国动物防疫法》有关规定予以处罚。

## 第十章　附则

第五十一条　水产苗种产地检疫，由从事水生动物检疫的县级以上动物卫生监督机构实施。

第五十二条　实验室疫病检测报告应当由动物疫病预防控制机构、取得相关资质认定、国家认可机构认可或者符合省级农业农村主管部门规定条件的实验室出具。

第五十三条　本办法自2022年12月1日起施行。农业部2010年1月21日公布、2019年4月25日修订的《动物检疫管理办法》同时废止。

# 病死畜禽和病害畜禽产品无害化处理管理办法

## 第一章　总则

第一条　为了加强病死畜禽和病害畜禽产品无害化处理管理，防控动物疫病，促进畜牧业高质量发展，保障公共卫生安全和人体健康，根据《中华人民共和国动物防疫法》（以下简称《动物防疫法》），制定本办法。

第二条　本办法适用于畜禽饲养、屠宰、经营、隔离、运输等过程中病死畜禽和病害畜禽产品的收集、无害化处理及其监督管理活动。

发生重大动物疫情时，应当根据动物疫病防控要求开展病死畜禽和病害畜禽产品无害化处理。

第三条　下列畜禽和畜禽产品应当进行无害化处理：

（一）染疫或者疑似染疫死亡、因病死亡或者死因不明的；

（二）经检疫、检验可能危害人体或者动物健康的；

（三）因自然灾害、应激反应、物理挤压等因素死亡的；

（四）屠宰过程中经肉品品质检验确认为不可食用的；

（五）死胎、木乃伊胎等；

（六）因动物疫病防控需要被扑杀或销毁的；

（七）其他应当进行无害化处理的。

第四条　病死畜禽和病害畜禽产品无害化处理坚持统筹规划与属地负责相结合、政府监管与市场运作相结合、财政补助与保险联动相结合、集中处理与自行处理相结合的原则。

第五条　从事畜禽饲养、屠宰、经营、隔离等活动的单位和个人，应当承担主体责任，按照本办法对病死畜禽和病害畜禽产品进行无害化处理，或者委托病死畜禽无害化处理场处理。

运输过程中发生畜禽死亡或者因检疫不合格需要进行无害化处理的，承运人应当立即通知货主，配合做好无害化处理，不得擅自弃置和处理。

第六条　在江河、湖泊、水库等水域发现的死亡畜禽，依法由所在地县级人民政府组织收集、处理并溯源。

在城市公共场所和乡村发现的死亡畜禽，依法由所在地街道办事处、乡级人民政府组织收集、处理并溯源。

第七条　病死畜禽和病害畜禽产品收集、无害化处理、资源化利用应当符合农业农村部相关技术规范，并采取必要的防疫措施，防止传播动物疫病。

第八条　农业农村部主管全国病死畜禽和病害畜禽产品无害化处理工作。

县级以上地方人民政府农业农村主管部门负责本行政区域病死畜禽和病害畜禽产品

无害化处理的监督管理工作。

第九条　省级人民政府农业农村主管部门结合本行政区域畜牧业发展规划和畜禽养殖、疫病发生、畜禽死亡等情况，编制病死畜禽和病害畜禽产品集中无害化处理场所建设规划，合理布局病死畜禽无害化处理场，经本级人民政府批准后实施，并报农业农村部备案。

鼓励跨县级以上行政区域建设病死畜禽无害化处理场。

第十条　县级以上人民政府农业农村主管部门应当落实病死畜禽无害化处理财政补助政策和农机购置与应用补贴政策，协调有关部门优先保障病死畜禽无害化处理场用地、落实税收优惠政策，推动建立病死畜禽无害化处理和保险联动机制，将病死畜禽无害化处理作为保险理赔的前提条件。

## 第二章　收集

第十一条　畜禽养殖场、养殖户、屠宰厂（场）、隔离场应当及时对病死畜禽和病害畜禽产品进行贮存和清运。

畜禽养殖场、屠宰厂（场）、隔离场委托病死畜禽无害化处理场处理的，应当符合以下要求：

（一）采取必要的冷藏冷冻、清洗消毒等措施；

（二）具有病死畜禽和病害畜禽产品输出通道；

（三）及时通知病死畜禽无害化处理场进行收集，或自行送至指定地点。

第十二条　病死畜禽和病害畜禽产品集中暂存点应当具备下列条件：

（一）有独立封闭的贮存区域，并且防渗、防漏、防鼠、防盗，易于清洗消毒；

（二）有冷藏冷冻、清洗消毒等设施设备；

（三）设置显著警示标识；

（四）有符合动物防疫需要的其他设施设备。

第十三条　专业从事病死畜禽和病害畜禽产品收集的单位和个人，应当配备专用运输车辆，并向承运人所在地县级人民政府农业农村主管部门备案。备案时应当通过农业农村部指定的信息系统提交车辆所有权人的营业执照、运输车辆行驶证、运输车辆照片。

县级人民政府农业农村主管部门应当核实相关材料信息，备案材料符合要求的，及时予以备案；不符合要求的，应当一次性告知备案人补充相关材料。

第十四条　病死畜禽和病害畜禽产品专用运输车辆应当符合以下要求：

（一）不得运输病死畜禽和病害畜禽产品以外的其他物品；

（二）车厢密闭、防水、防渗、耐腐蚀，易于清洗和消毒；

（三）配备能够接入国家监管监控平台的车辆定位跟踪系统、车载终端；

（四）配备人员防护、清洗消毒等应急防疫用品；

（五）有符合动物防疫需要的其他设施设备。

第十五条　运输病死畜禽和病害畜禽产品的单位和个人，应当遵守下列规定：

（一）及时对车辆、相关工具及作业环境进行消毒；

（二）作业过程中如发生渗漏，应当妥善处理后再继续运输；

（三）做好人员防护和消毒。

第十六条　跨县级以上行政区域运输病死畜禽和病害畜禽产品的，相关区域县级以上地方人民政府农业农村主管部门应当加强协作配合，及时通报紧急情况，落实监管责任。

## 第三章　无害化处理

第十七条　病死畜禽和病害畜禽产品无害化处理以集中处理为主，自行处理为补充。

病死畜禽无害化处理场的设计处理能力应当高于日常病死畜禽和病害畜禽产品处理量，专用运输车辆数量和运载能力应当与区域内畜禽养殖情况相适应。

第十八条　病死畜禽无害化处理场应当符合省级人民政府病死畜禽和病害畜禽产品集中无害化处理场所建设规划并依法取得动物防疫条件合格证。

第十九条　畜禽养殖场、屠宰厂（场）、隔离场在本场（厂）内自行处理病死畜禽和病害畜禽产品的，应当符合无害化处理场所的动物防疫条件，不得处理本场（厂）外的病死畜禽和病害畜禽产品。

畜禽养殖场、屠宰厂（场）、隔离场在本场（厂）外自行处理的，应当建设病死畜禽无害化处理场。

第二十条　畜禽养殖场、养殖户、屠宰厂（场）、隔离场委托病死畜禽无害化处理场进行无害化处理的，应当签订委托合同，明确双方的权利、义务。

无害化处理费用由财政进行补助或者由委托方承担。

第二十一条　对于边远和交通不便地区以及畜禽养殖户自行处理零星病死畜禽的，省级人民政府农业农村主管部门可以结合实际情况和风险评估结果，组织制定相关技术规范。

第二十二条　病死畜禽和病害畜禽产品集中暂存点、病死畜禽无害化处理场应当配备专门人员负责管理。

从事病死畜禽和病害畜禽产品无害化处理的人员，应当具备相关专业技能，掌握必要的安全防护知识。

第二十三条　鼓励在符合国家有关法律法规规定的情况下，对病死畜禽和病害畜禽产品无害化处理产物进行资源化利用。

病死畜禽和病害畜禽产品无害化处理场所销售无害化处理产物的，应当严控无害化处理产物流向，查验购买方资质并留存相关材料，签订销售合同。

第二十四条　病死畜禽和病害畜禽产品无害化处理应当符合安全生产、环境保护等相关法律法规和标准规范要求，接受有关主管部门监管。

病死畜禽无害化处理场处理本办法第三条之外的病死动物和病害动物产品的，应当要求委托方提供无特殊风险物质的证明。

## 第四章　监督管理

第二十五条　农业农村部建立病死畜禽无害化处理监管监控平台，加强全程追溯管理。

从事畜禽饲养、屠宰、经营、隔离及病死畜禽收集、无害化处理的单位和个人，应当按要求填报信息。

县级以上地方人民政府农业农村主管部门应当做好信息审核，加强数据运用和安全管理。

第二十六条　农业农村部负责组织制定全国病死畜禽和病害畜禽产品无害化处理生物安全风险调查评估方案，对病死畜禽和病害畜禽产品收集、无害化处理生物安全风险因素进行调查评估。

省级人民政府农业农村主管部门应当制定本行政区域病死畜禽和病害畜禽产品无害化处理生物安全风险调查评估方案并组织实施。

第二十七条　根据病死畜禽无害化处理场规模、设施装备状况、管理水平等因素，推行分级管理制度。

第二十八条　病死畜禽和病害畜禽产品无害化处理场所应当建立并严格执行以下制度：

（一）设施设备运行管理制度；

（二）清洗消毒制度；

（三）人员防护制度；

（四）生物安全制度；

（五）安全生产和应急处理制度。

第二十九条 从事畜禽饲养、屠宰、经营、隔离以及病死畜禽和病害畜禽产品收集、无害化处理的单位和个人，应当建立台账，详细记录病死畜禽和病害畜禽产品的种类、数量（重量）、来源、运输车辆、交接人员和交接时间、处理产物销售情况等信息。

病死畜禽和病害畜禽产品无害化处理场所应当安装视频监控设备，对病死畜禽和病害畜禽产品进（出）场、交接、处理和处理产物存放等进行全程监控。

相关台账记录保存期不少于二年，相关监控影像资料保存期不少于三十天。

第三十条 病死畜禽和病害畜禽产品无害化处理场所应当于每年一月底前向所在地县级人民政府农业农村主管部门报告上一年度病死畜禽和病害畜禽产品无害化处理、运输车辆和环境清洗消毒等情况。

第三十一条 县级以上地方人民政府农业农村主管部门执行监督检查任务时，从事病死畜禽和病害畜禽产品收集、无害化处理的单位和个人应当予以配合，不得拒绝或者阻碍。

第三十二条 任何单位和个人对违反本办法规定的行为，有权向县级以上地方人民政府农业农村主管部门举报。接到举报的部门应当及时调查处理。

## 第五章 法律责任

第三十三条 未按照本办法第十一条、第十二条、第十五条、第十九条、第二十二条规定处理病死畜禽和病害畜禽产品的，按照《动物防疫法》第九十八条规定予以处罚。

第三十四条 畜禽养殖场、屠宰厂（场）、隔离场、病死畜禽无害化处理场未取得动物防疫条件合格证或生产经营条件发生变化，不再符合动物防疫条件继续从事无害化处理活动的，分别按照《动物防疫法》第九十八条、第九十九条处罚。

第三十五条 专业从事病死畜禽和病害畜禽产品运输的车辆，未经备案或者不符合本办法第十四条规定的，分别按照《动物防疫法》第九十八条、第九十四条处罚。

第三十六条 违反本办法第二十八条、第二十九条规定，未建立管理制度、台账或者未进行视频监控的，由县级以上地方人民政府农业农村主管部门责令改正；拒不改正或者情节严重的，处二千元以上二万元以下罚款。

## 第六章　附则

第三十七条　本办法下列用语的含义：

（一）畜禽，是指《国家畜禽遗传资源目录》范围内的畜禽，不包括用于科学研究、教学、检定以及其他科学实验的畜禽。

（二）隔离场所，是指对跨省、自治区、直辖市引进的乳用种用动物或输入到无规定动物疫病区的相关畜禽进行隔离观察的场所，不包括进出境隔离观察场所。

（三）病死畜禽和病害畜禽产品无害化处理场所，是指病死畜禽无害化处理场以及畜禽养殖场、屠宰厂（场）、隔离场内的无害化处理区域。

第三十八条　病死水产养殖动物和病害水产养殖动物产品的无害化处理，参照本办法执行。

第三十九条　本办法自 2022 年 7 月 1 日起施行。

# 病死及病害动物无害化处理技术规范

为贯彻落实《中华人民共和国动物防疫法》《生猪屠宰管理条例》《畜禽规模养殖污染防治条例》等有关法律法规，防止动物疫病传播扩散，保障动物产品质量安全，规范病死及病害动物和相关动物产品无害化处理操作技术，制定本规范。

## 1 适用范围

本规范适用于国家规定的染疫动物及其产品、病死或者死因不明的动物尸体，屠宰前确认的病害动物、屠宰过程中经检疫或肉品品质检验确认为不可食用的动物产品，以及其他应当进行无害化处理的动物及动物产品。

本规范规定了病死及病害动物和相关动物产品无害化处理的技术工艺和操作注意事项，处理过程中病死及病害动物和相关动物产品的包装、暂存、转运、人员防护和记录等要求。

## 2 引用规范和标准

GB19217 医疗废物转运车技术要求（试行）

GB18484 危险废物焚烧污染控制标准

GB18597 危险废物贮存污染控制标准

GB16297 大气污染物综合排放标准

GB14554 恶臭污染物排放标准

GB8978 污水综合排放标准

GB5085.3 危险废物鉴别标准

GB/T16569 畜禽产品消毒规范

GB19218 医疗废物焚烧炉技术要求（试行）

GB/T19923 城市污水再生利用 工业用水水质

当上述标准和文件被修订时，应使用其最新版本。

## 3 术语和定义

3.1 无害化处理

本规范所称无害化处理，是指用物理、化学等方法处理病死及病害动物和相关动物产品，消灭其所携带的病原体，消除危害的过程。

3.2 焚烧法

焚烧法是指在焚烧容器内，使病死及病害动物和相关动物产品在富氧或无氧条件下进行氧化反应或热解反应的方法。

3.3 化制法

化制法是指在密闭的高压容器内，通过向容器夹层或容器内通入高温饱和蒸汽，在干热、压力或蒸汽、压力的作用下，处理病死及病害动物和相关动物产品的方法。

3.4 高温法

高温法是指常压状态下，在封闭系统内利用高温处理病死及病害动物和相关动物产品的方法。

3.5 深埋法

深埋法是指按照相关规定，将病死及病害动物和相关动物产品投入深埋坑中并覆盖、消毒，处理病死及病害动物和相关动物产品的方法。

3.6 硫酸分解法

硫酸分解法是指在密闭的容器内，将病死及病害动物和相关动物产品用硫酸在一定条件下进行分解的方法。

## 4 病死及病害动物和相关动物产品的处理

4.1 焚烧法

4.1.1 适用对象

国家规定的染疫动物及其产品、病死或者死因不明的动物尸体，屠宰前确认的病害动物、屠宰过程中经检疫或肉品品质检验确认为不可食用的动物产品，以及其他应当进行无害化处理的动物及动物产品。

4.1.2 直接焚烧法

4.1.2.1 技术工艺

4.1.2.1.1 可视情况对病死及病害动物和相关动物产品进行破碎等预处理。

4.1.2.1.2 将病死及病害动物和相关动物产品或破碎产物，投至焚烧炉本体燃烧室，经充分氧化、热解，产生的高温烟气进入二次燃烧室继续燃烧，产生的炉渣经出渣机排出。

4.1.2.1.3 燃烧室温度应≥850℃。燃烧所产生的烟气从最后的助燃空气喷射口或燃烧器出口到换热面或烟道冷风引射口之间的停留时间应≥2秒。焚烧炉出口烟气中氧含量应为6%～10%（干气）。

4.1.2.1.4 二次燃烧室出口烟气经余热利用系统、烟气净化系统处理，达到GB16297要求后排放。

4.1.2.1.5 焚烧炉渣与除尘设备收集的焚烧飞灰应分别收集、贮存和运输。焚烧炉渣按一般固体废物处理或作资源化利用；焚烧飞灰和其他尾气净化装置收集的固体废物需按GB5085.3要求作危险废物鉴定，如属于危险废物，则按GB18484和GB18597要求处理。

4.1.2.2 操作注意事项

4.1.2.2.1 严格控制焚烧进料频率和重量，使病死及病害动物和相关动物产品能够充分与空气接触，保证完全燃烧。

4.1.2.2.2 燃烧室内应保持负压状态，避免焚烧过程中发生烟气泄露。

4.1.2.2.3 二次燃烧室顶部设紧急排放烟囱，应急时开启。

4.1.2.2.4 烟气净化系统，包括急冷塔、引风机等设施。

4.1.3 炭化焚烧法

4.1.3.1 技术工艺

4.1.3.1.1 病死及病害动物和相关动物产品投至热解炭化室，在无氧情况下经充分热解，产生的热解烟气进入二次燃烧室继续燃烧，产生的固体炭化物残渣经热解炭化室排出。

4.1.3.1.2 热解温度应≥600℃，二次燃烧室温度≥850℃，焚烧后烟气在850℃以上停留时间≥2秒。

4.1.3.1.3 烟气经过热解炭化室热能回收后，降至600℃左右，经烟气净化系统处理，达到GB16297要求后排放。

4.1.3.2 操作注意事项

4.1.3.2.1 应检查热解炭化系统的炉门密封性，以保证热解炭化室的隔氧状态。

4.1.3.2.2 应定期检查和清理热解气输出管道，以免发生阻塞。

4.1.3.2.3 热解炭化室顶部需设置与大气相连的防爆口，热解炭化室内压力过大时可自动开启泄压。

4.1.3.2.4 应根据处理物种类、体积等严格控制热解的温度、升温速度及物料在热解炭化室里的停留时间。

4.2 化制法

4.2.1 适用对象

不得用于患有炭疽等芽孢杆菌类疫病，以及牛海绵状脑病、痒病的染疫动物及产品、组织的处理。其他适用对象同4.1.1。

4.2.2 干化法

4.2.2.1 技术工艺

4.2.2.1.1 可视情况对病死及病害动物和相关动物产品进行破碎等预处理。

4.2.2.1.2 病死及病害动物和相关动物产品或破碎产物输送入高温高压灭菌容器。

4.2.2.1.3 处理物中心温度≥140℃，压力≥0.5MPa（绝对压力），时间≥4小时（具体处理时间随处理物种类和体积大小而设定）。

4.2.2.1.4 加热烘干产生的热蒸汽经废气处理系统后排出。

4.2.2.1.5 加热烘干产生的动物尸体残渣传输至压榨系统处理。

4.2.2.2 操作注意事项

4.2.2.2.1 搅拌系统的工作时间应以烘干剩余物基本不含水分为宜，根据处理物量的多少，适当延长或缩短搅拌时间。

4.2.2.2.2 应使用合理的污水处理系统，有效去除有机物、氨氮，达到 GB8978 要求。

4.2.2.2.3 应使用合理的废气处理系统，有效吸收处理过程中动物尸体腐败产生的恶臭气体，达到 GB16297 要求后排放。

4.2.2.2.4 高温高压灭菌容器操作人员应符合相关专业要求，持证上岗。

4.2.2.2.5 处理结束后，需对墙面、地面及其相关工具进行彻底清洗消毒。

4.2.3 湿化法

4.2.3.1 技术工艺

4.2.3.1.1 可视情况对病死及病害动物和相关动物产品进行破碎预处理。

4.2.3.1.2 将病死及病害动物和相关动物产品或破碎产物送入高温高压容器，总质量不得超过容器总承受力的五分之四。

4.2.3.1.3 处理物中心温度≥135℃，压力≥0.3MPa（绝对压力），处理时间≥30 分钟（具体处理时间随处理物种类和体积大小而设定）。

4.2.3.1.4 高温高压结束后，对处理产物进行初次固液分离。

4.2.3.1.5 固体物经破碎处理后，送入烘干系统；液体部分送入油水分离系统处理。

4.2.3.2 操作注意事项

4.2.3.2.1 高温高压容器操作人员应符合相关专业要求，持证上岗。

4.2.3.2.2 处理结束后，需对墙面、地面及其相关工具进行彻底清洗消毒。

4.2.3.2.3 冷凝排放水应冷却后排放，产生的废水应经污水处理系统处理，达到 GB8978 要求。

4.2.3.2.4 处理车间废气应通过安装自动喷淋消毒系统、排风系统和高效微粒空气过滤器（HEPA 过滤器）等进行处理，达到 GB16297 要求后排放。

4.3 高温法

4.3.1 适用对象

同 4.2.1。

4.3.2 技术工艺

4.3.2.1 可视情况对病死及病害动物和相关动物产品进行破碎等预处理。处理物或破碎产物体积（长 × 宽 × 高）≤125cm³（5cm×5cm×5cm）。

4.3.2.2 向容器内输入油脂，容器夹层经导热油或其他介质加热。

4.3.2.3 将病死及病害动物和相关动物产品或破碎产物输送入容器内，与油脂混合。常压状态下，维持容器内部温度≥180℃，持续时间≥2.5 小时（具体处理时间随处理物种类和体积大小而设定）。

4.3.2.4 加热产生的热蒸汽经废气处理系统后排出。

4.3.2.5 加热产生的动物尸体残渣传输至压榨系统处理。

4.3.3 操作注意事项

同 4.2.2.2。

4.4 深埋法

4.4.1 适用对象

发生动物疫情或自然灾害等突发事件时病死及病害动物的应急处理，以及边远和交通不便地区零星病死畜禽的处理。不得用于患有炭疽等芽孢杆菌类疫病，以及牛海绵状脑病、痒病的染疫动物及产品、组织的处理。

4.4.2 选址要求

4.4.2.1 应选择地势高燥，处于下风向的地点。

4.4.2.2 应远离学校、公共场所、居民住宅区、村庄、动物饲养和屠宰场所、饮用水源地、河流等地区。

4.4.3 技术工艺

4.4.3.1 深埋坑体容积以实际处理动物尸体及相关动物产品数量确定。

4.4.3.2 深埋坑底应高出地下水位 1.5 米以上，要防渗、防漏。

4.4.3.3 坑底洒一层厚度为 2～5 厘米的生石灰或漂白粉等消毒药。

4.4.3.4 将动物尸体及相关动物产品投入坑内，最上层距离地表 1.5 米以上。

4.4.3.5 生石灰或漂白粉等消毒药消毒。

4.4.3.6 覆盖距地表 20～30 厘米，厚度不少于 1～1.2 米的覆土。

4.4.4 操作注意事项

4.4.4.1 深埋覆土不要太实，以免腐败产气造成气泡冒出和液体渗漏。

4.4.4.2 深埋后，在深埋处设置警示标识。

4.4.4.3 深埋后，第一周内应每日巡查 1 次，第二周起应每周巡查 1 次，连续巡查 3 个月，深埋坑塌陷处应及时加盖覆土。

4.4.4.4 深埋后，立即用氯制剂、漂白粉或生石灰等消毒药对深埋场所进行 1 次彻底消毒。第一周内应每日消毒 1 次，第二周起应每周消毒 1 次，连续消毒三周以上。

4.5 化学处理法

4.5.1 硫酸分解法

4.5.1.1 适用对象

同 4.2.1。

4.5.1.2 技术工艺

4.5.1.2.1 可视情况对病死及病害动物和相关动物产品进行破碎等预处理。

4.5.1.2.2 将病死及病害动物和相关动物产品或破碎产物，投至耐酸的水解罐中，按每吨处理物加入水 150 ～ 300 公斤，后加入 98% 的浓硫酸 300 ～ 400 公斤（具体加入水和浓硫酸量随处理物的含水量而设定）。

4.5.1.2.3 密闭水解罐，加热使水解罐内升至 100 ～ 108℃，维持压力 ≥ 0.15MPa，反应时间 ≥ 4 小时，至罐体内的病死及病害动物和相关动物产品完全分解为液态。

4.5.1.3 操作注意事项

4.5.1.3.1 处理中使用的强酸应按国家危险化学品安全管理、易制毒化学品管理有关规定执行，操作人员应做好个人防护。

4.5.1.3.2 水解过程中要先将水加入到耐酸的水解罐中，然后加入浓硫酸。

4.5.1.3.3 控制处理物总体积不得超过容器容量的 70%。

4.5.1.3.4 酸解反应的容器及储存酸解液的容器均要求耐强酸。

4.5.2 化学消毒法

4.5.2.1 适用对象

适用于被病原微生物污染或可疑被污染的动物皮毛消毒。

4.5.2.2 盐酸食盐溶液消毒法

4.5.2.2.1 用 2.5% 盐酸溶液和 15% 食盐水溶液等量混合，将皮张浸泡在此溶液中，并使溶液温度保持在 30℃ 左右，浸泡 40 小时，1 平方米的皮张用 10 升消毒液（或按 100 毫升 25% 食盐水溶液中加入盐酸 1 毫升配制消毒液，在室温 15℃ 条件下浸泡 48 小时，皮张与消毒液之比为 1:4）。

4.5.2.2.2 浸泡后捞出沥干，放入 2%（或 1%）氢氧化钠溶液中，以中和皮张上的酸，再用水冲洗后晾干。

4.5.2.3 过氧乙酸消毒法

4.5.2.3.1 将皮毛放入新鲜配制的 2% 过氧乙酸溶液中浸泡 30 分钟。

4.5.2.3.2 将皮毛捞出，用水冲洗后晾干。

4.5.2.4 碱盐液浸泡消毒法

4.5.2.4.1 将皮毛浸入 5% 碱盐液（饱和盐水内加 5% 氢氧化钠）中，室温（18℃ ～

25℃）浸泡 24 小时，并随时加以搅拌。

4.5.2.4.2 取出皮毛挂起，待碱盐液流净，放入 5% 盐酸液内浸泡，使皮上的酸碱中和。

4.5.2.4.3 将皮毛捞出，用水冲洗后晾干。

## 5 收集转运要求

### 5.1 包装

5.1.1 包装材料应符合密闭、防水、防渗、防破损、耐腐蚀等要求。

5.1.2 包装材料的容积、尺寸和数量应与需处理病死及病害动物和相关动物产品的体积、数量相匹配。

5.1.3 包装后应进行密封。

5.1.4 使用后，一次性包装材料应作销毁处理，可循环使用的包装材料应进行清洗消毒。

### 5.2 暂存

5.2.1 采用冷冻或冷藏方式进行暂存，防止无害化处理前病死及病害动物和相关动物产品腐败。

5.2.2 暂存场所应能防水、防渗、防鼠、防盗，易于清洗和消毒。

5.2.3 暂存场所应设置明显警示标识。

5.2.4 应定期对暂存场所及周边环境进行清洗消毒。

### 5.3 转运

5.3.1 可选择符合 GB19217 条件的车辆或专用封闭厢式运载车辆。车厢四壁及底部应使用耐腐蚀材料，并采取防渗措施。

5.3.2 专用转运车辆应加施明显标识，并加装车载定位系统，记录转运时间和路径等信息。

5.3.3 车辆驶离暂存、养殖等场所前，应对车轮及车厢外部进行消毒。

5.3.4 转运车辆应尽量避免进入人口密集区。

5.3.5 若转运途中发生渗漏，应重新包装、消毒后运输。

5.3.6 卸载后，应对转运车辆及相关工具等进行彻底清洗、消毒。

## 6 其他要求

### 6.1 人员防护

6.1.1 病死及病害动物和相关动物产品的收集、暂存、转运、无害化处理操作的工作人员应经过专门培训，掌握相应的动物防疫知识。

6.1.2 工作人员在操作过程中应穿戴防护服、口罩、护目镜、胶鞋及手套等防护用具。

6.1.3 工作人员应使用专用的收集工具、包装用品、转运工具、清洗工具、消毒器材等。

6.1.4 工作完毕后，应对一次性防护用品作销毁处理，对循环使用的防护用品消毒处理。

6.2 记录要求

6.2.1 病死及病害动物和相关动物产品的收集、暂存、转运、无害化处理等环节应建有台账和记录。有条件的地方应保存转运车辆行车信息和相关环节视频记录。

6.2.2 台账和记录

6.2.2.1 暂存环节

6.2.2.1.1 接收台账和记录应包括病死及病害动物和相关动物产品来源场（户）、种类、数量、动物标识号、死亡原因、消毒方法、收集时间、经办人员等。

6.2.2.1.2 运出台账和记录应包括运输人员、联系方式、转运时间、车牌号、病死及病害动物和相关动物产品种类、数量、动物标识号、消毒方法、转运目的地以及经办人员等。

6.2.2.2 处理环节

6.2.2.2.1 接收台账和记录应包括病死及病害动物和相关动物产品来源、种类、数量、动物标识号、转运人员、联系方式、车牌号、接收时间及经手人员等。

6.2.2.2.2 处理台账和记录应包括处理时间、处理方式、处理数量及操作人员等。

6.2.3 涉及病死及病害动物和相关动物产品无害化处理的台账和记录至少要保存两年。


# 国家动物疫病强制免疫指导意见（2022—2025 年）


## 一、总体要求

（一）指导思想。按照保供固安全、振兴畅循环的工作定位，立足维护养殖业发展安全、公共卫生安全和生物安全大局，坚持防疫优先，扎实开展动物疫病强制免疫，切实筑牢动物防疫屏障。

（二）基本原则。坚持人病兽防、关口前移，预防为主、应免尽免，落实完善免疫效果评价制度，强化疫苗质量管理和使用效果跟踪监测，保证"真苗、真打、真有效"。

（三）目标要求。强制免疫动物疫病的群体免疫密度应常年保持在 90% 以上，应免畜禽免疫密度应达到 100%，高致病性禽流感、口蹄疫和小反刍兽疫免疫抗体合格率常年保持在 70% 以上。

## 二、病种和范围

高致病性禽流感：对全国所有鸡、鸭、鹅、鹌鹑等人工饲养的禽类，根据当地实际情况，在科学评估的基础上选择适宜疫苗，进行 H5 亚型和（或）H7 亚型高致病性禽流感免疫。对供研究和疫苗生产用的家禽、进口国（地区）明确要求不得实施高致病性禽流感免疫的出口家禽，以及因其他特殊原因不免疫的，有关养殖场（户）逐级报省级农业农村部门同意后，可不实施免疫。

口蹄疫：对全国有关畜种，根据当地实际情况，在科学评估的基础上选择适宜疫苗，进行 O 型和（或）A 型口蹄疫免疫；对全国所有牛、羊、骆驼、鹿进行 O 型和 A 型口蹄疫免疫；对全国所有猪进行 O 型口蹄疫免疫，各地根据评估结果确定是否对猪实施 A 型口蹄疫免疫。

小反刍兽疫：对全国所有羊进行小反刍兽疫免疫。开展非免疫无疫区建设的区域，经省级农业农村部门同意后，可不实施免疫。

布鲁氏菌病：对种畜以外的牛羊进行布鲁氏菌病免疫，种畜禁止免疫。各省份根据评估情况，原则上以县为单位确定本省份的免疫区和非免疫区。免疫区内不实施免疫的、非免疫区实施免疫的，养殖场（户）应逐级报省级农业农村部门同意后实施。各省份根据评估结果，自行确定是否对奶畜免疫；确需免疫的，养殖场（户）应逐级报省级农业农村部门同意后实施。免疫区域划分和奶畜免疫等标准由省级农业农村部门确定。

包虫病：内蒙古、四川、西藏、甘肃、青海、宁夏、新疆和新疆生产建设兵团等重点疫区对羊进行免疫；四川、西藏、青海等省份可使用 5 倍剂量的羊棘球蚴病基因工程亚单位疫苗开展牦牛免疫，免疫范围由各省份自行确定。

省级农业农村部门可根据辖区内动物疫病流行情况，对猪瘟、新城疫、猪繁殖与呼吸综合征、牛结节性皮肤病、羊痘、狂犬病、炭疽等疫病实施强制免疫。

## 三、主要任务

（一）制定免疫计划。各省份按照本意见要求，结合防控实际（含计划单列市工作需求），制定本辖区的强制免疫计划，报农业农村部畜牧兽医局备案，抄送中国动物疫病预防控制中心，并在省级农业农村部门门户网站公开。对散养动物，采取春秋两季集中免疫与定期补免相结合的方式进行，对规模养殖场（户）及有条件的地方实施程序化免疫。

（二）实行"先打后补"。各省份可采用养殖场（户）自行免疫、第三方服务主体免疫、政府购买服务等多种形式，全面推进"先打后补"工作，在2022年年底前实现规模养殖场（户）全覆盖，在2025年年底前逐步全面停止政府招标采购强制免疫疫苗。

（三）加强技术指导。中国动物疫病预防控制中心要制定国家动物疫病强制免疫技术指南，组织开展省级免疫技术师资培训。国家兽医参考实验室、专业实验室、区域实验室和各省份动物疫病预防控制中心要持续跟踪病原变化和流行趋势，为各地免疫方案的制定、疫苗的选择和更新提供技术支撑。各省份要组织做好乡镇动物防疫机构、村级防疫员及社会化服务组织的免疫技术培训。疫苗及诊断试剂供应企业要做好培训、技术服务等工作。

（四）做好免疫记录。养殖场（户）要详细记录畜禽存栏、出栏、免疫等情况，特别是疫苗种类、生产厂家、生产批号等信息。乡镇动物防疫机构、村级防疫员要做好免疫记录、按时报告，确保免疫记录与畜禽标识相符。

（五）落实报告制度。各省份按月报告疫苗采购及免疫情况。在每年3～5月、9～11月春秋两季集中免疫期间，对免疫进展实行周报告制度。各省份要明确专人负责汇总、统计免疫信息，按时报中国动物疫病预防控制中心。

（六）评估免疫效果。各省份要加强免疫效果监测评价，坚持常规监测与随机抽检相结合，对畜禽群体抗体合格率未达到规定要求的，及时组织开展补免。对开展强制免疫"先打后补"的养殖场（户），要组织开展抽查，确保免疫效果。农业农村部将组织开展定期检查，视情况随机暗访和抽检，通报检查结果。

## 四、保障措施

（一）加强组织领导。地方各级人民政府对辖区内动物防疫工作负总责，组织有关部门按照职责分工，落实强制免疫工作任务。省级农业农村部门具体组织实施强制免疫，各级动物疫病预防控制机构负责开展养殖环节强制免疫效果评价，各级承担动物卫生监督职责的机构负责监督检查养殖场（户）履行强制免疫义务情况。

（二）落实主体责任。《中华人民共和国动物防疫法》规定，饲养动物的单位和个人是免疫主体，承担免疫责任。有关单位和个人应自行开展免疫或向第三方服务主体购买免疫服务，对饲养动物实施免疫接种，并按有关规定建立免疫档案、加施畜禽标识，确保可追溯。

（三）做好经费支持。按照《财政部、农业农村部关于修订印发农业相关转移支付资金管理办法的通知》（财农〔2020〕10 号）要求，对国家确定的强制免疫病种，中央财政切块下达补助资金，统筹支持各省份开展强制免疫、免疫效果监测评价、疫病监测和净化、人员防护，以及实施强制免疫计划、购买防疫服务等。

（四）开展宣传培训。各省份要充分利用各类媒体，加大国家动物疫病强制免疫政策的宣传力度，提升养殖者自主免疫意识，提高科学养殖和防疫水平。要制定动物免疫病种的免疫培训方案，定期开展技术培训，指导相关人员科学开展免疫，加强个人防护。

（五）强化监督检查。中国兽医药品监察所要加强疫苗质量监管工作，开展监督抽检，对生产企业实行督导检查。各级农业农村部门要加强对辖区内强制免疫疫苗生产企业的监督检查，督促生产企业严格执行兽药生产质量管理规范（GMP）。全面实施兽药"二维码"管理制度，加强疫苗追踪和全程质量监管，严厉打击制售假劣疫苗行为。对拒不履行强制免疫义务、因免疫不到位引发动物疫情的单位和个人，要依法处理并追究责任。

各地要密切关注动物疫病强制免疫工作进展，及时报告新问题、新变化。农业农村部将根据防控工作需要，结合各地实际，适时调整优化强制免疫有关要求并另行通知。

# 非洲猪瘟等重大动物疫病分区防控工作方案（试行）

为贯彻落实《中华人民共和国动物防疫法》和《国务院办公厅关于促进畜牧业高质量发展的意见》（国办发〔2020〕31 号）有关要求，进一步健全完善动物疫病防控体系，我部在系统总结 2019 年以来中南区开展非洲猪瘟等重大动物疫病分区防控试点工作经验的基础上，决定自 2021 年 5 月 1 日起在全国范围开展非洲猪瘟等重大动物疫病分区防控工作。

## 一、总体思路

综合考虑行政区划、养殖屠宰产业布局、风险评估情况等因素，对非洲猪瘟等重大动物疫病实施分区防控。以加强调运和屠宰环节监管为主要抓手，强化区域联防联控，提升动物疫病防控能力。统筹做好动物疫病防控、生猪调运和产销衔接等工作，引导各地优化产业布局，推动养殖、运输和屠宰行业提档升级，促进上下游、产供销有效衔接，保障生猪等重要畜产品安全有效供给。

## 二、工作原则

防疫优先，分区推动。以防控非洲猪瘟为重点，兼顾其他重大动物疫病，构建分区防控长效机制。根据各大区动物疫病防控实际和产业布局等情况，有针对性地制定并落实分区防控实施细化方案，有效防控非洲猪瘟等重大动物疫病。

联防联控，降低风险。加强区域联动，强化部门协作，形成工作合力。坚持现行有效防控措施，不断创新方式方法，提升生猪等重要畜产品全产业链风险管控能力，降低动物疫病跨区域传播风险。

科学防控，保障供给。坚持依法科学防控，根据重大动物疫病防控形势变化，动态调整防控策略和重点措施；加快推动构建现代养殖、屠宰和流通体系，不断提升生猪等重要畜产品安全供给保障能力。

## 三、区域划分

将全国划分为5个大区开展分区防控工作。具体如下：

（一）北部区。包括北京、天津、河北、山西、内蒙古、辽宁、吉林、黑龙江等8省（自治区、直辖市）。

（二）东部区。包括上海、江苏、浙江、安徽、山东、河南等6省（直辖市）。

（三）中南区。包括福建、江西、湖南、广东、广西、海南等6省（自治区）。

（四）西南区。包括湖北、重庆、四川、贵州、云南、西藏等6省（自治区、直辖市）。

（五）西北区。包括陕西、甘肃、青海、宁夏、新疆等5省（自治区）和新疆生产建设兵团。

各大区牵头省份由大区内各省份轮流承担，轮值顺序和年限由各大区重大动物疫病分区防控联席会议（以下简称分区防控联席会议）研究决定，轮值年限原则上不少于1年。北部、东部、西南和西北4个大区第一轮牵头省份由各大区生猪主产省承担，分别是辽宁、山东、四川和陕西省。

## 四、工作机制

农业农村部设立重大动物疫病分区防控办公室（以下统称分区办），负责统筹协调督导各大区落实非洲猪瘟等重大动物疫病分区防控任务，建立健全大区间分区防控工作机制。分区办下设 5 个分区防控指导组，分别由全国畜牧总站、中国动物疫病预防控制中心、中国兽医药品监察所、中国动物卫生与流行病学中心等单位负责同志、业务骨干、相关专家组成，在分区办统一协调部署下，负责指导协调督促相关大区落实分区防控政策措施。

各大区建立分区防控联席会议制度，负责统筹推进大区内非洲猪瘟等重大动物疫病分区防控工作。主要职责包括：贯彻落实国家关于重大动物疫病分区防控各项决策部署；推动大区内各省份落实重大动物疫病防控和保障生猪供应各项政策措施；协调大区内生猪产销对接，促进生猪产品供需基本平衡；研究建立大区非洲猪瘟等重大动物疫病防控专家库、诊断实验室网络以及省际联合执法和应急协同处置等机制；建立大区内防控工作机制，定期组织开展技术交流、相关风险评估等工作。分区防控联席会议由大区内各省级人民政府分管负责同志担任成员，牵头省份政府分管负责同志担任召集人。分区防控联席会议定期召开，遇重大问题可由召集人或成员提议随时召开。

分区防控联席会议下设办公室，办公室设在轮值省份农业农村（畜牧兽医）部门，该部门主要负责同志为主任，成员由大区内各省级农业农村（畜牧兽医）部门分管负责同志等组成。办公室负责分区防控联席会议组织安排、协调联络、议定事项的督导落实，以及动物疫情信息通报等日常工作。

非洲猪瘟等重大动物疫病分区防控不改变现有动物疫病防控工作的管理体制和职责分工。动物疫病防控工作坚持属地化管理原则，地方各级人民政府对本地区动物疫病防控工作负总责，主要负责人是第一责任人。

## 五、主要任务

### （一）优先做好动物疫病防控

1.开展联防联控。建立大区定期会商制度，组织研判大区内动物疫病防控形势，互通共享动物疫病防控和生猪等重要畜产品生产、调运、屠宰、无害化处理等信息，研究协商采取协调一致措施。建立大区重大动物疫病防控与应急处置协同机制，探索建立疫情联合溯源追查制度，必要时进行跨省应急支援。

2. 强化技术支撑。及时通报和共享动物疫病检测数据和资源信息，推动检测结果互认。完善专家咨询机制，组建大区重大动物疫病防控专家智库，定期组织开展重大动物疫病风险分析评估，研究提出分区防控政策措施建议。

3. 推动区域化管理。推动大区内非洲猪瘟等重大动物疫病无疫区、无疫小区和净化示范场创建，鼓励连片建设无疫区，全面提升区域动物疫病防控能力和水平。

（二）加强生猪调运监管

1. 完善区域调运监管政策。规范生猪调运，除种猪、仔猪以及非洲猪瘟等重大动物疫病无疫区、无疫小区生猪外，原则上其他生猪不向大区外调运，推进"运猪"向"运肉"转变。分步完善实施生猪跨区、跨省"点对点"调运政策，必要时可允许检疫合格的生猪在大区间"点对点"调运。

2. 推进指定通道建设。协调推进大区内指定通道建设，明确工作任务和方式，开展区域动物指定通道检查站规范化创建。探索推进相邻大区、省份联合建站，资源共享。

3. 强化全链条信息化管理。推动落实大区内生猪等重要畜产品养殖、运输、屠宰和无害化处理全链条数据资源与国家平台有效对接，实现信息数据的实时共享，提高监管效能和水平。

4. 加强大区内联合执法。密切大区内省际动物卫生监督协作，加强线索通报和信息会商，探索建立联合执法工作机制，严厉打击违法违规运输动物及动物产品等行为。严格落实跨区跨省调运种猪的隔离观察制度和生猪落地报告制度。

（三）推动优化布局和产业转型升级

1. 优化生猪产业布局。科学规划生猪养殖布局，加强大区内省际生猪产销规划衔接。探索建立销区补偿产区的长效机制，进一步调动主产省份发展生猪生产的积极性。推进生猪养殖标准化示范创建，科学配备畜牧兽医人员，提高养殖场生物安全水平。探索建立养殖场分级管理标准和制度，采取差异化管理措施。

2. 加快屠宰行业转型升级。加强大区内屠宰产能布局优化调整，提升生猪主产区屠宰加工能力和产能利用率，促进生猪就地就近屠宰，推动养殖屠宰匹配、产销衔接。开展屠宰标准化创建。持续做好屠宰环节非洲猪瘟自检和驻场官方兽医"两项制度"落实。

3. 加强生猪运输和冷链物流基础设施建设。鼓励引导使用专业化、标准化、集装化的生猪运输工具，强化生猪运输车辆及其生物安全管理。逐步构建产销高效对接的冷链物流基础设施网络，加快建立冷鲜肉品流通和配送体系，为推进"运猪"向"运肉"转变提供保障。

### 六、保障措施

（一）加强组织领导。各地要高度重视非洲猪瘟等重大动物疫病分区防控工作，将其作为动物防疫和生猪等重要畜产品稳产保供工作的重要组成部分，认真落实分区防控联席会议制度，充分发挥各省级重大动物疫病联防联控机制作用，统筹研究、同步推进，确保形成合力。

（二）强化支持保障。各地要加强基层动物防疫体系建设，加大对分区防控的支持力度，组织精干力量，切实保障正常履职尽责。各大区牵头省份要成立工作专班，保障分区防控工作顺利开展。

（三）抓好方案落实。各大区要加强统筹协调，按照本方案要求，尽快建立健全分区防控联席会议等各项制度，并结合本地区实际抓紧制定分区防控实施细化方案，做好组织实施，确保按要求完成各项工作任务。农业农村部各分区防控指导组和相应分区防控联席会议办公室要建立健全高效顺畅的联络工作机制。

（四）做好宣传引导。各地要面向生猪等重要畜产品养殖、运输、屠宰等生产经营主体和广大消费者，加强非洲猪瘟等重大动物疫病分区防控政策解读和宣传，为推进分区防控工作营造良好的社会氛围。

各大区牵头省份应于 2021 年 5 月 1 日前将本大区分区防控实施细化方案报我部备案，每年 7 月 1 日和 12 月 1 日前分别将阶段性工作进展情况送我部分区办。

# 狂犬病暴露预防处置工作规范

第一条　狂犬病暴露是指被狂犬、疑似狂犬或者不能确定健康的狂犬病宿主动物咬伤、抓伤、舔舐黏膜或者破损皮肤处，或者开放性伤口、黏膜接触可能感染狂犬病病毒的动物唾液或者组织。

第二条　按照接触方式和暴露程度将狂犬病暴露分为三级。

接触或者喂养动物，或者完好的皮肤被舔为Ⅰ级。

裸露的皮肤被轻咬，或者无出血的轻微抓伤、擦伤为Ⅱ级。

单处或者多处贯穿性皮肤咬伤或者抓伤，或者破损皮肤被舔，或者开放性伤口、黏膜被污染为Ⅲ级。

第三条　狂犬病预防处置门诊的医师在判定暴露级别后，根据需要，要立即进行伤口处理；在告知暴露者狂犬病危害及应当采取的处置措施并获得知情同意后，采取相应处置措施。

第四条　判定为Ⅰ级暴露者，无须进行处置。

第五条　判定为Ⅱ级暴露者，应当立即处理伤口并接种狂犬病疫苗。确认为Ⅱ级暴露者且免疫功能低下的，或者Ⅱ级暴露位于头面部且致伤动物不能确定健康时，按照Ⅲ级暴露处置。

第六条　判定为Ⅲ级暴露者，应当立即处理伤口并注射狂犬病被动免疫制剂，随后接种狂犬病疫苗。

第七条　伤口处理包括彻底冲洗和消毒处理。局部伤口处理越早越好，就诊时如伤口已结痂或者愈合则不主张进行伤口处理。清洗或者消毒时如果疼痛剧烈，可给予局部麻醉。

伤口冲洗：用20%的肥皂水（或者其他弱碱性清洁剂）和一定压力的流动清水交替彻底清洗、冲洗所有咬伤和抓伤处至少15分钟。然后用生理盐水（也可用清水代替）将伤口洗净，最后用无菌脱脂棉将伤口处残留液吸尽，避免在伤口处残留肥皂水或者清洁剂。较深伤口冲洗时，用注射器或者高压脉冲器械伸入伤口深部进行灌注清洗，做到全面彻底。

消毒处理：彻底冲洗后用2%～3%碘酒（碘伏）或者75%酒精涂擦伤口。如伤口碎烂组织较多，应当首先予以清除。

第八条　如伤口情况允许，应当尽量避免缝合。伤口的缝合和抗生素的预防性使用应当在考虑暴露动物类型、伤口大小和位置以及暴露后时间间隔的基础上区别对待。

伤口轻微时，可不缝合，也可不包扎，可用透气性敷料覆盖创面。

伤口较大或者面部重伤影响面容或者功能时，确需缝合的，在完成清创消毒后，应当先用抗狂犬病血清或者狂犬病人免疫球蛋白作伤口周围的浸润注射，使抗体浸润到组织中，以中和病毒。数小时后（不少于2小时）再行缝合和包扎；伤口深而大者应当放置引流条，以利于伤口污染物及分泌物的排出。

伤口较深、污染严重者酌情进行抗破伤风处理和使用抗生素等，以控制狂犬病病毒以外的其他感染。

第九条　特殊部位的伤口处理。

眼部：涉及眼内的伤口处理时，要用无菌生理盐水冲洗，一般不用任何消毒剂。

口腔：口腔的伤口处理最好在口腔专业医师协助下完成，冲洗时注意保持头低位，以免冲洗液流入咽喉部而造成窒息。

外生殖器或肛门部黏膜：伤口处理、冲洗方法同皮肤，注意冲洗方向应当向外，避免污染深部黏膜。

以上特殊部位伤口较大时建议采用一期缝合（在手术后或者创伤后的允许时间内立即缝合创口），以便功能恢复。

第十条　首次暴露后的狂犬病疫苗接种应当越早越好。

接种程序：一般咬伤者于 0（注射当天）、3、7、14 和 28 天各注射狂犬病疫苗 1 个剂量。狂犬病疫苗不分体重和年龄，每针次均接种 1 个剂量。

注射部位：上臂三角肌肌内注射。2 岁以下婴幼儿可在大腿前外侧肌肉内注射。禁止臀部注射。

如不能确定暴露的狂犬病宿主动物的健康状况，对已暴露数月而一直未接种狂犬病疫苗者也应当按照接种程序接种疫苗。

第十一条　正在进行计划免疫接种的儿童可按照正常免疫程序接种狂犬病疫苗。接种狂犬病疫苗期间也可按照正常免疫程序接种其他疫苗，但优先接种狂犬病疫苗。

第十二条　接种狂犬病疫苗应当按时完成全程免疫，按照程序正确接种对机体产生抗狂犬病的免疫力非常关键，当某一针次出现延迟一天或者数天注射，其后续针次接种时间按延迟后的原免疫程序间隔时间相应顺延。

第十三条　应当尽量使用同一品牌狂犬病疫苗完成全程接种。若无法实现，使用不同品牌的合格狂犬病疫苗应当继续按原程序完成全程接种，原则上就诊者不得携带狂犬病疫苗至异地注射。

第十四条　狂犬病病死率达 100%，暴露后狂犬病疫苗接种无禁忌症。接种后少数人可能出现局部红肿、硬结等，一般不需做特殊处理。极个别人的反应可能较重，应当及时就诊。发现接种者对正在使用的狂犬病疫苗有严重不良反应时，可更换另一种狂犬病疫苗继续原有程序。

第十五条　冻干狂犬病疫苗稀释液应当严格按照说明书要求使用。

第十六条　被动免疫制剂严格按照体重计算使用剂量，一次性足量注射。狂犬病人免疫球蛋白按照每公斤体重 20 个国际单位（20IU/ 公斤），抗狂犬病血清按照每公斤体重 40 个国际单位（40IU/ 公斤）计算。如计算剂量不足以浸润注射全部伤口，可用生理盐水将被动免疫制剂适当稀释到足够体积再进行浸润注射。

第十七条　注射部位如解剖学结构可行，应当按照计算剂量将被动免疫制剂全部浸润注射到伤口周围，所有伤口无论大小均应当进行浸润注射。当全部伤口进行浸润注射后尚有剩余被动免疫制剂时，应当将其注射到远离疫苗注射部位的肌肉。暴露部位位于头面部、上肢及胸部以上躯干时，剩余被动免疫制剂可注射在暴露部位同侧背部肌肉群（如斜方肌），狂犬病疫苗接种于对侧。暴露部位位于下肢及胸部以下躯干时，剩余被动免疫制剂可注射在暴露部位同侧大腿外侧肌群。

第十八条　如未能在接种狂犬病疫苗的当天使用被动免疫制剂，接种首针狂犬病疫苗7天内（含7天）仍可注射被动免疫制剂。不得把被动免疫制剂和狂犬病疫苗注射在同一部位；禁止用同一注射器注射狂犬病疫苗和被动免疫制剂。

第十九条　对于黏膜暴露者，应当将被动免疫制剂滴／涂在黏膜上。如果解剖学结构允许，也可进行局部浸润注射。剩余被动免疫制剂参照前述方法进行肌肉注射。

第二十条　注射抗狂犬病血清前必须严格按照产品说明书进行过敏试验。

第二十一条　再次暴露后处置。

伤口处理：任何一次暴露后均应当首先、及时、彻底地进行伤口处理。

疫苗接种：一般情况下，全程接种狂犬病疫苗后体内抗体水平可维持至少1年。如再次暴露发生在免疫接种过程中，则继续按照原有程序完成全程接种，不需加大剂量；全程免疫后半年内再次暴露者一般不需要再次免疫；全程免疫后半年到1年内再次暴露者，应当于0和3天各接种1剂疫苗；在1～3年内再次暴露者，应于0、3、7天各接种1剂疫苗；超过3年者应当全程接种疫苗。

被动免疫制剂注射：按暴露前（后）程序完成了全程接种狂犬病疫苗（细胞培养疫苗）者，不再需要使用被动免疫制剂。

第二十二条　使用合格的、正规途径获得的疫苗全程免疫后，一般情况下无需对免疫效果进行检测。如需检测抗体水平，应当采取中和抗体试验进行检测，包括快速荧光灶抑制试验（RFFIT）、小鼠脑内中和试验2种方法。

第二十三条　不良反应处理参照《预防接种工作规范》（卫疾控发〔2005〕373号）进行。

第二十四条　狂犬病高暴露风险者应当进行暴露前免疫，包括从事狂犬病研究的实验室工作人员、接触狂犬病病人的人员、兽医等。

第二十五条　暴露前基础免疫程序为0、7、21（或28）天各接种1剂量狂犬病疫苗。持续暴露于狂犬病风险者，全程完成暴露前基础免疫后，在没有动物致伤的情况下，1年后加强1针次，以后每隔3～5年加强1针次。

第二十六条　对妊娠妇女、患急性发热性疾病、过敏性体质、使用类固醇和免疫抑制剂者可酌情推迟暴露前免疫。免疫缺陷病人不建议暴露前免疫，如处在高暴露风险中，也可进行暴露前免疫，但完成免疫接种程序后需进行中和抗体检测。对一种疫苗过敏者，可更换另一种疫苗继续原有程序。

第二十七条　县级以上地方卫生行政部门应当对辖区内狂犬病暴露预防处置门诊进行合理布局。从事狂犬病暴露预防处置的医师须经县级以上地方卫生行政部门培训考核合格后，方可上岗。

第二十八条　狂犬病暴露预防处置门诊应当具备必要的伤口冲洗、冷链等设备和应急抢救药品。

第二十九条　狂犬病暴露预防处置门诊应当建立健全相应的管理制度。主要包括冷链管理、知情同意书、接种登记、不良反应登记报告等。

第三十条　如药典或者产品说明书的内容发生变更，本规范的相关内容从其规定。

# 参考文献

[1] 陈慰峰.医学免疫学：第 4 版 [M].北京：人民卫生出版社，2004.

[2] 安云庆，高晓明.医学免疫学 [M].北京：北京大学医学出版，2004.

[3] 黄青云.畜牧微生物学：第 4 版 [M].北京：中国农业出版社，2003.

[4] 龙振洲.医学免疫学：第 2 版 [M].北京：人民卫生出版社，1996.

[5] 王明俊.兽医生物制品学 [M].北京：中国农业出版社，1997.

[6] 张延龄，张辉.疫苗学 [M].北京：科学出版社，2004.

[7] 徐百万，王宏伟.兽医诊断实验室的建设与管理 [M].北京：时事出版社，2002.

[8] 魏泓.医学实验动物学 [M].成都：四川科学技术出版社，1998.

[9] 徐百万.动物疫病监测技术手册 [M].北京：中国农业出版社，2010.

[10] 陈焕春.规模化猪场疫病控制与净化 [M].北京：中国农业出版社，2000.

[11] 蔡宝祥.家畜传染病学 [M].北京：中国农业出版社，2001.

[12] 河南省畜牧局.动物防疫监督指南 [M].郑州：河南新闻出版局核准，2003.

[13] 凌育燊，郭予强.特禽疾病防治技术 [M].北京：金盾出版社，2000.

[14] 吴志明，刘莲芝，李桂喜.动物疫病防控知识宝典 [M].北京：中国农业出版社，2006.

[15] 郑增忍，黄伟忠，马洪超，等.动物疫病区域化管理理论与实践 [M].北京：中国农业科学技术出版社，2010.

[16] 中国动物疫病预防控制中心组.村级动物防疫员技能培训教材 [M].北京：中国农业出版社，2008.

[17] 陈继明.重大动物疫病监测指南 [M].北京：中国农业科学技术出版社，2008.

[18] 陈溥言.兽医传染病学 [M].北京：中国农业出版社，2015.

[19] 皮泉，李照伟.羊病防治指南 [M].贵阳：贵州科技出版社，2020.

[20] 李涛，高潇祎.禽病防治指南 [M].贵阳：贵州科技出版社，2020.

[21] 闫若潜，李桂喜，孙清莲.动物疫病防控工作指南 [M].北京：中国农业出版社，2011.

[22] 皮泉，熊力.犬病 [M].贵阳：贵州科技出版社，2017.

[23] 马萍.猪病 [M].贵阳：贵州科技出版社，2017.

[24] 宁宜宝，冀锡霖.鸡胚制活病毒疫苗中霉形体污染的研究 [J]. 中国兽医杂志，1989（6）：2—4.

[25] BROWN F. Review of accident caused by incomplete inactivation of viruses[J].Developments in Biological Standardization，1993，81：103-107.

[26] CARRILLO C，WIGDOROVITZ A，OLIVEROS J C，et al. Protective immune response to Food-and-mouth disease virus with VP1 expressed in transgenic plant[J]. J Virol，1998，72（2）：1688—1690.

[27] Cullor，J. S.Safety and efficacy of gram-negative vaccines[J]. Bovine Proc，1994（26）：3—26.

[28] Ian R. Tizard. veterinary immunobiology[J]. 5th ed. Philadelphia:W. B. Saunders Company，1996.

[29] CHARLES A. JANEWAY C, Jr，et al. Immunobiology : the immune system in health and disease [M]. 4th ed. New York:Current Biology Publication，1999.

[30] 王晋，穆国冬，张忠湛，等.浅析动物疫病监测 [J]. 吉林畜牧兽医，2020，41（12）：114—117.

[31] 张凯凯，冉江，王鑫，等.贵州肉羊养殖常见寄生虫病防治概述 [J]. 贵州畜牧兽医，2020，44（2）：55—59.

[32] 郗珊珊，张玲艳，贾伟娟，等.小反刍兽疫病毒结构与功能的研究进展 [J]. 微生物学杂志，2021，41（5）：114—120.

[33] 孙海燕.羊几种常见病的防治 [J]. 畜牧兽医科技信息，2015（4）：41.